普通高等教育“十三五”规划教材（计算机专业群）

Photoshop 图像处理案例教程

张志勇　宋　阳　唐永林　刘红梅　编著

中国水利水电出版社
www.waterpub.com.cn
·北京·

内 容 提 要

全书分为4部分，其中，第1部分“文字处理”共21个基础实例，第2部分“图像特技处理”共8个实例，第3部分“手工绘图”共7个实例，第4部分“综合实例”共15个实例，内容包括：Photoshop的基本功能，各种工具的使用，图层、蒙版、路径及各种滤镜的应用等。

本书内容丰富，实例典型，讲解详尽，既可作为高等院校相关专业师生或社会培训班的教材，也可作为平面设计爱好者的自学用书和参考用书。

本书配套有PPT课件，实例教学视频、案例指导、案例素材、PSD实例源文件和电子教案等相关的教学文件，读者可以从中国水利水电出版社网站以及万水书苑免费下载，网址为：http://www.waterpub.com.cn/softdown/和http://www.wsbookshow.com。

图书在版编目（CIP）数据

Photoshop图像处理案例教程 / 张志勇等编著. -- 北京 : 中国水利水电出版社, 2017.4（2022.1重印）
普通高等教育“十三五”规划教材. 计算机专业群
ISBN 978-7-5170-5333-0

Ⅰ. ①P… Ⅱ. ①张… Ⅲ. ①图象处理软件－高等学校－教材 Ⅳ. ①TP391.413

中国版本图书馆CIP数据核字(2017)第066862号

策划编辑：石永峰　责任编辑：李　炎　加工编辑：赵佳琦　封面设计：李　佳

书　　名	普通高等教育“十三五”规划教材（计算机专业群） Photoshop图像处理案例教程 Photoshop TUXIANG CHULI ANLI JIAOCHENG
作　　者	张志勇　宋　阳　唐永林　刘红梅　编著
出版发行	中国水利水电出版社 （北京市海淀区玉渊潭南路1号D座　100038） 网址：www.waterpub.com.cn E-mail：mchannel@263.net（万水） sales@waterpub.com.cn 电话：（010）68367658（营销中心）、82562819（万水）
经　　售	全国各地新华书店和相关出版物销售网点
排　　版	北京万水电子信息有限公司
印　　刷	三河市德贤弘印务有限公司
规　　格	184mm×260mm　16开本　16印张　398千字
版　　次	2017年4月第1版　2022年1月第2次印刷
印　　数	3001—4000册
定　　价	36.00元

前　　言

Photoshop 是目前世界上公认的权威性的图形图像处理软件，本书使用的版本为 Adobe Photoshop CS6 中文版。它的功能完善，性能稳定，使用方便，在平面广告设计、室内装潢、数码相片处理等领域成为了不可或缺的工具。近年来，随着个人电脑的普及，使用 Photoshop 的个人用户日益增多。

本书属于实例教程类图书，全书分为 4 部分，主要内容如下：

第 1 部分为文字处理，主要包括燃烧字、飞行字、金属字、砖块字、木纹字、阴影字、立体多彩字、卷毛字、贴图字、铁皮字、泥土字、霓虹字、边框字、玻璃字、七彩马赛克字、彩陶字、塑料字、风车字、线框字、刺猬字、凤尾字 21 个文字处理实例。

第 2 部分为图像特技处理，主要包括聚光灯效果、立方体贴图、水珠效果、放大镜效果、橡皮图章、艺术相框、世界末日、木质相框 8 种处理效果。

第 3 部分为手工绘图，主要包括宇宙天空效果、指纹效果、圆锥体、分子球体、WEB 按钮、禁止吸烟广告、药品广告 7 种制作效果。

第 4 部分为综合案例，主要包括添加纹身效果、合成艺术化相片、合成化妆品广告、花中仙子、制作卡通人物相框、黑白照片上色、绘制祝福卡、制作玉佩、制作青花瓷瓶、蜜蜂公主插画、时尚手机广告、手表广告、制作电视广告、制作公益广告、制作非主流照片 15 个综合实例。

本书内容丰富、结构清晰、实例典型、讲解详尽，富于启发性。为了便于读者学习，本书配套有 PPT 课件，实例教学视频、案例指导、案例素材、PSD 实例源文件和电子教案等相关的教学文件。如果需要可以发送邮件到 185626427@qq.com 索取。

本书由张志勇、宋阳、唐永林、刘红梅编著。第 1 部分由长春师范大学的张志勇编写，总计 156 千字；第 2、3 部分由吉林工程技术师范学院的宋阳编写，总计 154 千字；第 4 部分由长春市公共关系学校的刘红梅编写，总计 88 千字；长春大学旅游学院的唐永林和张志刚共同参与了 51 个案例视频的制作与指导工作。此外，参与本书编写的人员还有：孙慧霞、邢国春、张润青、郭嘉钰、孙燕妮、卢娜、于杨扬、王蒙蒙、苗智慧等。

本书既可作为大专院校相关专业学生或社会培训班的教材，也可作为平面设计爱好者的自学用书和参考用书。

由于作者水平有限，书中不妥之处，敬请读者批评指正。

扫描本书 MOOC 平台二维码可以加入移动教学终端，通过手机、平板电脑和网络随时随地访问教学资源，主要提供课程 PPT、课程视频、课程教案、课程作业和在线考试等。

本书 MOOC 平台

编　者

2016 年 9 月

目 录

第 1 部分　文字处理

案例 1　燃烧字

案例目标

使学生熟悉 Photoshop CS6.0 基本操作界面，掌握文件的创建方法、文字工具的使用方法、选择文字的方法，以及吸管工具、通道、滤镜和旋转的使用方法等。

案例效果

本案例最终效果如图 1-1 所示。

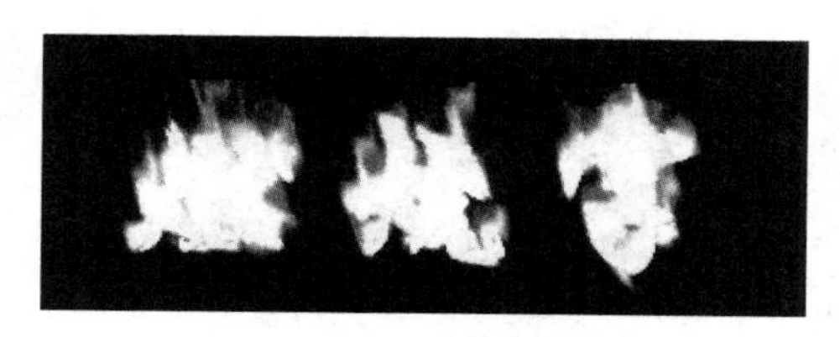

图 1-1　案例效果

案例步骤

第 1 步：新建文件。

（1）选择菜单栏中“文件”→“新建”命令，弹出“新建”对话框。

（2）设置名称为“01 燃烧字”，预设为“自定”，宽度为“10 厘米”，高度为“4 厘米”，分辨率为“72 像素/英寸”，颜色模式设置为“灰度、8 位”，背景内容设置为“白色”，如图 1-2 所示。

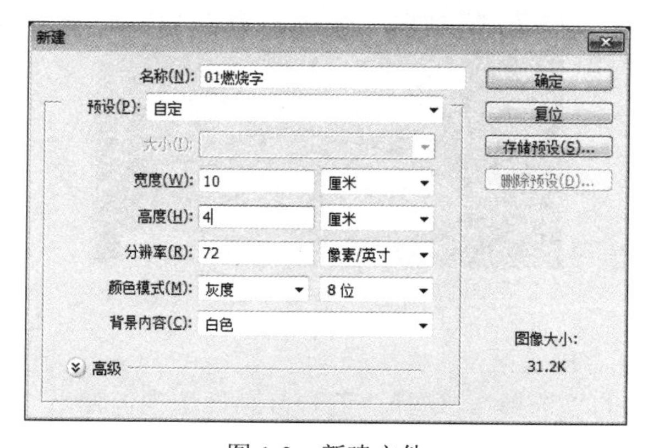

图 1-2　新建文件

第 2 步：设置背景色为黑色。

（1）选择菜单栏中的“编辑”→“填充”选项，弹出“填充”对话框，如图 1-3 所示。

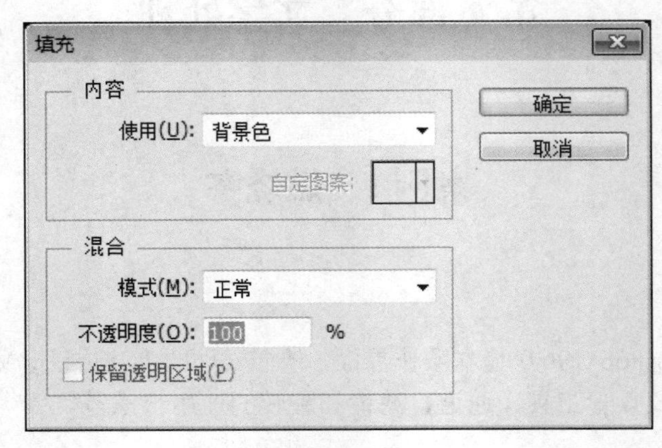

图 1-3　填充

（2）设置使用为“背景色”，混合模式为“正常”，单击“确定”。效果如图 1-4 所示。

图 1-4　效果图

第 3 步：输入文字并设置。

选取工具栏中的文字工具，在面板上输入“燃烧字”，设置字体为“华文行楷”，字体大小为“60 点”，字的间距为 100，如图 1-5 所示。

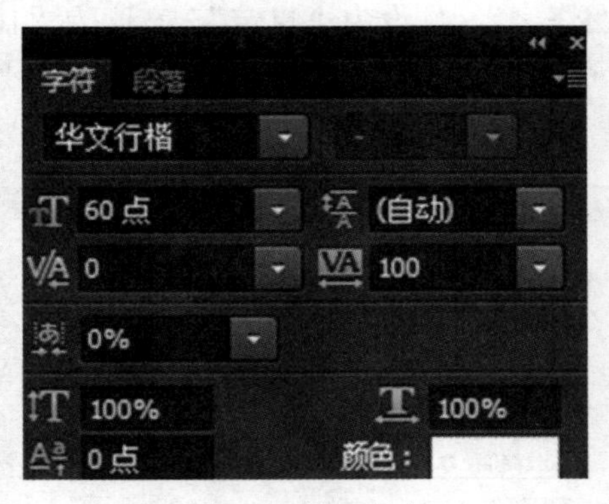

图 1-5　输入文字

第 4 步：拾取文字并存储选区。

（1）选择菜单栏中的“选择”。选择“色彩范围”选项，弹出“色彩范围”对话框，如图 1-6 所示。

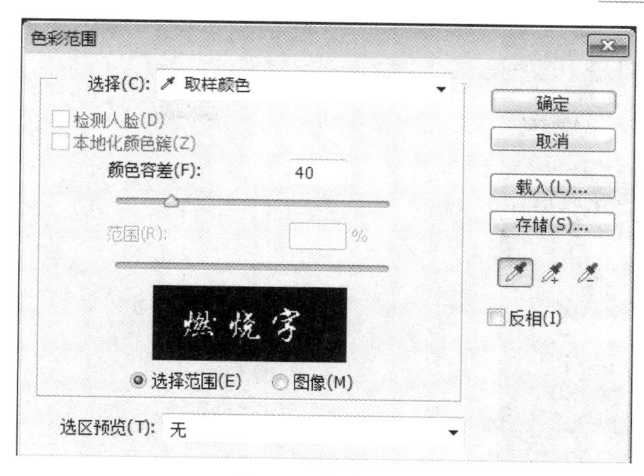

图 1-6　色彩范围

（2）用“吸管”工具吸取文字的白色部分以选择文字，单击“确定”。效果如图 1-7 所示。

图 1-7　效果图

（3）之后，选择菜单栏中的“选择”→“存储选区”选项，设置名称为 alpha1 通道，单击“确定”，如图 1-8 所示。按 Ctrl+D 组合键取消选择，显示效果如图 1-9 所示。

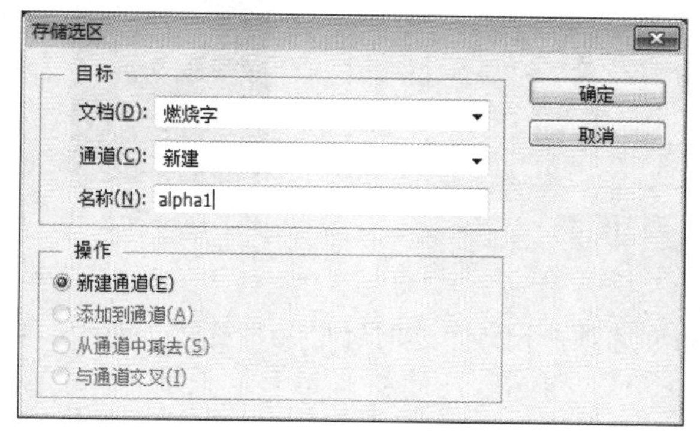

图 1-8　存储选区

图 1-9　效果图

第 5 步：使用滤镜中的风吹效果。

（1）选择菜单栏中的“图像”→“旋转画布”选项，选择“顺时针”旋转 90°，如图 1-10 所示。

（2）选择菜单栏中的“滤镜”→“风格化”→“风”选项，在弹出的对话框中选择方法中的“大风”选项，设置方向为“从左”，单击“确定”，如图 1-11 所示。

图 1-10　旋转

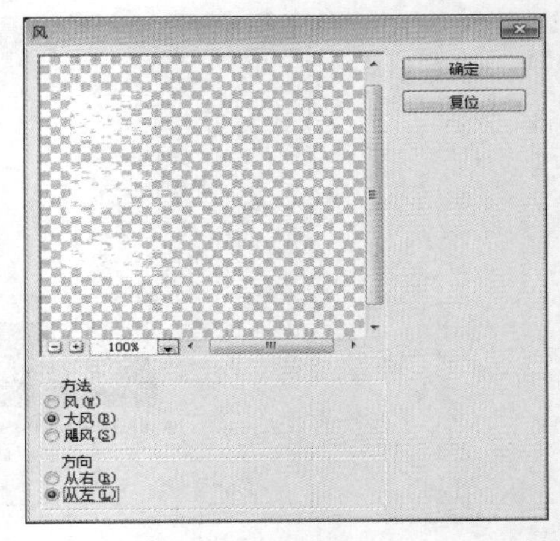

图 1-11　风

（3）效果如图 1-12 所示。

第 6 步：使用滤镜模糊效果。

选择菜单栏中的“滤镜”→“模糊”→“高斯模糊”选项，在对话框中设置半径为“2.0 像素”，如图 1-13 所示。单击“确定”，效果如图 1-14 所示。

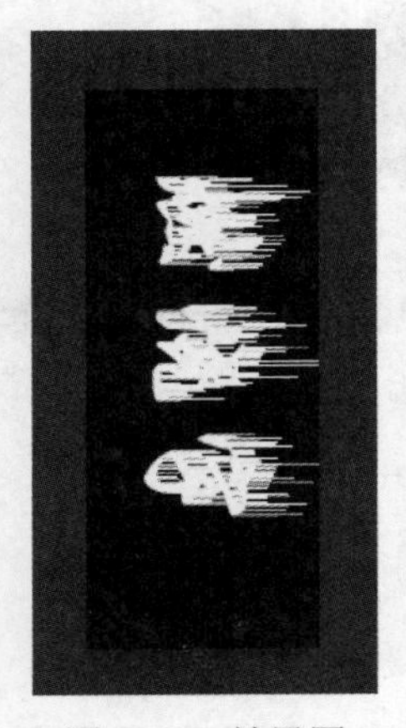

图 1-12　效果图

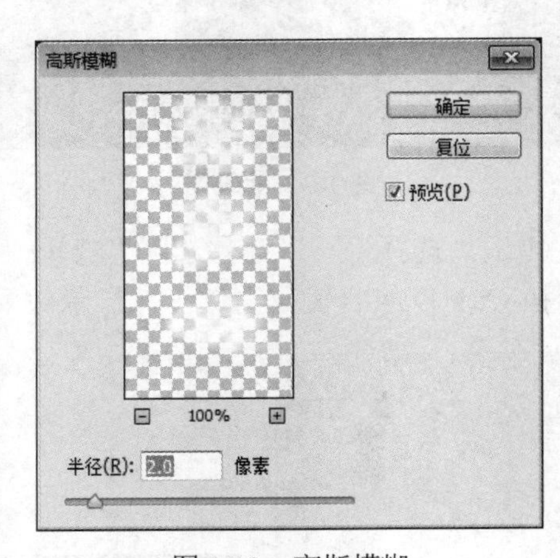

图 1-13　高斯模糊

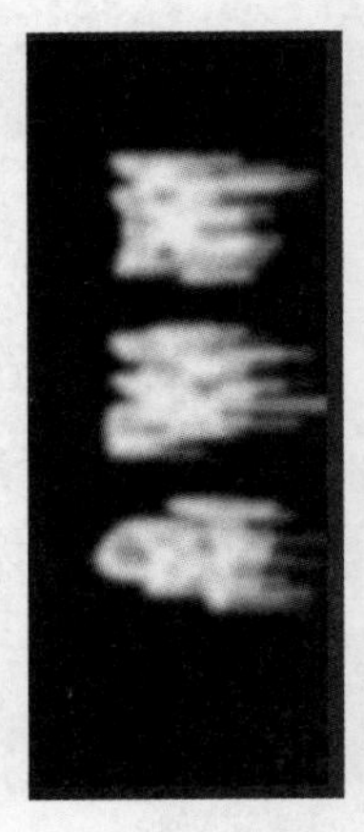

图 1-14　效果图

第 7 步：将画布旋转为正常。

选择菜单栏中的“图像”，选择“旋转画布”选项，设置“逆时针”90° 旋转，如图 1-15 所示。

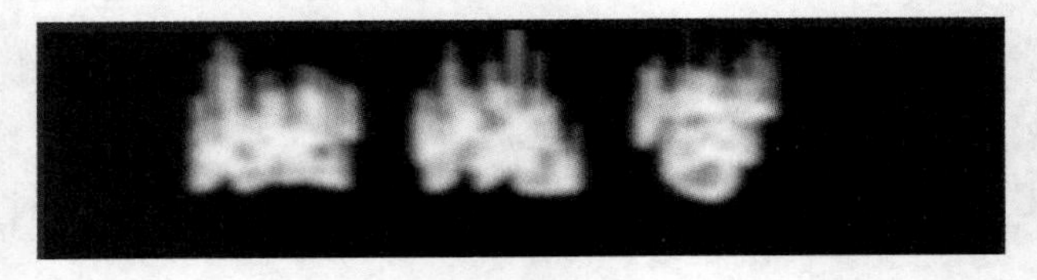

图 1-15　旋转

第 8 步：做火焰边缘。

（1）选择菜单栏中的“选择”→“载入选区”选项，文档为“燃烧字”，设置通道为 alpha1，选中“反相”复选框（即选择文字以外的部分），单击“确定”，如图 1-16 所示。效果如图 1-17 所示。

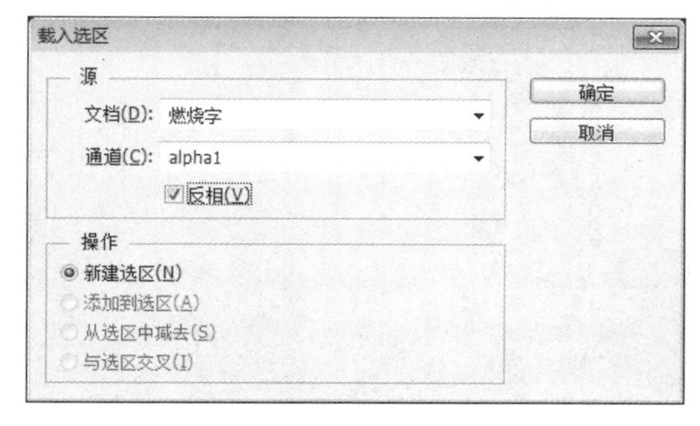

图 1-16　载入选区

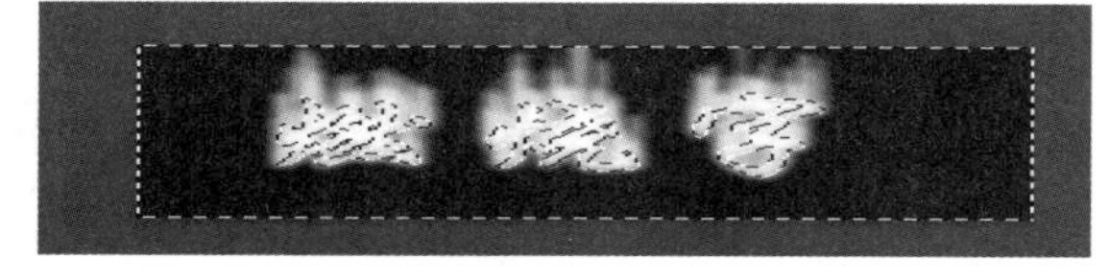

图 1-17　效果图

（2）选择菜单栏中的“滤镜”→“扭曲”→“波纹”选项，在对话框中设置大小为“大”，单击“确定”，如图 1-18 所示。

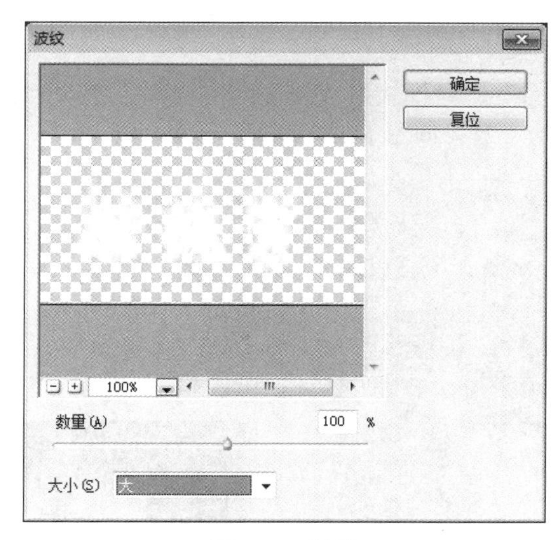

图 1-18　波纹

（3）效果如图 1-19 所示。

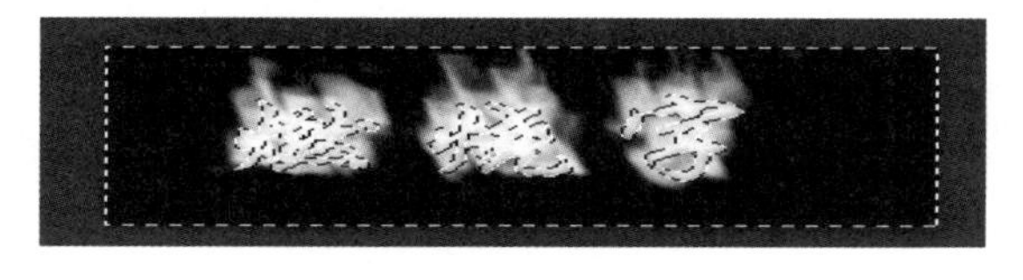

图 1-19　效果图

第 9 步：按 Ctrl+D 键取消选择。

第 10 步：设置输出颜色。

（1）选择菜单栏中的“图像”→“调整”→“色阶”选项，设置输入色阶的值为“0，1.5，140”，单击“确定”，如图 1-20 所示。

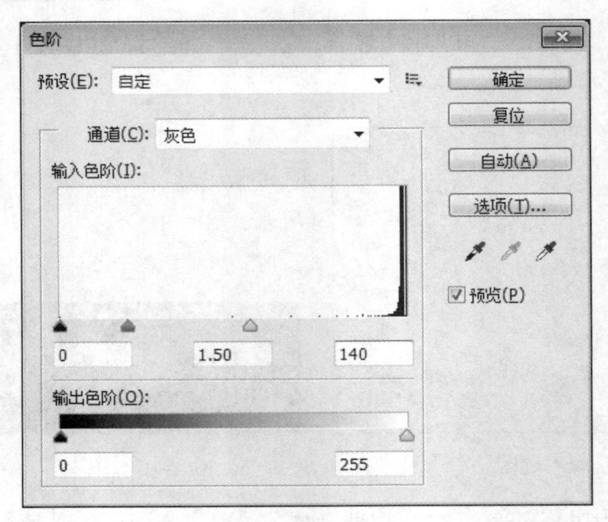

图 1-20　色阶

（2）选择菜单栏中的“图像”→“模式”→“索引颜色”选项，之后选择“拼合图层”。

第 11 步：颜色表为黑体。

选择菜单栏中的“图像”→“模式”选项，选中“颜色表”，设置颜色表为“黑体”，单击“确定”，如图 1-21 所示。效果如图 1-22 所示。

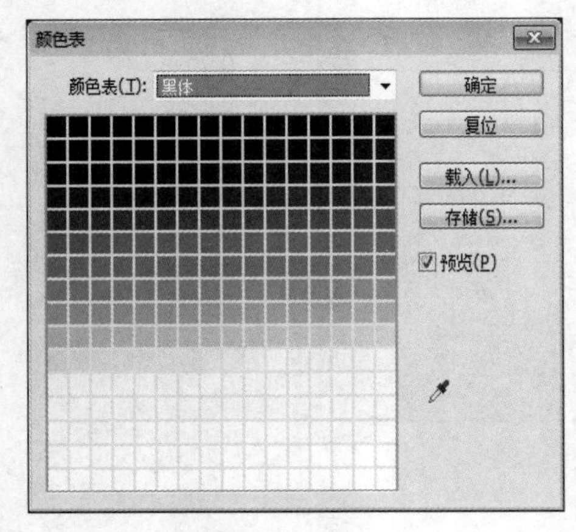

图 1-21　颜色表

图 1-22　效果图

第 12 步：设置 RGB 颜色。

选择菜单栏中的“图像”，选择“模式”为“RGB 颜色”，RGB 包括上百万种颜色，它是由“索引色彩+灰度”的结合。

第 13 步：将制作文件存盘。

选择菜单栏中的“文件”→“存储”选项，设置文件类型为 PSD 或 JPEG 格式。

案例小结

本案例主要应用了文件的新建、背景设置、文字工具使用、通道的使用、旋转画布、滤镜风和高斯模糊、色阶调整、颜色表的使用、RGB 颜色的设置以及文件的保存等。

案例 2　飞行字

案例目标

使学生熟悉 Photoshop CS6.0 基本操作界面，掌握文件的创建方法、文字工具的使用方法、渲染的使用方法、栅格化文字、扭曲工具的使用、风滤镜的使用以及拼合图层等。

案例效果

本案例最终效果如图 2-1 所示。

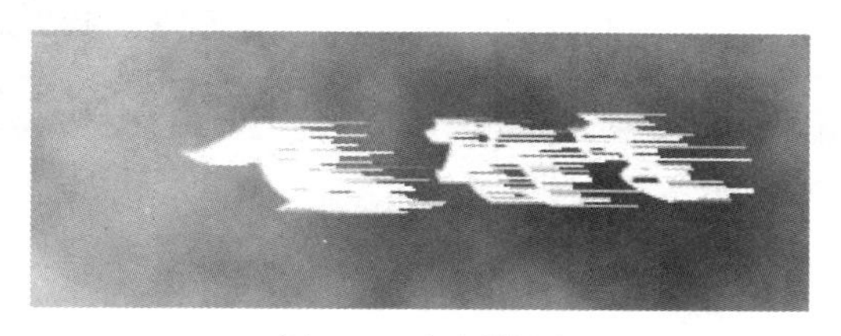

图 2-1　案例效果

案例步骤

第 1 步：新建文件。

（1）选择菜单栏中的“文件”→“新建”选项，弹出“新建”对话框。

（2）设置名称为“02 飞行字”，预设为“自定”，宽度为“10 厘米”，高度为“4 厘米”，分辨率为“72 像素/英寸”，颜色模式为“RGB 颜色 8 位”，背景内容为“白色”，如图 2-2 所示。

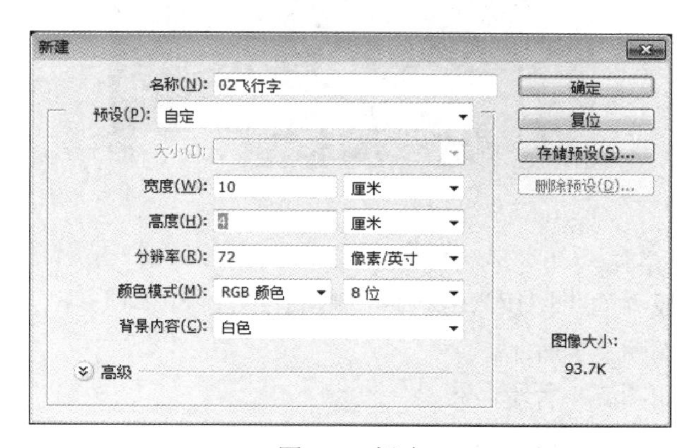

图 2-2　新建

第 2 步：选择控制面板，设置背景色为“蓝色”，前景色为“白色”，如图 2-3 所示。

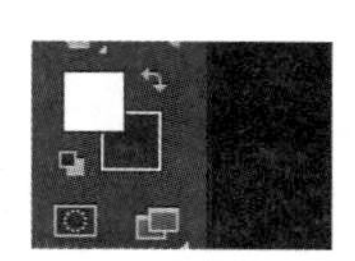

图 2-3　背景色

第 3 步：设置云彩效果。

选择菜单栏中的“滤镜”→“渲染”选项，选中“云彩”。效果如图 2-4 所示。

第 4 步：新建图层 1。

选择控制面板中的“图层”，选择“新建”选项，如图 2-5 所示。

图 2-4 云彩效果

图 2-5 新建图层 1

第 5 步：输入文字。

选取工具栏中的“文字” T 工具，在面板上输入“飞行字”，设置字体为“华文行楷”，字体大小为“60 点”，字间距为“100”，设置如图 2-6 所示。

图 2-6 文字设置

第 6 步：将文字栅格化，使之成为图像。

（1）选择控制面板中的“图层”，选择“栅格化”文字。

（2）栅格化之前如图 2-7 所示。

（3）栅格化之后如图 2-8 所示。

图 2-7 栅格化之前

图 2-8 栅格化之后

第 7 步：使用扭曲工具调整效果。

选择菜单栏中的“编辑”→“变换”选项，选中“扭曲”，调整文字“大小”之后双击左键，效果如图 2-9 所示。

第 8 步：风吹效果设置。

（1）选择菜单栏中的“滤镜”→“风格化”选项，选中“风”滤镜。设置方法为“大风”，方向为“从左”，如图 2-10 所示。

图 2-9　效果图

图 2-10　风格化

（2）显示效果如图 2-11 所示。

第 9 步：合并图层。

选择菜单栏中的“图层”→“向下合并”选项，如图 2-12 所示。

图 2-11　效果图

图 2-12　合并图层

第 10 步：将制作文件存盘。

选择菜单栏中的“文件”→“存储”选项，设置文件类型为 PSD 或 JPEG 格式。

案例小结

本案例主要应用了文件的创建方法、文字工具的使用方法、渲染的使用方法、栅格化文字、扭曲工具的使用、风滤镜的使用以及拼合图层等。

案例 3　金属字

案例目标

使学生熟悉 Photoshop CS6.0 基本操作界面，掌握文件的创建方法、文字工具的使用方法、渲染的使用方法、栅格化文字、浮雕效果、光照效果、调整变化效果以及拼合图层等。

案例效果

本案例最终效果如图 3-1 所示。

图 3-1　案例效果图

案例步骤

第 1 步：新建文件。

（1）选择菜单栏中的“文件”→“新建”选项，弹出“新建”对话框。

（2）设置名称为“03 金属字”，设置预设为“自定”，宽度为“10 厘米”，高度为“4 厘米”，分辨率为“72 像素/英寸”，设置颜色模式为“RGB 颜色 8 位”，背景内容为“白色”，如图 3-2 所示。

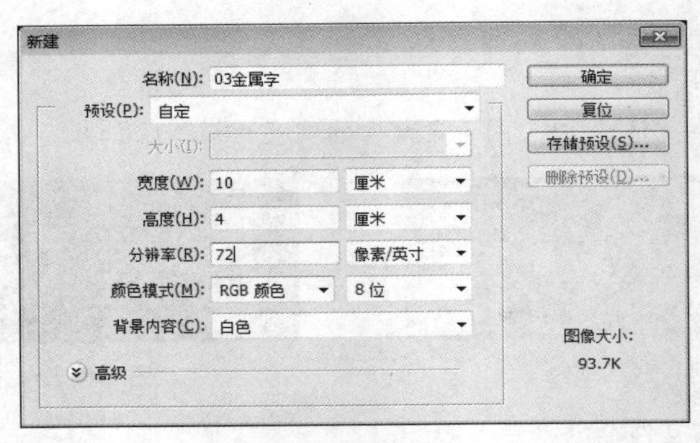

图 3-2　新建文件

第 2 步：设置背景色为“白色”，前景色为“黑色”。

按 D 键，恢复系统默认颜色，背景色为“白色”，前景色为“黑色”，如图 3-3 所示。

第 3 步：新建图层。

选择菜单栏中的“图层”→“新建图层”选项，如图 3-4 所示。新建效果如图 3-5 所示。

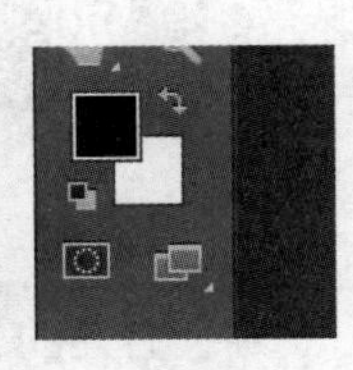

图 3-3　背景色

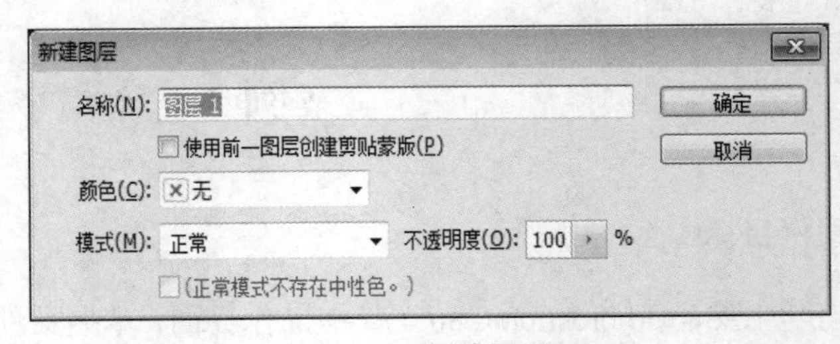

图 3-4　新建图层

图 3-5 效果图

第 4 步：使用文字工具输入文字。

选择工具栏中的“文字”T工具。在面板中输入“金属字”，设置字体为“隶书”，字体大小为“60 点”，字间距为“100”，如图 3-6 所示。

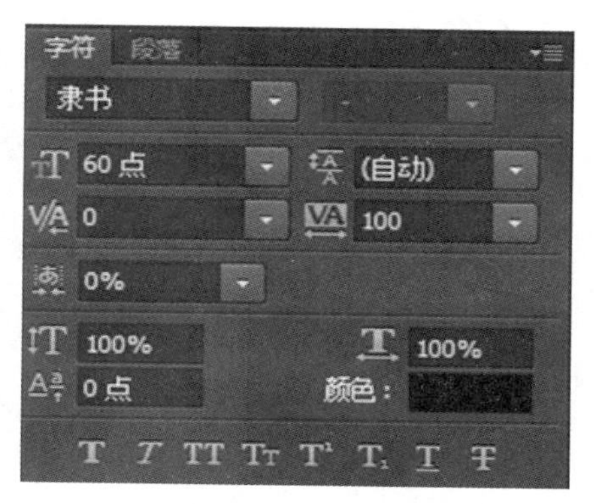

图 3-6 设置文字格式

第 5 步：将文字栅格化，使之成为图像。

（1）选择菜单栏中的“图层”，选择“栅格化”文字。

（2）栅格化之前如图 3-7 所示。

（3）栅格化之后如图 3-8 所示。

图 3-7 栅格化之前

图 3-8 栅格化之后

第 6 步：高斯模糊的使用。

选择菜单栏中的“滤镜”→“模糊”→“高斯模糊”选项，设置半径为“1.5 像素”，单击“确定”，如图 3-9 所示。效果如图 3-10 所示。

第 7 步：设置文字鼓出效果。

选择菜单栏中的“滤镜”→“风格化”→“浮雕效果”选项，设置角度为“122 度”，高度为“8 像素”，数量为“138 %”，如图 3-11 所示。

第 8 步：文字刀刻效果设置。

选择菜单栏中的“滤镜”→“风格化”→“浮雕效果”选项，设置角度为“122 度”，高度为“5 像素”，数量为“105 %”，如图 3-12 所示。显示效果如图 3-13 所示。

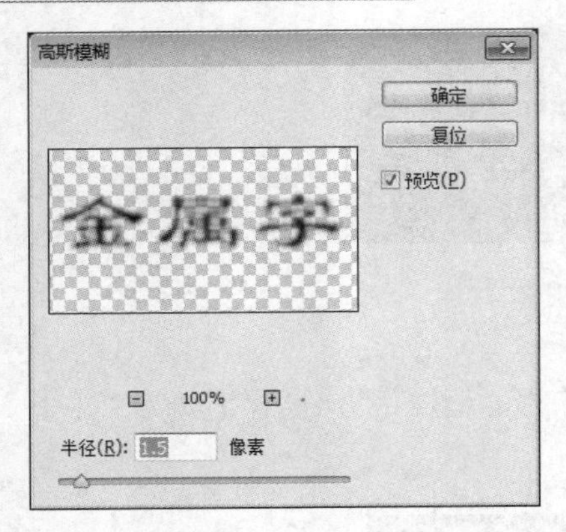

图 3-9　高斯模糊

图 3-10　效果图

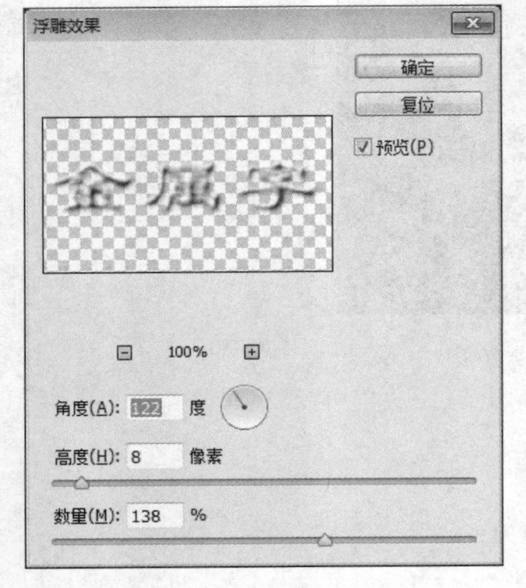

图 3-11　文字鼓出效果

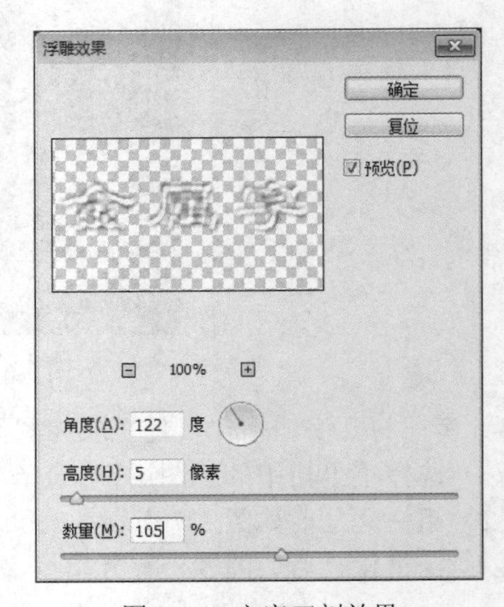

图 3-12　文字刀刻效果

图 3-13　效果图

第 9 步：合并图层。

选择菜单栏中的“图层”选项，选中“向下合并”，效果如图 3-14 所示。

图 3-14　合并图层

第 10 步：光照效果设置。

（1）选择菜单栏中的“滤镜”→“渲染”→“光照效果”。调整光照的角度为从左上角照射，如图 3-15 所示。调整光照的颜色为金黄色，如图 3-16 所示。

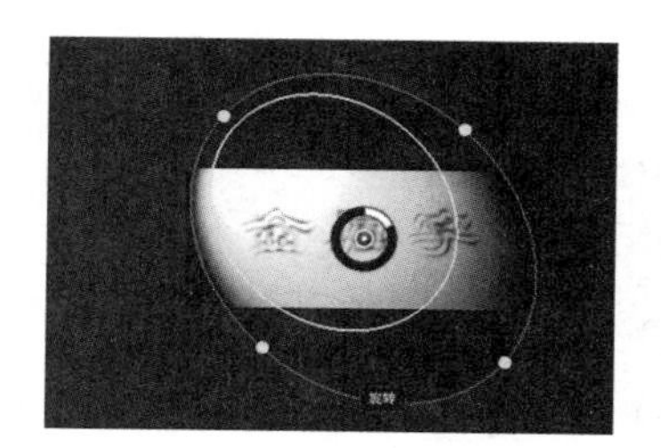

图 3-15　调整光照角度

图 3-16　光照颜色

（2）设置光照效果参数值，聚光灯中设置颜色为“黄色”，强度为“34”，聚光为“69”，着色为“蓝色”，曝光度为“26”，光泽为“41”，金属质感为“92”，环境为“7”，光源为“聚光灯 1”，如图 3-17 所示。

设置之后的效果如图 3-18 所示。

图 3-17　属性

图 3-18　效果图

第 11 步：加深黄色设置。

（1）选择菜单栏中的“图像”→“调整”选项，选中“变化”，设置“加深黄色”，单击“确定”，如图 3-19 所示。

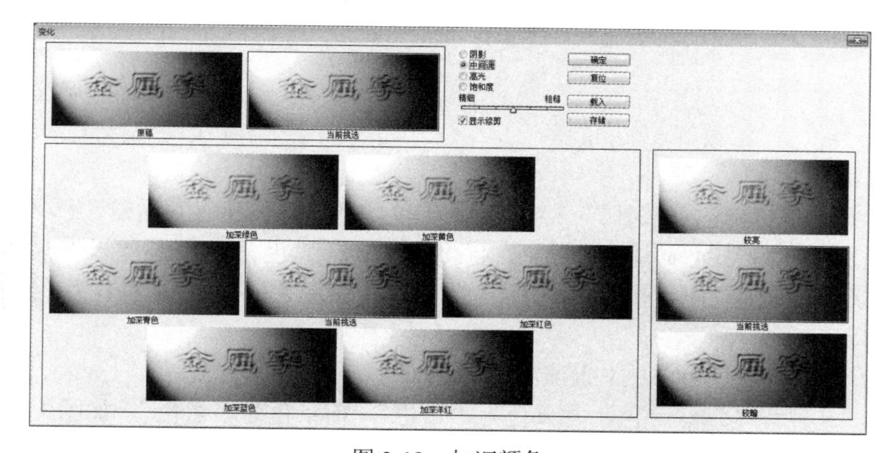

图 3-19　加深颜色

（2）最后效果如图 3-20 所示。

图 3-20　效果图

第 12 步：将制作文件存盘。

选择菜单栏中的“文件”→“存储”选项，设置文件类型为 PSD 或 JPEG 格式。

案例小结

本案例主要应用了文件的创建方法、文字工具的使用方法、渲染的使用方法、栅格化文字、浮雕效果、光照效果、调整变化效果使用以及拼合图层等。

案例 4　砖块字

案例目标

使学生熟悉 Photoshop CS6.0 基本操作界面，掌握文件的创建方法、文字工具的使用方法、栅格化文字、调整变化效果、选区的使用、缩放的使用以及拼合图层等。

案例效果

本案例最终效果如图 4-1 所示。

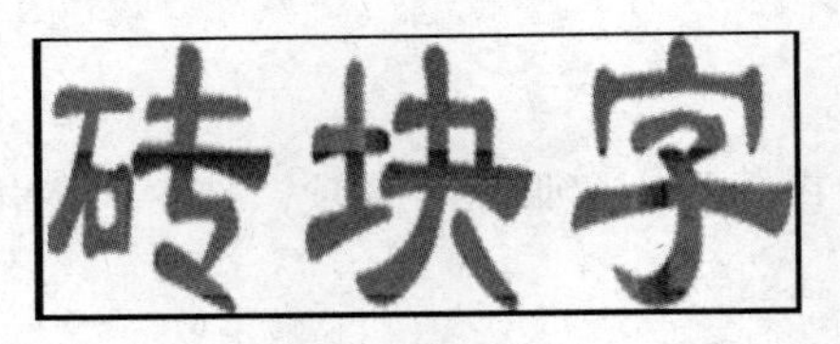

图 4-1　案例效果

案例步骤

第 1 步：新建文件。

（1）选择菜单栏中的“文件”→“新建”选项，弹出“新建”对话框。

（2）设置名称为“04 砖块字”，预设为“剪贴板”，宽度为“9.91 厘米”，高度为“3.85 厘米”，分辨率为“72 像素/英寸”，颜色模式为“RGB 颜色 8 位”，背景内容为“白色”，设置如图 4-2 所示。

第 2 步：设置背景色为白色，前景色为黑色。

按 D 键，恢复系统默认颜色，背景色为“白色”，前景色为“黑色”，如图 4-3 所示。

第 3 步：新建图层 1。

选择菜单栏中的“图层”→“新建”，打开对话框如图 4-4 所示。效果如图 4-5 所示。

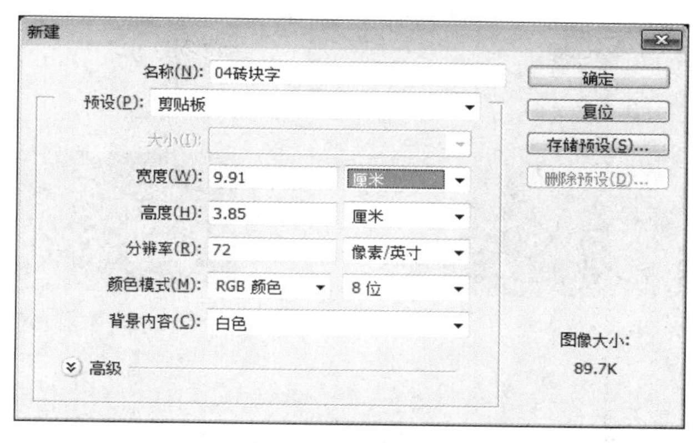

图 4-2　新建文件

图 4-3　背景色

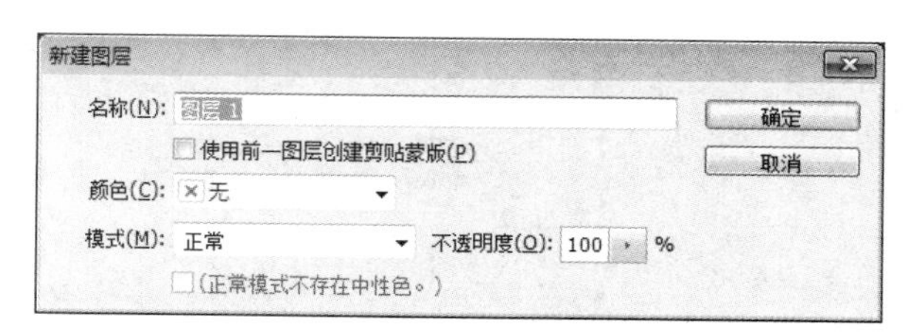

图 4-4　新建图层

图 4-5　效果图

第 4 步：使用“文字”工具输入文字。

选取工具栏中的“文字”T工具。在面板中输入“砖块字”，设置字体为“隶书”，字体大小为“60 点”，字间距为“100”，如图 4-6 所示。

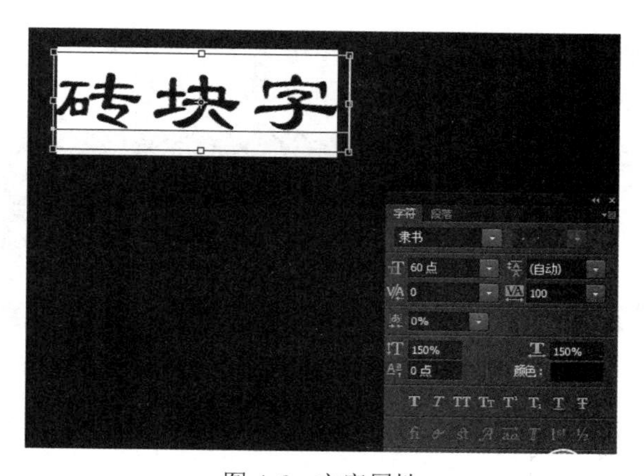

图 4-6　文字属性

第 5 步：将文字栅格化，使之成为图像。

（1）选择菜单栏中的“图层”→“栅格化”→“文字”选项。

（2）栅格化之前如图 4-7 所示。

（3）栅格化之后如图 4-8 所示。

图 4-7　栅格前

图 4-8　栅格后

第 6 步：新建图层 1。

选择菜单栏中的“图层”→“新建”→“图层”选项，打开对话框如图 4-9 所示。效果如图 4-10 所示。

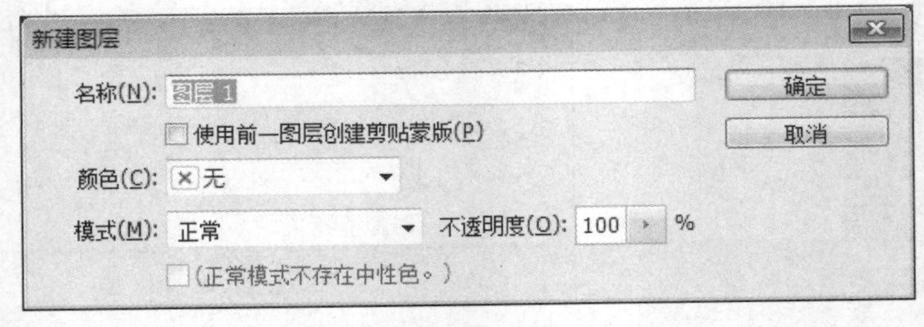

图 4-9　新建图层

第 7 步：交换“图层 1”和“砖块字”层的位置。

选择“图层 1”按住左键，将“图层 1”拖到“砖块字”层的下方，如图 4-11 所示。

图 4-10　效果图

图 4-11　交换图层

第 8 步：隐藏“砖块字”层，只显示“图层 1”和“背景层”。

单击砖块字左侧的小眼睛图标，关闭显示，如图 4-12 所示。

图 4-12　关闭显示

第 9 步：打开一幅砖块图片，将文件内容复制到“图层 1”中。

（1）选择菜单栏中的“文件”→“打开”选项，选择“砖块”图片，按 Ctrl+A 全部选中。

（2）选择菜单栏中的“编辑”→“拷贝”选项，回到“砖块字”文件中，选择“图层 1”，然后选择“编辑”→“粘贴”，如图 4-13 所示。

图 4-13　复制内容

第 10 步：调整文字大小。

（1）选择图层面板中的“砖块字”层，打开左侧的小眼睛图标，选择菜单栏中的“编辑”→“变换”选项，选中“缩放”。

（2）调整大小如图 4-14 所示，之后双击左键完成设置。

图 4-14　调整文字大小

第 11 步：将“图层 1”中文字以外的背景删除，只剩下文字。

（1）选择“砖块字”层，选择菜单栏中的“选择”→“载入选区”选项，选中“反相”。然后选择文字之外的部分，效果如图 4-15 所示。

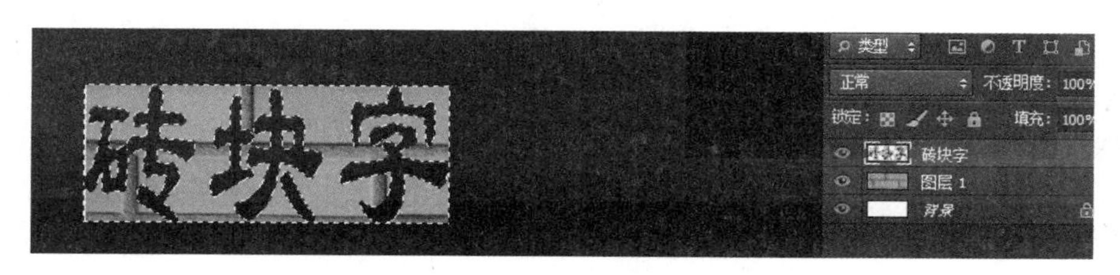

图 4-15　删除背景

（2）选中“图层 1”，然后按 Delete 键，关闭“砖块字”层的小眼睛图标。显示效果如图 4-16 所示。

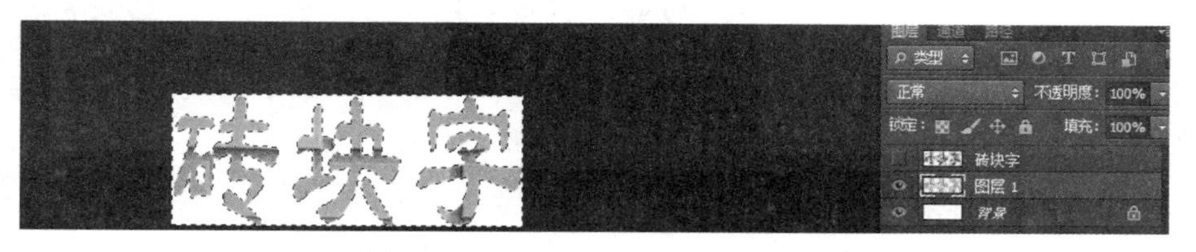

图 4-16　关闭“砖块字”层小眼睛

第 12 步：在图像中“加深红色”。

（1）按 Ctrl+D 组合键取消选择。

（2）选择菜单栏中的“图像”→“调整”→“变化”选项，单击“加深红色”，调整后单击“确定”。效果如图 4-17 所示。

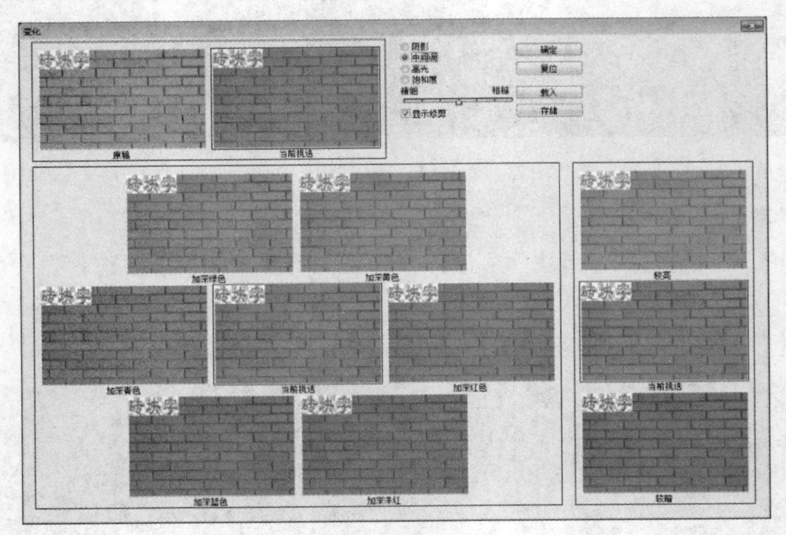

图 4-17　加深红色

（3）最终效果如图 4-18 所示。

图 4-18　效果图

第 13 步：将制作文件存盘。

选择菜单栏中的“文件”→“存储”选项。设置文件类型为 PSD 或 JPEG 格式。

案例小结

本案例主要应用了文件的创建方法、文字工具的使用方法、栅格化文字、调整变化效果、选区的使用、缩放的使用、拼合图层等。

案例 5　木纹字

案例目标

使学生熟悉 Photoshop CS6.0 基本操作界面，掌握文件的创建方法、文字工具的使用方法、栅格化文字、调整变化效果使用、选区的使用、Alt 的使用、拼合图层等。

案例效果

本案例最终效果如图 5-1 所示。

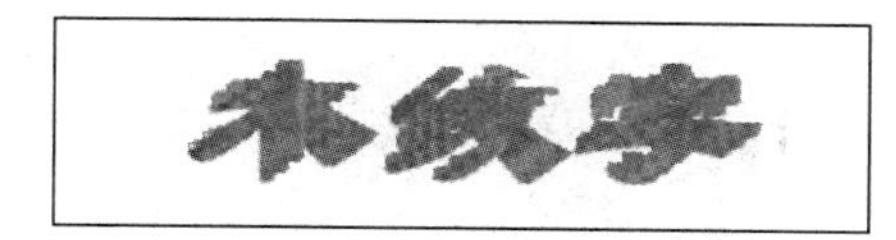

图 5-1　案例效果

案例步骤

第 1 步：新建文件。

（1）选择菜单栏中的“文件”→“新建”选项，弹出“新建”对话框。

（2）设置名称为“05 木纹字”，预设为“自定”，宽度为“10 厘米”，高度为“4 厘米”，分辨率为“72 像素/英寸”，颜色模式设置为“RGB 颜色 8 位”，背景内容设置为“白色”，如图 5-2 所示。

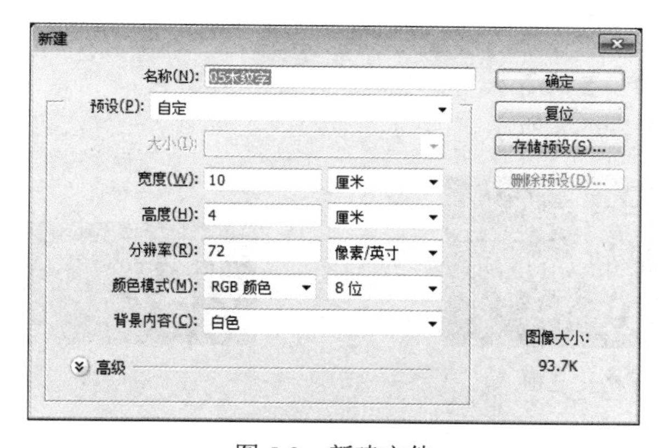

图 5-2　新建文件

第 2 步：设置背景色为白色，前景色为黑色。

按 D 键，恢复系统默认颜色，背景色为“白色”，前景色为“黑色”，如图 5-3 所示。

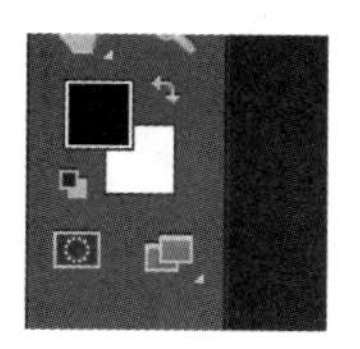

图 5-3　背景色

第 3 步：新建图层 1。

选择菜单栏中的“图层”→“新建”→“图层”选项，设置如图 5-4 所示。效果如图 5-5 所示。

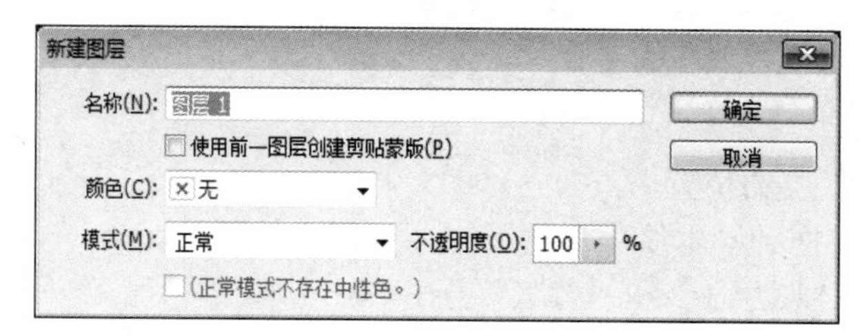

图 5-4　新建图层

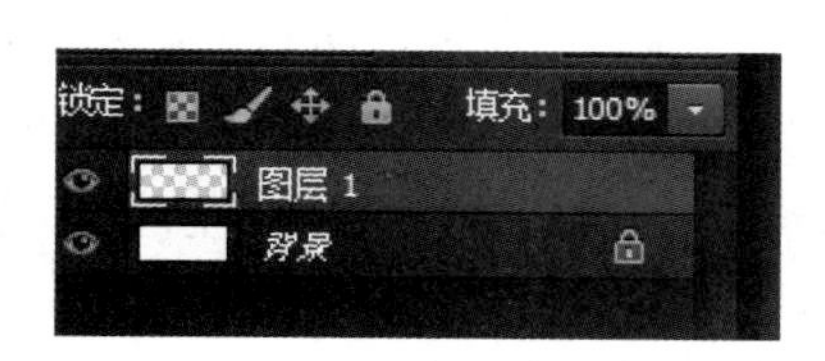

图 5-5　效果图

第 4 步：使用文字工具输入文字。

选取工具栏中的“文字”工具。在面板中输入“木纹字”，设置字体为“华文琥珀”，字体大小为“60 点”，字间距“100”，如图 5-6 所示。

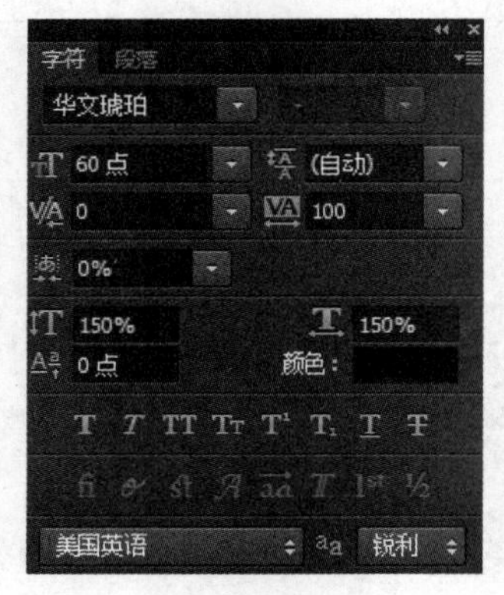

图 5-6　文字设置

第 5 步：将文字栅格化，使之成为图像。

（1）选择菜单栏中的“图层”，选择“栅格化”→“文字“。

（2）栅格化之前如图 5-7 所示。

（3）栅格化之后如图 5-8 所示。

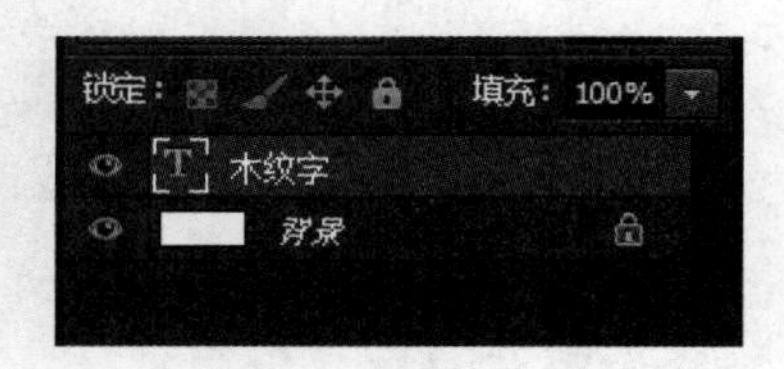

图 5-7　栅格化之前

图 5-8　栅格化之后

第 6 步：新建图层 1。

（1）选择菜单栏中的“图层”→“新建”→“图层”选项。设置如图 5-9 所示。

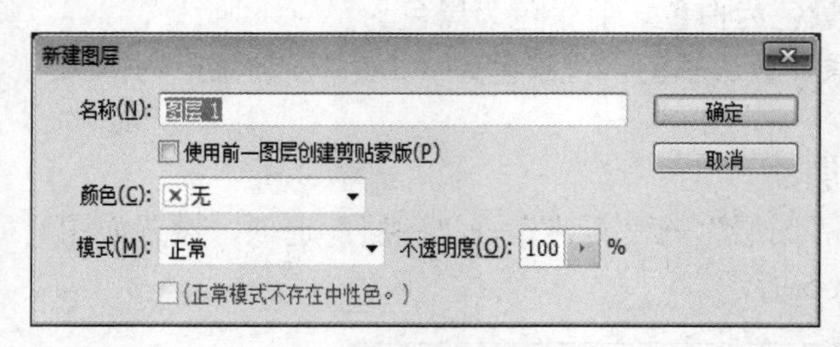

图 5-9　新建图层

（2）新建之后的效果如图 5-10 所示。

第 7 步：交换“图层 1”和“木纹字”层的位置。

选择“图层 1”按住左键将“图层 1”拖到“木纹字”层下方，如图 5-11 所示。

第 8 步：隐藏“木纹字”层，只显示“图层 1”和“背景”层。

单击“木纹字”层左侧的小眼睛图标，关闭显示。效果如图 5-12 所示。

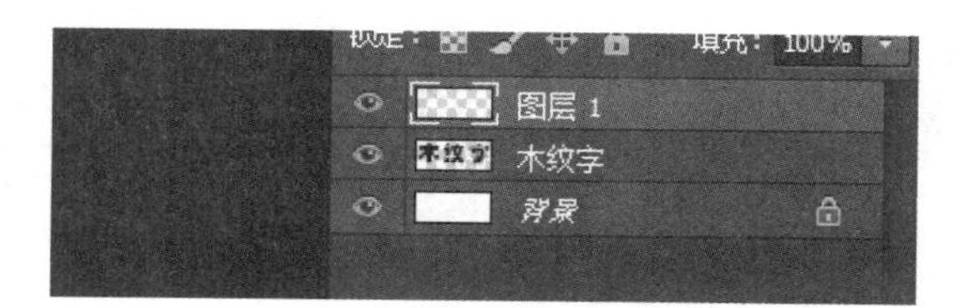

图 5-10　效果图

图 5-11　交换图层

图 5-12　关闭显示

第 9 步：打开一幅“木纹”图片，将文件内容复制到“图层 1”中。

（1）选择菜单栏中的“文件”→“打开”选项，打开一幅“木纹”图片，按 Ctrl+A 组合键全部选中。

（2）选择菜单栏中的“编辑”→“拷贝”选项，回到“木纹字”原文件中，选中“图层 1”，选择“编辑”→“粘贴”。效果如图 5-13 所示。

图 5-13　效果图

第 10 步：调整文字“大小”设置。

（1）选择控制面板的“木纹字层”，选择菜单栏中的“编辑”，选择“变换”选项，选中“缩放”。

（2）调整“大小”如图 5-14 所示。然后在编辑区内双击左键完成编辑。

图 5-14　调整文字大小

第 11 步：将“图层 1”中文字以外的背景删除。

（1）选中“木纹字”层，选择菜单栏中的“选择”→“载入选区”选项，选中“反相”复选框，如图 5-15 所示。

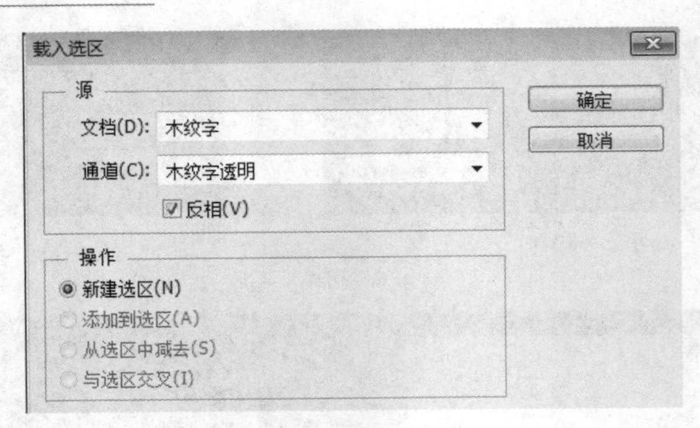

图 5-15　删除背景

（2）选中控制面板中的“图层 1”，按 Delete 键，关闭“木纹字”前的小眼睛图标，如图 5-16 所示。

图 5-16　选择图层 1

第 12 步：调整文字“大小”设置。

（1）按 Ctrl+D 组合键取消选择。

（2）选择控制面板中的“木纹字”层，选择菜单栏中的“选择”→“载入选区”选项，然后选择“图层 1”，选择“移动”工具，然后分别按 Alt+↑和 Alt+→组合键，反复操作，扩大并移动文字，如图 5-17 所示。

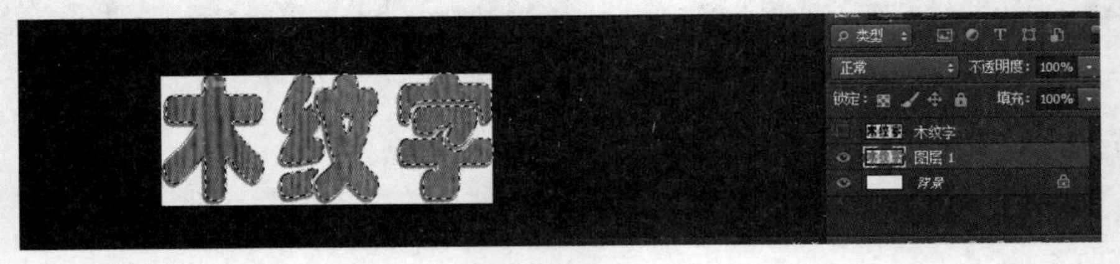

图 5-17　调整文字大小

（3）最终效果如图 5-18 所示。

图 5-18　效果图

第 13 步：将制作文件存盘。

选择菜单栏中的“文件”→“存储”选项，设置文件类型为 PSD 或 JPEG 格式。

案例小结

本案例主要应用了文件的创建方法、文字工具的使用方法、栅格化文字、调整变化效果、选区的使用、Alt 的使用、拼合图层等。

案例 6　阴影字

案例目标

使学生熟悉 Photoshop CS6.0 基本操作界面，掌握文件的创建方法、文字工具的使用方法、栅格化文字、填充的使用、选区的使用、描边的使用、高斯模糊的使用、拼合图层等。

案例效果

案例效果如图 6-1 所示。

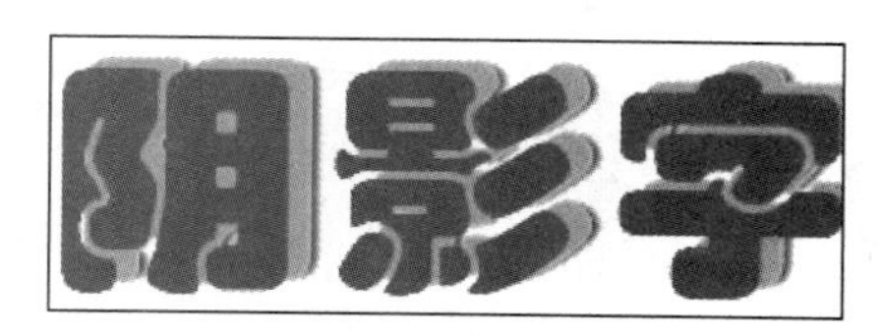

图 6-1　效果图

案例步骤

第 1 步：新建文件。

（1）选择菜单栏中的“文件”→“新建”选项，弹出“新建”对话框。

（2）设置名称为“06 阴影字”，预设为“自定”，宽度为“10 厘米”，高度为“4 厘米”，分辨率为“72 像素/英寸”，颜色模式设置为“RGB 颜色 8 位”，背景内容设置为“白色”，如图 6-2 所示。

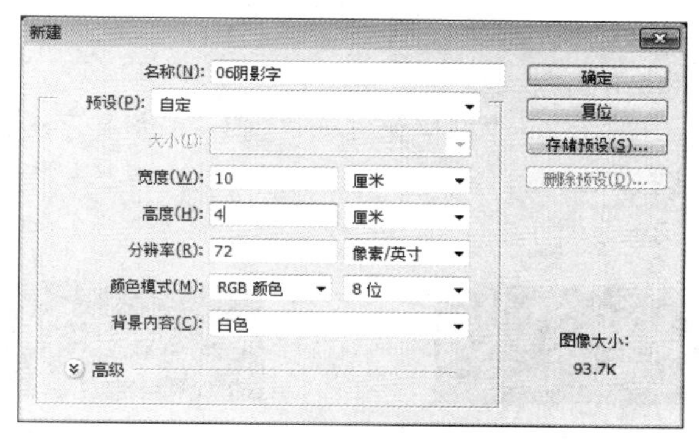

图 6-2　新建

第 2 步：设置背景色为白色，前景色为黑色。

按 D 键恢复系统默认颜色，背景色为“白色”，前景色为“黑色”，效果如图 6-3 所示。

第 3 步：新建图层。

选择“图层”控制面板，然后点击“新建图层”，打开“新建图层”对话框，如图 6-4 所示，新建后效果如图 6-5 所示。

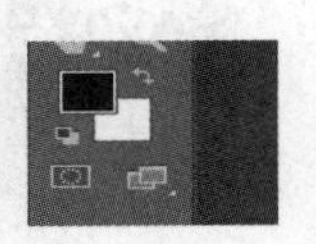

图 6-3　填充

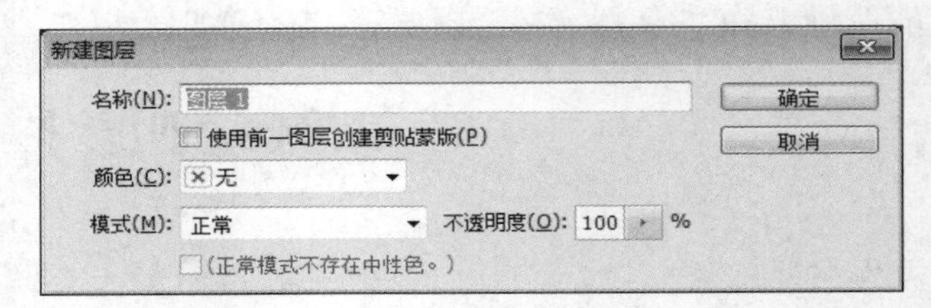

图 6-4　新建图层

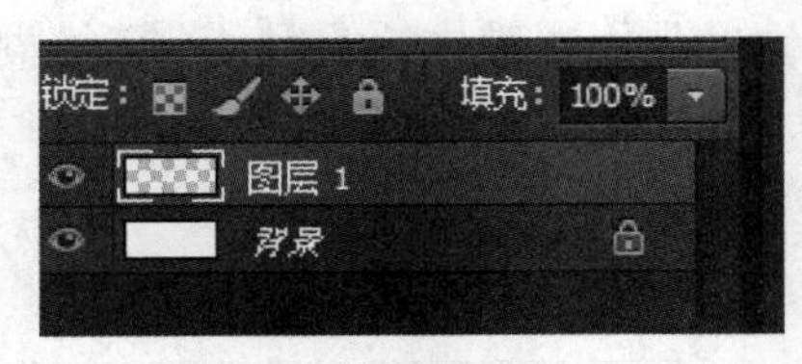

图 6-5　新建图层

第 4 步：使用文字工具输入文字。

选取工具栏中的“文字”工具。在面板中输入“阴影字”，设置字体为“华文琥珀”，字体大小为“60 点”，字间距“100”，如图 6-6 所示。

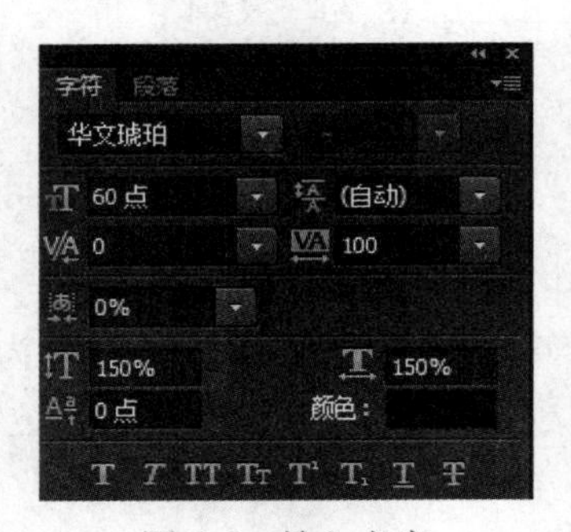

图 6-6　输入文字

第 5 步：将文字栅格化为图像。

（1）选择菜单栏的“图层”→“栅格化”→“文字”，将文字转换为图像。

（2）栅格化之前如图 6-7 所示。

（3）栅格化之后如图 6-8 所示。

图 6-7　栅格化之前

图 6-8　栅格化之后

第 6 步：复制阴影字的阴影层。

选择图层控制面板中“阴影字”层，然后单击右键选择“复制图层”，如图 6-9 所示。效果如图 6-10 所示。

复制图层
复制：阴影字
为(A)：阴影字(阴影层)
目标
文档(D)：06阴影字
名称(N)：
确定
取消

图 6-9　复制图层

第 7 步：交换“阴影字”和“阴影字（阴影层）”的位置，如图 6-11 所示。

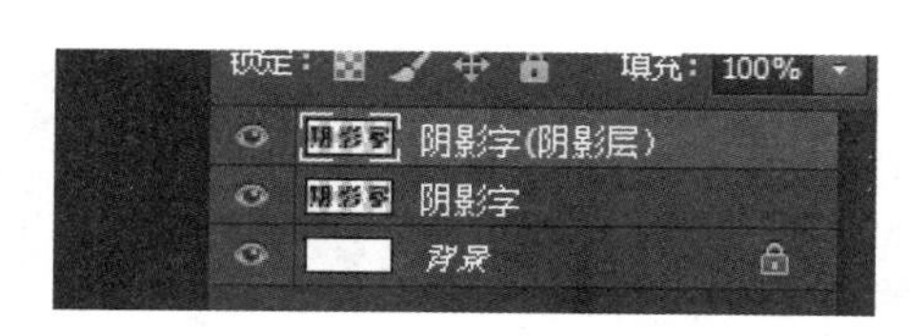

图 6-10　效果图

图 6-11　交换位置

第 8 步：隐藏“阴影字”层，只显示“阴影字（阴影层）”和“背景”层。

单击“阴影字”层左侧的小眼睛图标，关闭显示，如图 6-12 所示。

图 6-12　关闭显示

第 9 步：将“阴影字（阴影层）”设置模糊效果。

在图层控制面板中，选中“阴影字（阴影层）”，选择“滤镜”→“模糊”效果，最后选择“高斯模糊”，修改半径值为“1.5 像素”，如图 6-13 所示。效果如图 6-14 所示。

图 6-13　设置模糊效果

图 6-14　效果图

第 10 步：调整“阴影字（阴影层）”的位置。

打开“阴影字”层的小眼睛图标，但当前仍选中“阴影字（阴影层）”，移动“阴影字（阴影层）”，使之出现阴影效果。效果如图 6-15 所示。

图 6-15　调整位置

第 11 步：将“阴影字”层设置为“蓝色”。

（1）将前景色设置为“蓝色”，如图 6-16 所示。

（2）选中“阴影字”层，单击“选择”→“载入选区”，如图 6-17 所示，效果如图 6-18 所示。

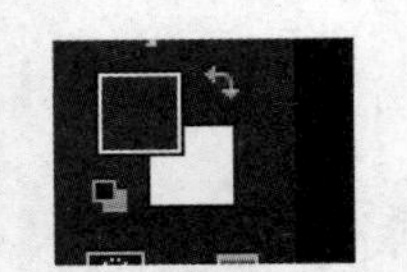

图 6-16　修改前景色

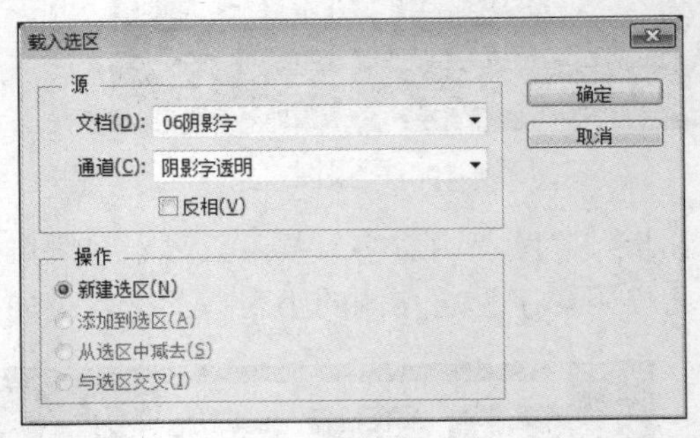

图 6-17　载入选区

图 6-18　效果图

（3）选中“阴影字（阴影层）”，单击“编辑”→“填充”选项，再选择使用“前景色”，如图 6-19 所示。

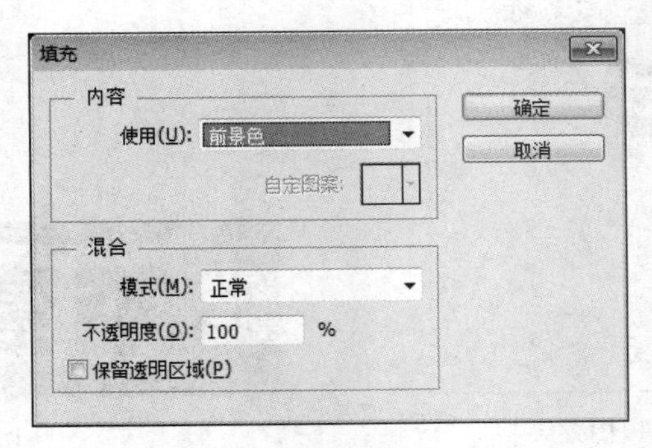

图 6-19　填充

（4）选择“移动”工具，移动后效果显示如图 6-20 所示。

图 6-20　移动

第 12 步：将阴影描边处理。

按 Ctrl+D 组合键取消选择。选中“阴影字（阴影层）”，将前景色设置为“粉色”，选择“编辑”→“描边”，修改宽度为“1 像素”，如图 6-21 所示。最后效果如图 6-22 所示。

描边
描边
宽度(W)：1 像素
颜色：
确定
取消
位置
内部(I)　居中(C)　居外(U)
混合
模式(M)：正常
不透明度(O)：100 %
保留透明区域(P)

图 6-21　描边

图 6-22　最后效果

第 13 步：将制作文件存盘。

选择菜单栏中的“文件”→“存储”选项。设置文件类型为 PSD 或 JPEG 格式。

案例小结

本案例主要应用了文字工具的使用方法、栅格化文字、填充使用、选区的使用、描边的使用、高斯模糊的使用、拼合图层等。

案例 7　立体多彩字

案例目标

使学生熟悉 Photoshop CS6.0 基本操作界面，掌握文件的创建方法、文字工具的使用方法、栅格化文字、渐变的使用、色彩范围的使用、查找边缘的使用、Alt 的使用、拼合图层等。

案例效果

本案例最终效果如图 7-1 所示。

图 7-1　案例效果

案例步骤

第 1 步：新建文件。

（1）选择菜单栏中的“文件”→“新建”选项，弹出“新建”对话框。

（2）设置名称为“07 立体多彩字”，预设为“自定”，宽度为“15 厘米”，高度为“4 厘米”，分辨率为“72 像素/英寸”，颜色模式设置为“RGB 颜色 8 位”，背景内容设置为“白色”，如图 7-2 所示。

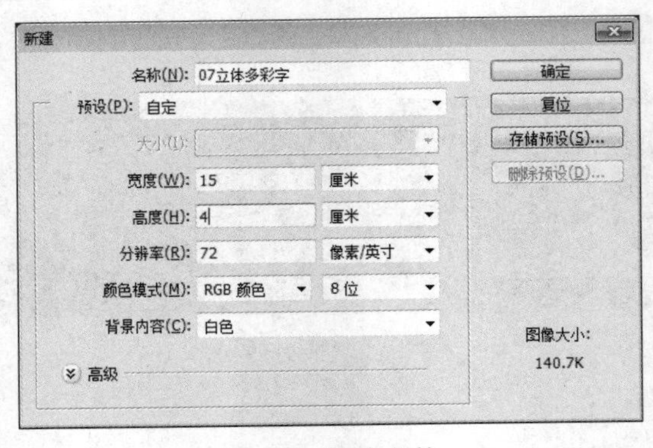

图 7-2　新建文件

第 2 步：设置背景色为白色，前景色为黑色。

按 D 键恢复系统默认颜色，背景色为“白色”，前景色为“黑色”，如图 7-3 所示。

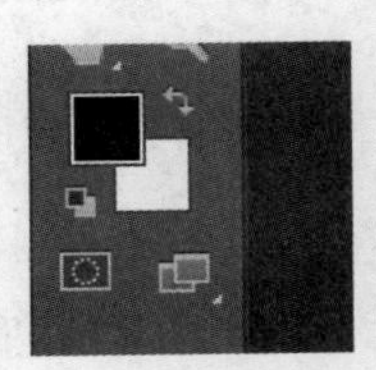

图 7-3　背景色

第 3 步：新建图层。

选择菜单栏中的“图层”→“新建”→“图层”选项，如图 7-4 所示，效果如图 7-5 所示。

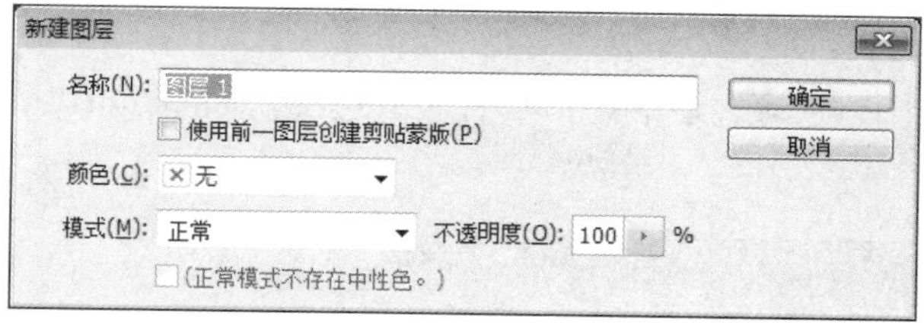

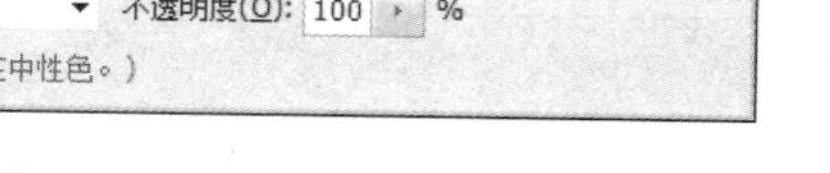

图 7-4　新建图层

图 7-5　效果图

第 4 步：使用文字工具输入文字。

选取工具栏中的“文字”T工具。在面板中输入“立体多彩字”，设置字体为“华文琥珀”，字体大小为“60 点”，字间距“100”，如图 7-6 所示。

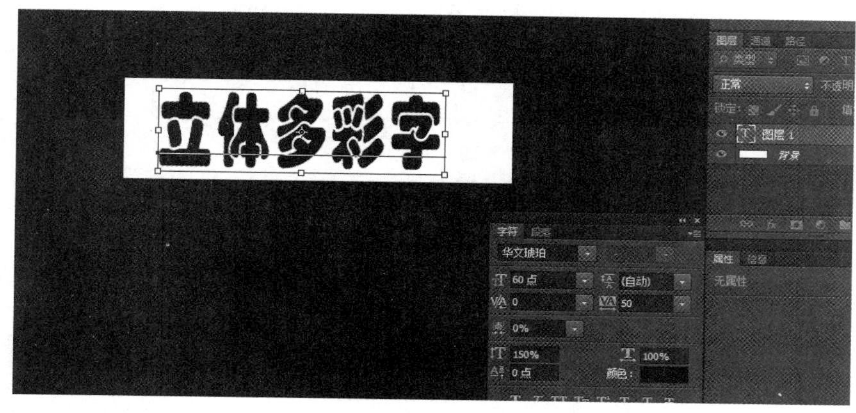

图 7-6　文字设置

第 5 步：将文字栅格化，使之成为图像。

（1）选择菜单栏中的“图层”，选择“栅格化”→“文字“。

（2）栅格化之前如图 7-7 所示。

（3）栅格化之后如图 7-8 所示。

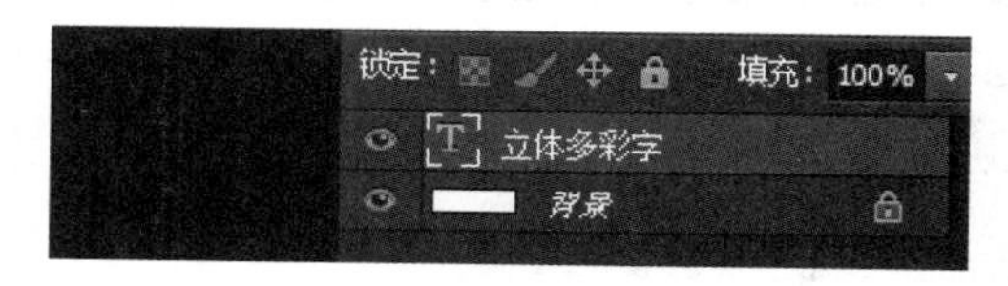

图 7-7　栅格化之前

图 7-8　栅格化之后

第 6 步：使文字变为空心。

选择菜单栏中的“滤镜”→“风格化”选项，选中“查找边缘”。效果如图 7-9 所示。

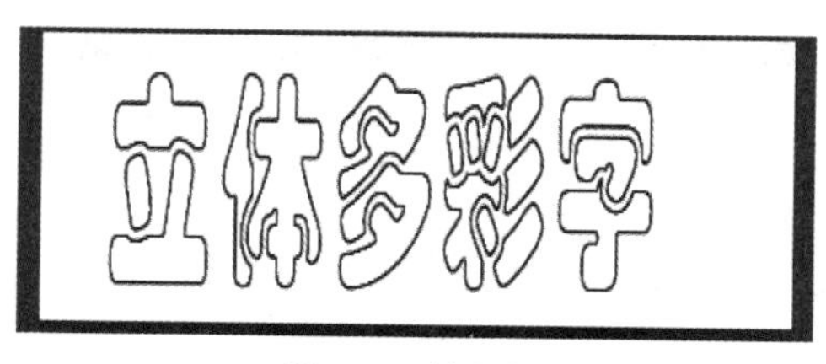

图 7-9　效果图

第 7 步：载入字体边缘选区。

选择菜单栏中的“选择”→“色彩范围”选项，然后用“吸管”取边缘，如图 7-10 所示，效果如图 7-11 所示。

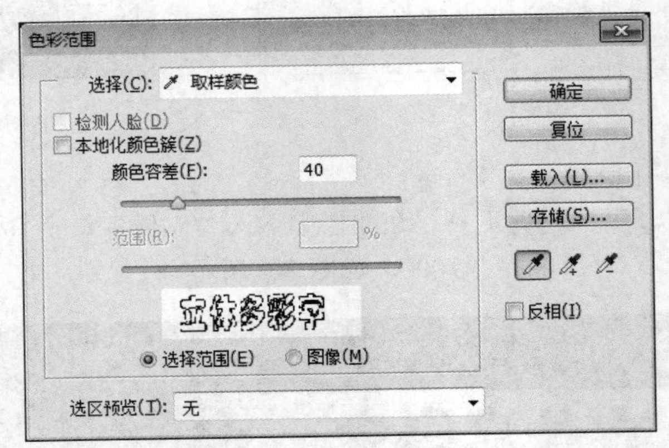

图 7-10 色彩范围

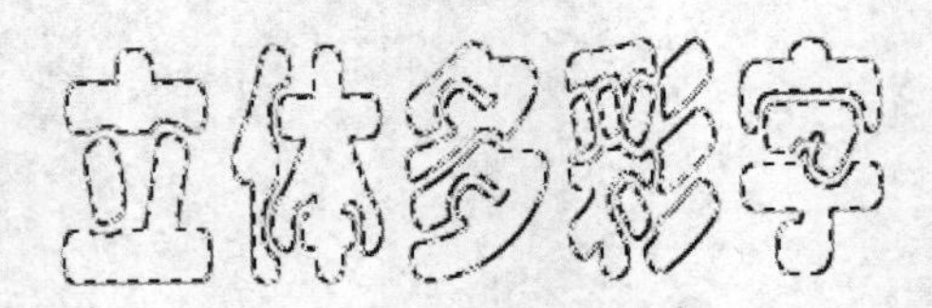

图 7-11 效果图

第 8 步：将立体多彩字的选区渐变。

（1）选择工具栏中的“渐变”工具，选择“色谱”，在文字中从“左上角到右下角”画一条直线，如图 7-12 所示。

图 7-12 选区渐变

（2）效果显示如图 7-13 所示。

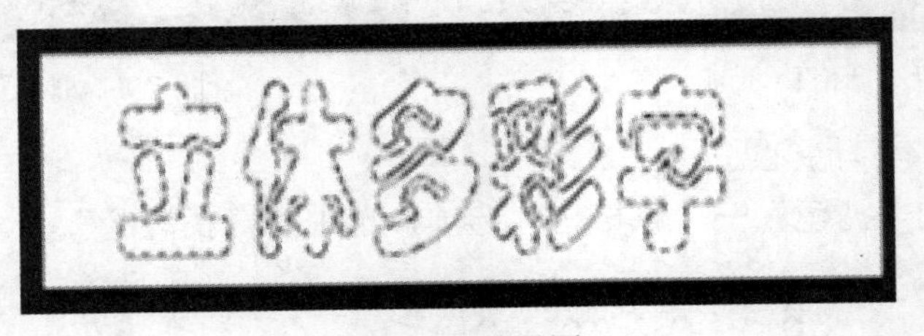

图 7-13 效果图

第 9 步：设置文字大小。

选择工具栏中的“移动”工具，然后分别按 Alt+↑和 Alt+→组合键，重复操作，调整文字大小，如图 7-14 所示。

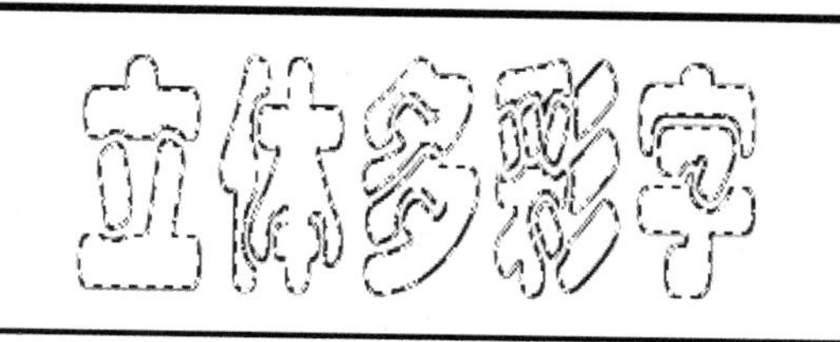

图 7-14　效果图

第 10 步：按 Ctrl+D 键取消选择，如图 7-15 所示。

图 7-15　效果图

第 11 步：将制作文件存盘。

选择菜单栏中的“文件”→“存储”选项。设置文件类型为 PSD 或 JPEG 格式。

案例小结

本案例主要应用了文件的创建方法、文字工具的使用方法、栅格化文字、渐变的使用、色彩范围的使用、查找边缘的使用、Alt 的使用、拼合图层等。

案例 8　卷毛字

案例目标

使学生熟悉 Photoshop CS6.0 基本操作界面，掌握文件的创建方法、文字工具的使用方法、栅格化文字、旋转扭曲的使用、拼合图层等。

案例效果

本案例最终效果如图 8-1 所示。

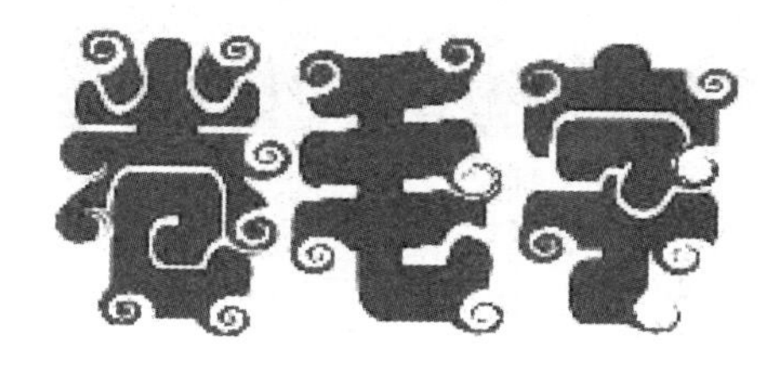

图 8-1　效果图

案例步骤

第 1 步：新建文件。

（1）选择菜单栏中的“文件”→“新建”选项，弹出“新建”对话框。

（2）设置名称为“08 卷毛字”，预设为“自定”，宽度为“10 厘米”，高度为“4 厘米”，分辨率为“72 像素/英寸”，颜色模式为“RGB 颜色 8 位”，背景内容为“白色”，如图 8-2 所示。

第 2 步：设置背景色为白色，前景色为黑色。

按 D 键，恢复系统默认颜色，背景色为“白色”，前景色为“黑色”。效果如图 8-3 所示。

第 3 步：新建图层。

选择“图层”→“新建”→“图层”选项，如图 8-4 所示，效果如图 8-5 所示。

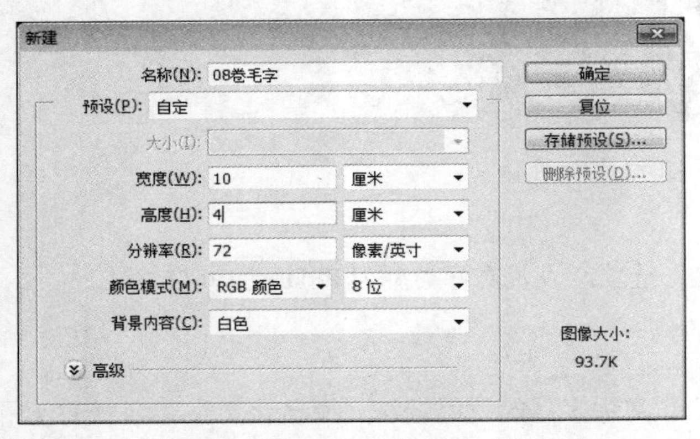

图 8-2 新建文件

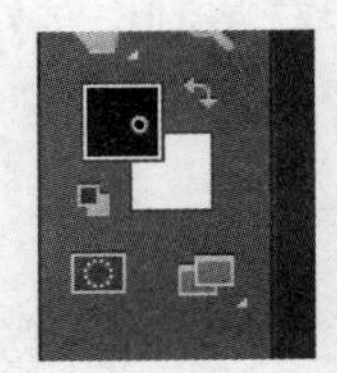

图 8-3 填充

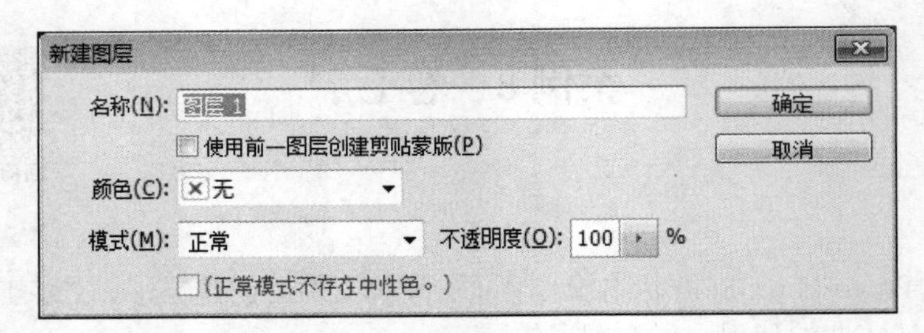

图 8-4 新建图层

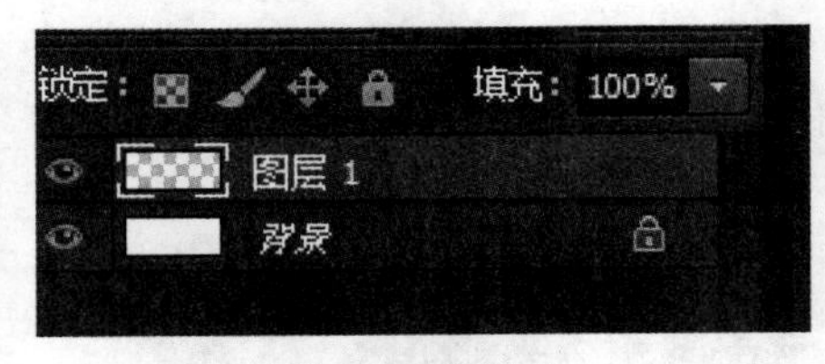

图 8-5 效果图

第 4 步：使用文字工具输入文字。

选取工具栏中的“文字”工具。在面板中输入“卷毛字”，设置字体为“华文琥珀”，字体大小为“60 点”，字间距“50”，设置如图 8-6 所示。

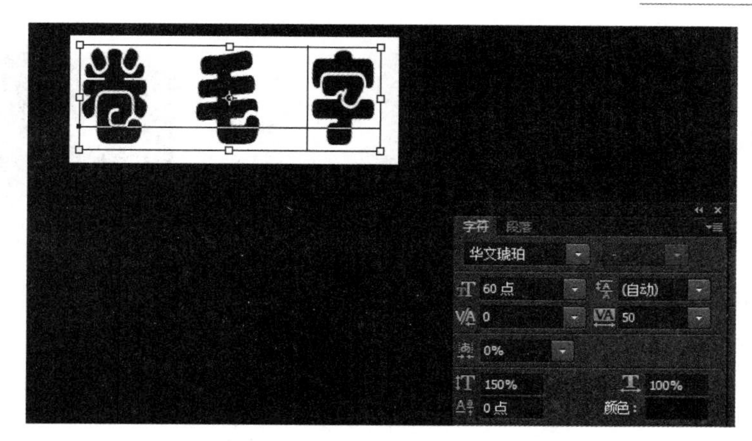

图 8-6　输入文字

第 5 步：将文字栅格化，使之成为图像。

（1）选择“图层”，再选择“栅格化”→“文字”。

（2）栅格化之前如图 8-7 所示。

（3）栅格化之后如图 8-8 所示。

图 8-7　栅格化之前

图 8-8　栅格化之后

第 6 步：选择文字选区。

（1）单击菜单栏“选择”→“载入选区”选项，如图 8-9 所示。

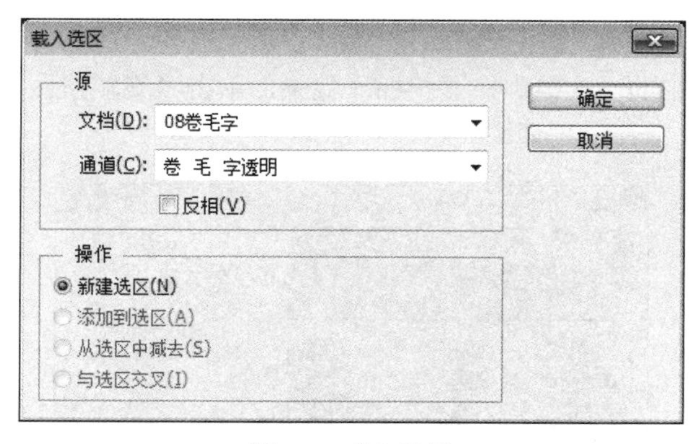

图 8-9　载入选区

（2）效果如图 8-10 所示。

第 7 步：将文字填充为红色。

（1）设置前景色为“红色”，如图 8-11 所示。

（2）选择“编辑”→“填充”，单击使用“前景色”，如图 8-12 所示，填充效果如图 8-13 所示。

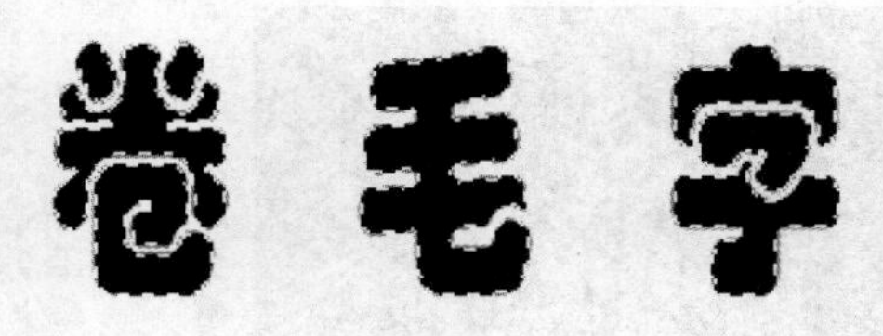

图 8-10 效果图

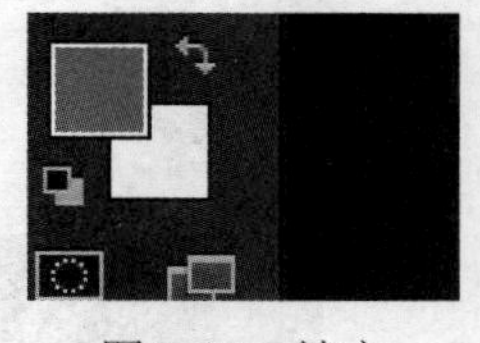

图 8-11 填充

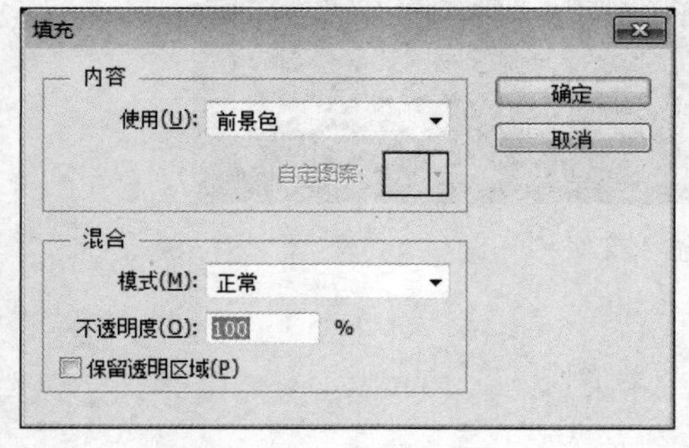

图 8-12 使用前景色

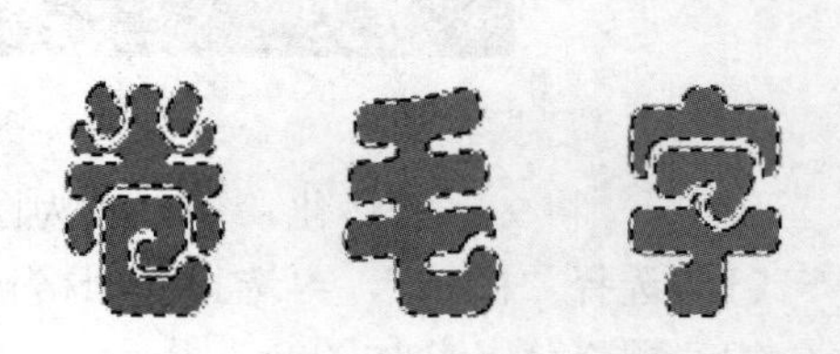

图 8-13 填充后效果

第 8 步：使用旋转扭曲滤镜将文字变形。

（1）按 Ctrl+D 组合键取消选择，在工具栏中选择“椭圆形”工具，然后在文字上圈中一个角，如图 8-14 所示。

图 8-14 变形

（2）选择菜单栏中的“滤镜”→“扭曲”效果，单击“旋转扭曲”，修改角度为“-800”度，如图 8-15 所示。

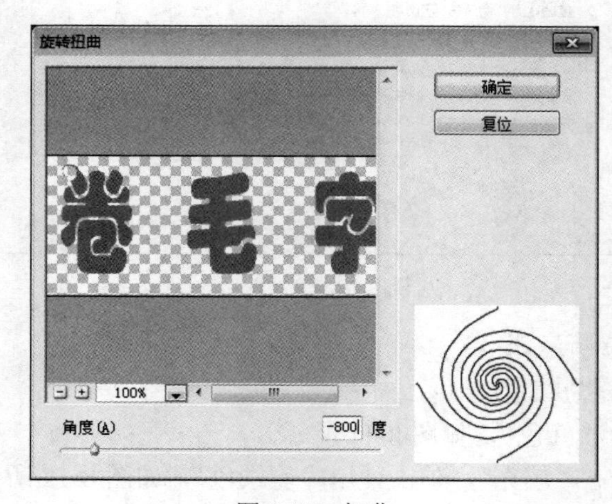

图 8-15 扭曲

第 9 步：移动“椭圆形”选区，重复以上操作（或按 Ctrl+F 组合键），如图 8-16 所示。

第 10 步：按 Ctrl+D 键取消选择，效果如图 8-17 所示。

图 8-16　重复操作

图 8-17　取消选择

第 11 步：将制作文件存盘。

选择菜单栏中的“文件”→“存储”选项。设置文件类型为 PSD 或 JPEG 格式。

案例小结

本案例主要应用了文件的创建方法、文字工具的使用方法、栅格化文字、旋转扭曲的使用、拼合图层等。

案例 9　贴图字

案例目标

使学生熟悉 Photoshop CS6.0 基本操作界面，掌握文件的创建方法、文字工具的使用方法、栅格化文字、通道的使用、应用图像的使用、蒙版的使用、模糊及浮雕效果的应用、拼合图层等。

案例效果

本案例最终效果如图 9-1 所示。

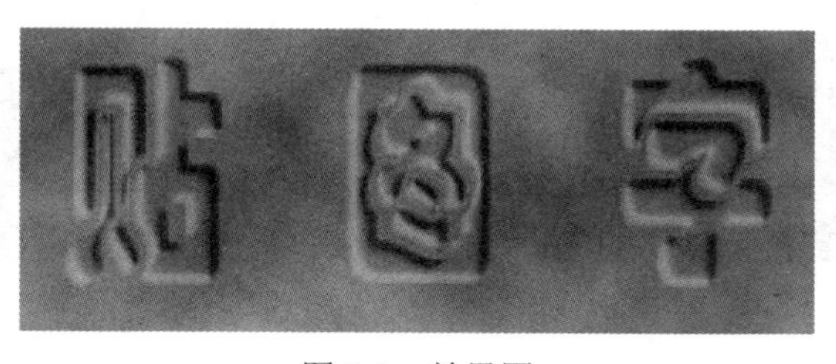

图 9-1　效果图

案例步骤

第 1 步：新建文件。

（1）选择菜单栏中的“文件”→“新建”选项，弹出“新建”对话框。

（2）设置文件名称为“09 贴图字”，预设为“自定”，宽度为“10 厘米”，高度为“4 厘米”，分辨率为“72 像素/英寸”，颜色模式为“RGB 颜色 8 位”，背景内容为“白色”，如图 9-2 所示。

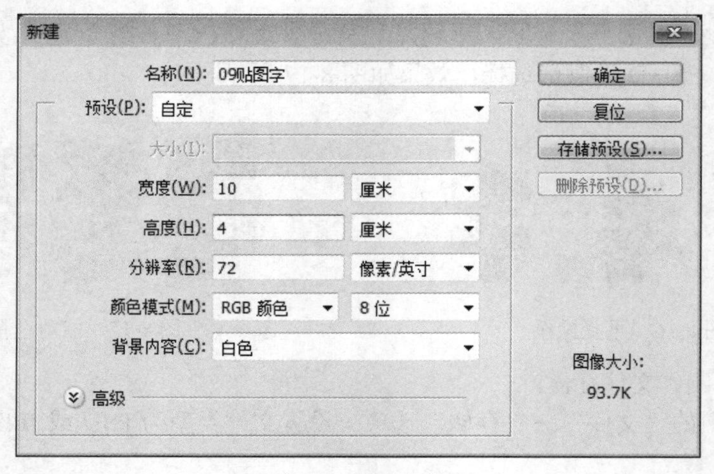

图 9-2 新建文件

第 2 步：生成云彩效果。

（1）新建图层。选择“图层”控制面板，选择“创建新图层”按钮。设置名称为“图层 1”，如图 9-3 所示，效果如图 9-4 所示。

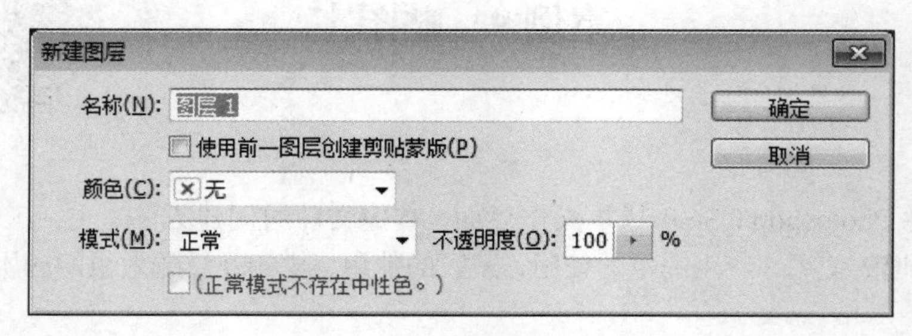

图 9-3 新建图层

（2）设置背景色为“白色”，前景色为“蓝色”，效果如图 9-5 所示。

图 9-4 效果

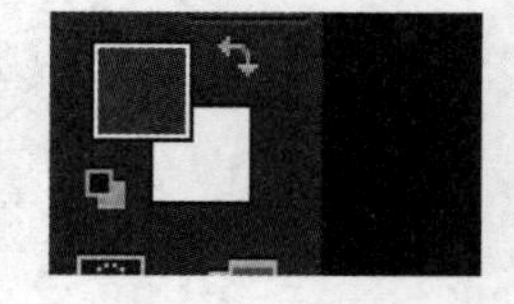

图 9-5 填充

（3）在菜单栏中选择“滤镜”→“渲染”→“云彩”效果，如图 9-6 所示。

图 9-6 选择“云彩”效果

（4）新建“Alpha1”通道，选择通道控制面板，如图 9-7 所示。

（5）单击“新建通道”，在“新建通道”对话框中修改名称为“Alpha1”，如图 9-8 所示。

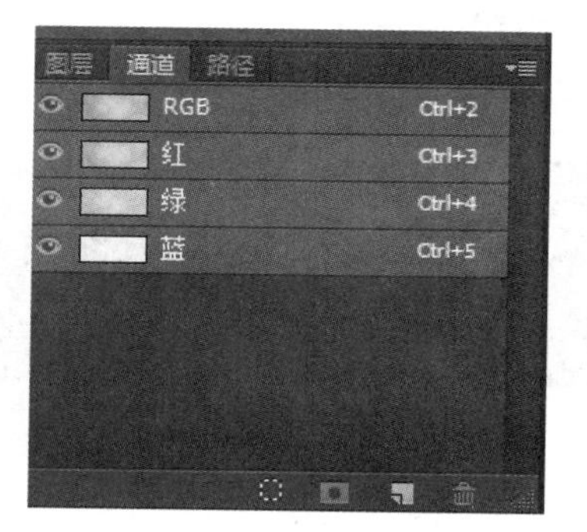

图 9-7　设置通道

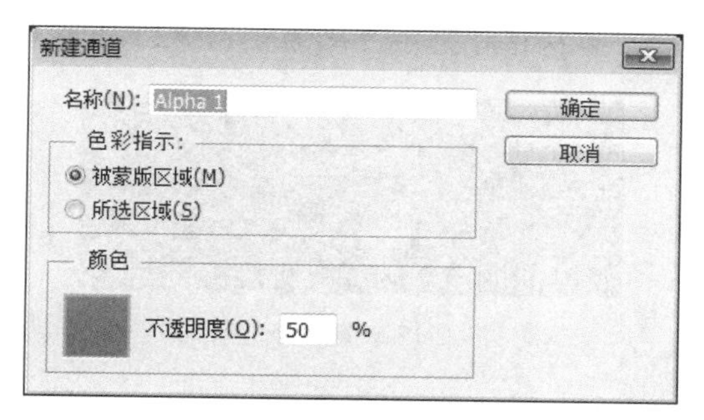

图 9-8　新建通道

（6）最终效果如图 9-9 所示。

第 3 步：回到“图层”控制面板，选择下方的“创建新图层”按钮，新建图层 2，如图 9-10 所示。

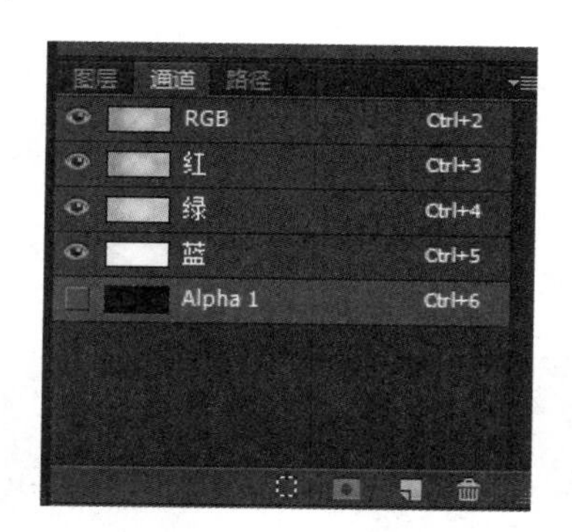

图 9-9　效果图

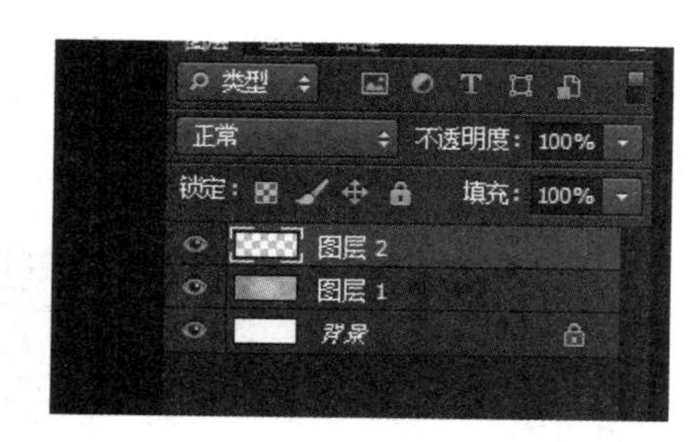

图 9-10　新建图层 2

第 4 步：使用文字工具输入文字。

（1）当前为“图层 2”，按 D 键恢复初值，再按 X 键，使前景色和背景色交换，此时前景色为“白色”，背景色为“黑色”，如图 9-11 所示。

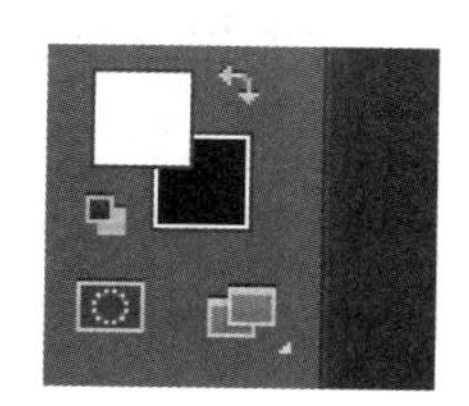

图 9-11　填充

（2）选取工具栏中的“文字”工具。在面板中输入“贴图字”，设置字体为“华文琥珀”，字体大小为“60 点”，字间距为“50”，如图 9-12 所示。

图 9-12　输入文字

第 5 步：将文字栅格化，使之成为图像。

（1）选择菜单栏中的“图层”→“栅格化”→“文字”。

（2）栅格化之前，如图 9-13 所示。

（3）栅格化之后，如图 9-14 所示。

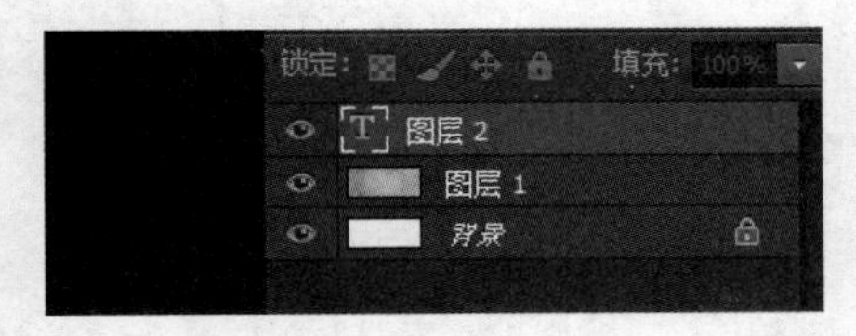

图 9-13 栅格化之前

图 9-14 栅格化之后

第 6 步：复制通道。

返回到“通道”控制面板，选择“Alpha1 通道”，单击右键，选择“复制通道”，如图 9-15 所示，复制之后效果如图 9-16 所示。

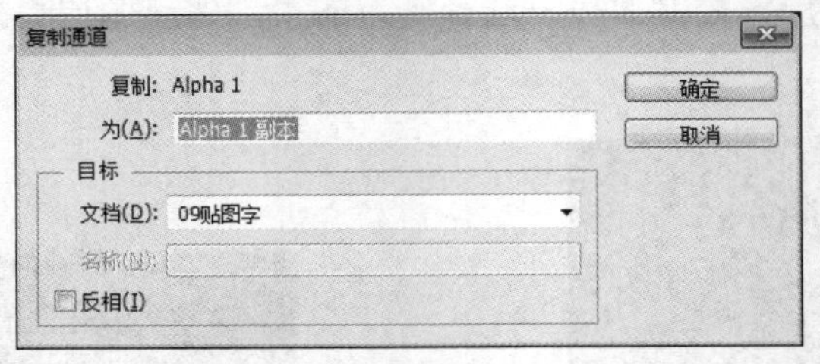

图 9-15 复制通道

图 9-16 效果图

第 7 步：在通道控制面板中，选择文字选区，将文字鼓出来。

（1）选择“RGB 通道”，在菜单栏中单击“选择”→“载入选区”选项，如图 9-17 所示。

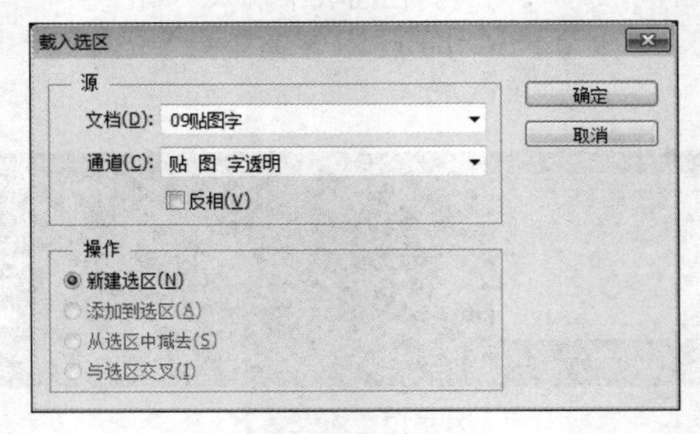

图 9-17 载入选区

（2）效果如图 9-18 所示。

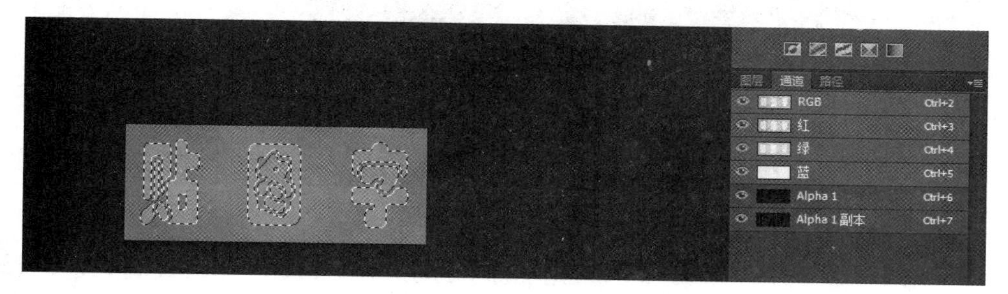

图 9-18　效果图

（3）在菜单栏中选择“滤镜”→“模糊”选项，再选择“高斯模糊”，修改半径为“5 像素”，如图 9-19 所示。

（4）在菜单栏中选择“滤镜”→“风格化”选项，选择“浮雕效果”，在对话框中调整角度为“45 度”，高度为“9 像素”，数量为“130%”，如图 9-20 所示。

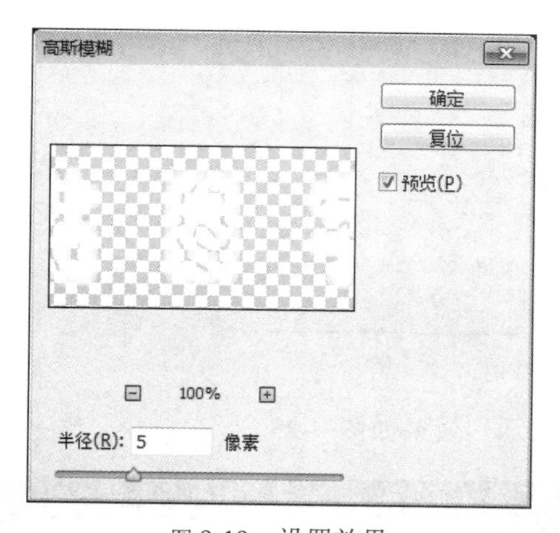

图 9-19　设置效果

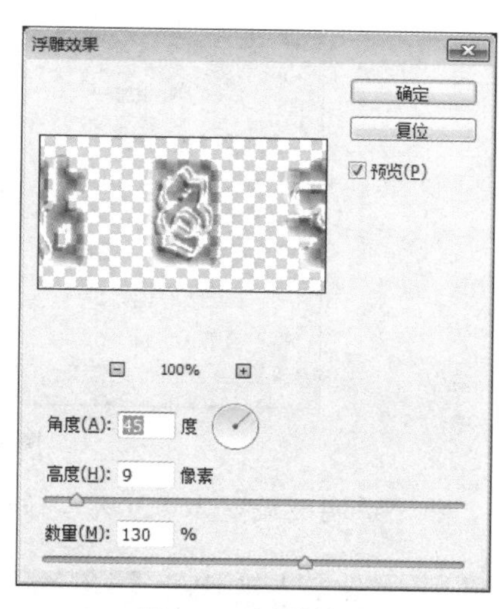

图 9-20　浮雕效果

（5）显示效果如图 9-21 所示。

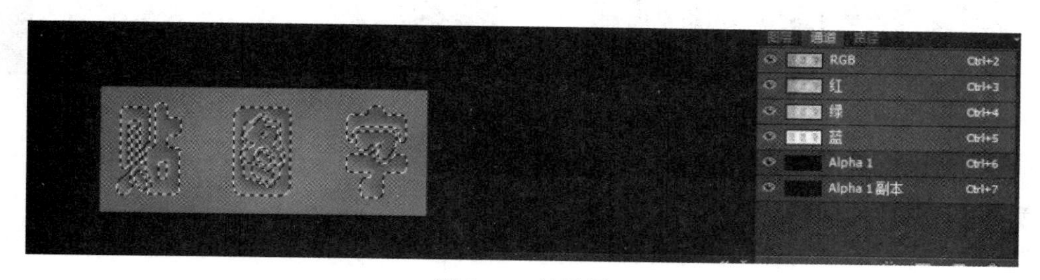

图 9-21　效果图

第 8 步：使文字以底色云彩突出显示处理。

（1）关闭“Alpha1”通道及“Alpha1 副本”通道前的小眼睛图标。返回到图层，选择“图层 1”，如图 9-22 所示。

图 9-22　回到图层 1

（2）在菜单栏中选择“图像”→“应用图像”选项，在对话框中修改数值，设置如图 9-23 所示。

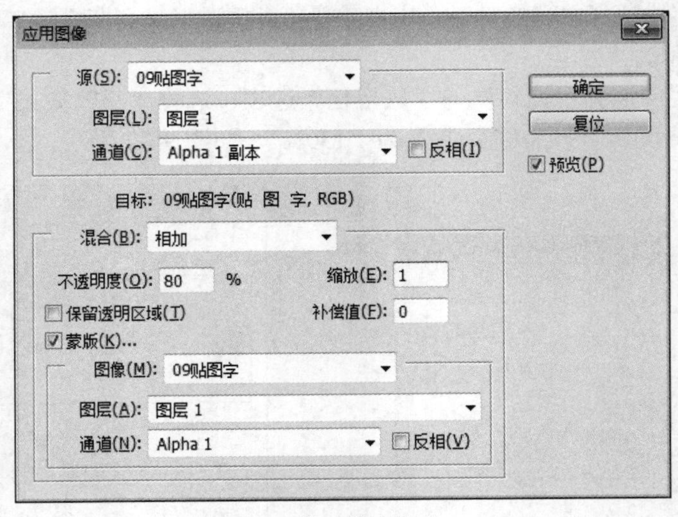

图 9-23　修改数值

（3）将不透明度设置为“30%”，如图 9-24 所示，效果如图 9-25 所示。

图 9-24　更改透明度

图 9-25　效果图

第 9 步：同时按住 Ctrl+D 键，取消选择。

第 10 步：将制作文件存盘。

选择菜单栏中的“文件”→“存储”选项。设置文件类型为 PSD 或 JPEG 格式。

案例小结

本案例主要应用了文件的创建方法、文字工具的使用方法、栅格化文字、通道的使用、应用图像的使用、蒙版的使用、模糊及浮雕效果的应用、拼合图层等。

案例 10　铁皮字

案例目标

使学生掌握 Photoshop CS6.0 基本操作界面，文件的创建方法、文字工具的使用方法、栅格化文字、内阴影的使用、斜面及浮雕的应用、拼合图层等。

案例效果

本案例最终效果如图 10-1 所示。

图 10-1　案例效果

案例步骤

第 1 步：新建文件。

（1）选择菜单栏中的“文件”→“新建”选项，弹出“新建”对话框。

（2）设置名称为“10 铁皮字”，预设为“自定”，宽度为“10 厘米”，高度为“4 厘米”，分辨率为“72 像素/英寸”，颜色模式为“RGB 颜色 8 位”，背景内容为“白色”，如图 10-2 所示。

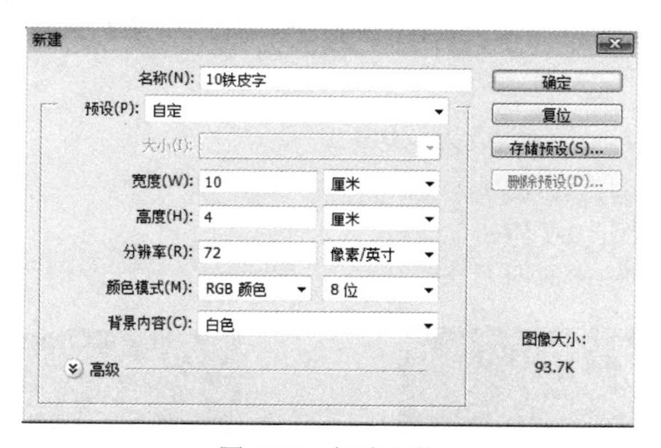

图 10-2　新建文件

第 2 步：新建图层。

选择菜单栏中的“图层”→“新建图层”选项，如图 10-3 所示，效果如图 10-4 所示。

第 3 步：将前景色设置为铁青色，输入文字，如图 10-5 所示。

选取工具栏中的“文字”工具，设置如图 10-6 所示。

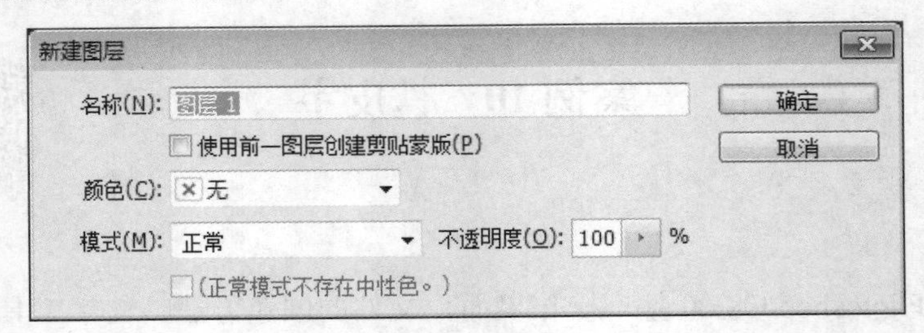

图 10-3 新建图层

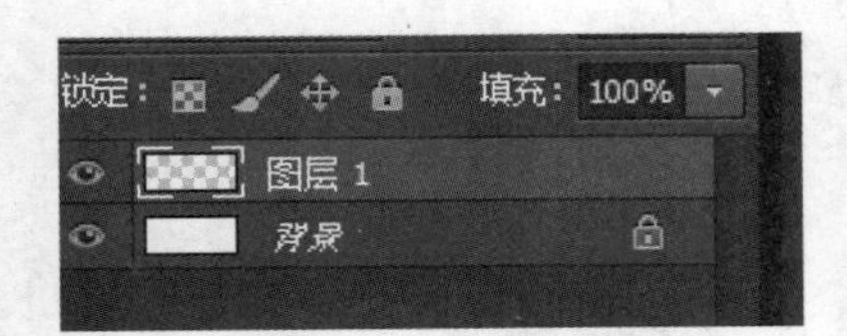

图 10-4 效果图

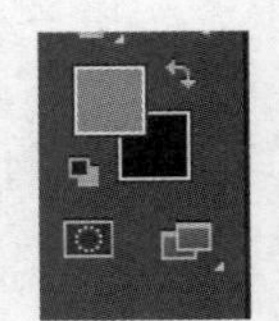

图 10-5 背景色

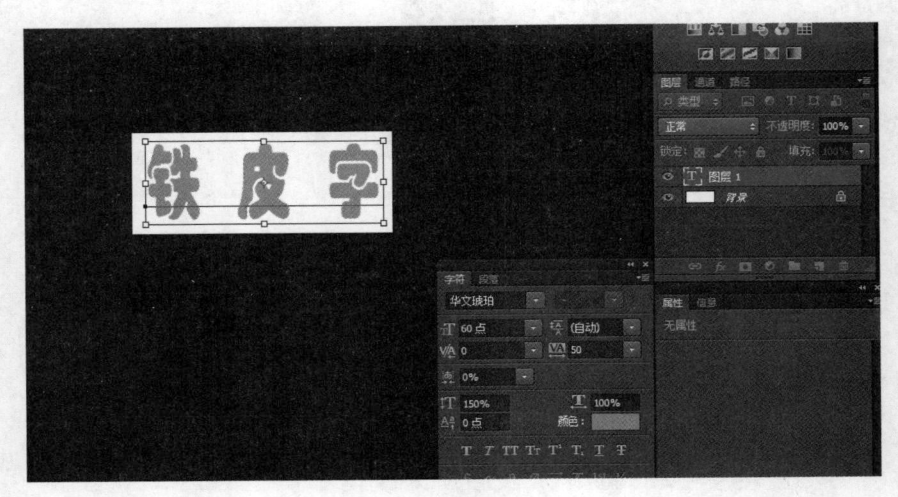

图 10-6 文字设置

第 4 步：将文字栅格化，使之成为图像。

（1）选择菜单栏中的“图层”→“栅格化”→“文字”。

（2）栅格化之前如图 10-7 所示。

（3）栅格化之后如图 10-8 所示。

图 10-7 栅格化之前

图 10-8 栅格化之后

第 5 步：将文字变粗。

选择菜单栏中的“滤镜”→“其他”→“最小值”选项，设置半径为“2 像素”，如图 10-9 所示。

图 10-9　文字变粗

第 6 步：设置文字内阴影效果。

选择菜单栏中的“图层”→“图层样式”→“内阴影”选项，设置如图 10-10 所示。

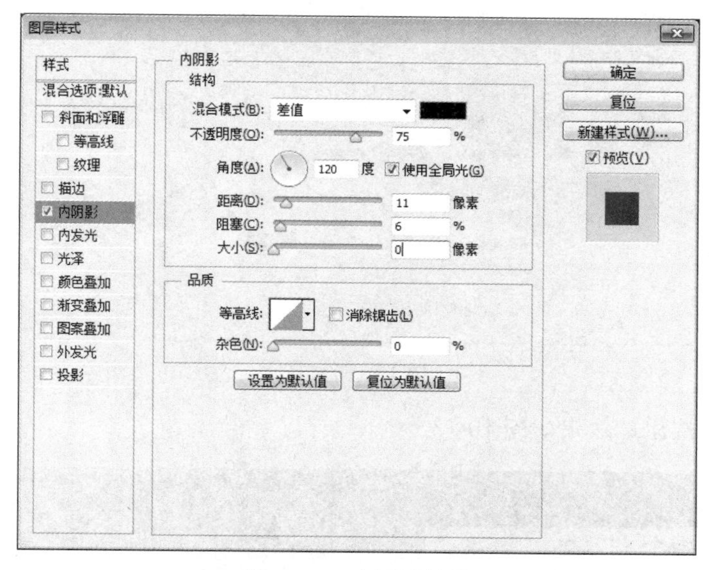

图 10-10　内阴影效果

第 7 步：在设定好以上的对话框后，不要按“确定”，设置浮雕效果，按 Ctrl+5 即可，如图 10-11 所示。

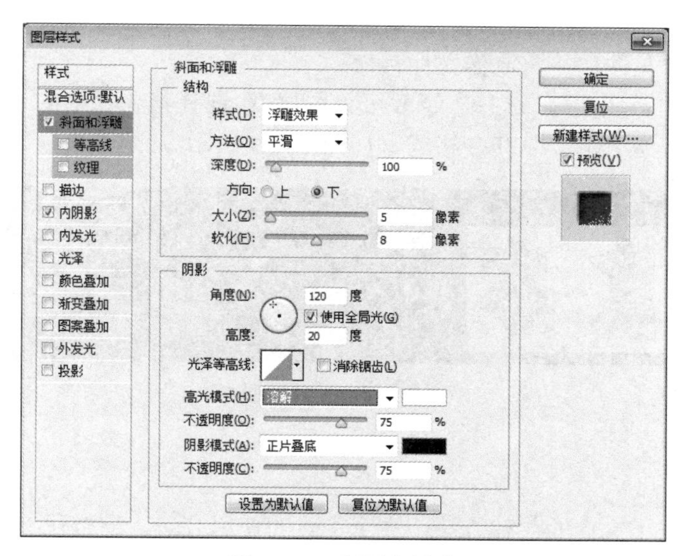

图 10-11　斜面和浮雕

第 8 步：不要按“确定”，设置枕状浮雕效果，如图 10-12 所示。

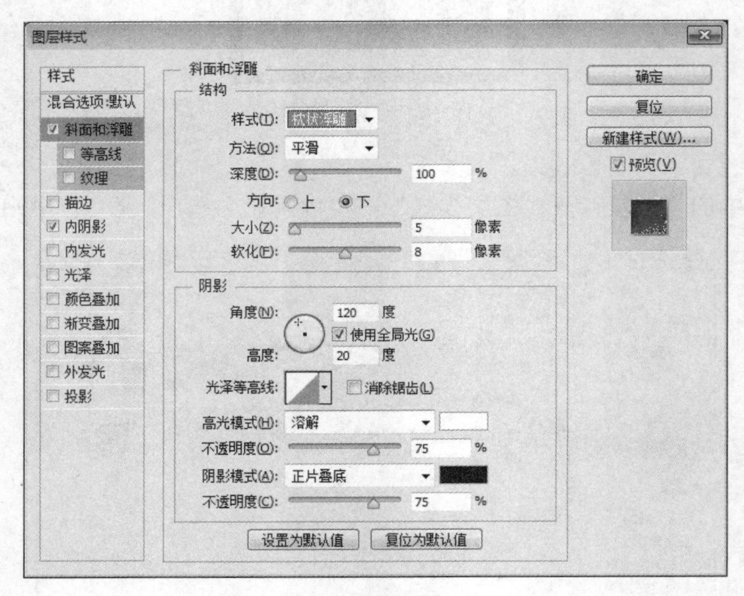

图 10-12　浮雕设置

单击“确定”按钮，效果如图 10-13 所示。

图 10-13　效果图

第 9 步：合并可见图层，将制作文件存盘。

选择菜单栏中的“图层”，选择“合并可见图层”；选择菜单栏中的“文件”→“存储”选项，设置文件类型为 PSD 或 JPEG 格式，如图 10-14 所示。

图 10-14　合并图层

案例小结

本案例主要应用了文件的创建方法、文字工具的使用方法、栅格化文字、内阴影的使用、斜面及浮雕效果的应用、拼合图层等。

案例 11　泥土字

案例目标

使学生熟悉 Photoshop CS6.0 基本操作界面，掌握文件的创建方法、文字工具的使用方法、栅格化文字、图层样式中内斜面和浮雕效果的使用、拼合图层等。

案例效果

本案例最终效果如图 11-1 所示。

图 11-1　案例效果

案例步骤

第 1 步：新建文件。

（1）选择菜单栏中的“文件”→“新建”选项，弹出“新建”对话框。

（2）设置名称为“11 泥土字”，预设为“自定”，宽度为“10 厘米”，高度为“4 厘米”，分辨率为“72 像素/英寸”，颜色模式为“RGB 颜色 8 位”，背景内容为“白色”，如图 11-2 所示。

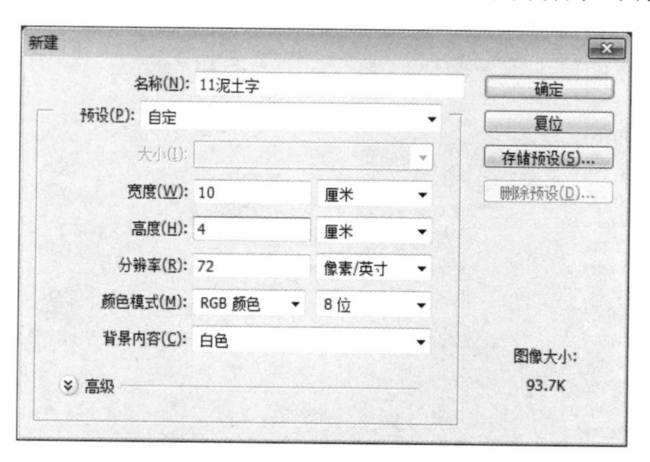

图 11-2　“新建”对话框

第 2 步：设置背景色为白色，前景色为黑色。

按 D 键，则恢复系统默认颜色，背景色为白色，前景色为黑色，如图 11-3 所示。

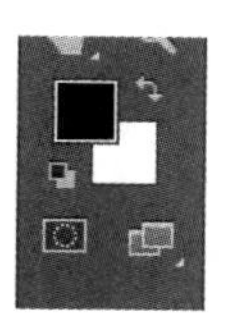

图 11-3　默认颜色

第 3 步：新建图层。

在菜单栏中选择“图层”→“新建”→“图层”选项，如图 11-4

所示，效果如图 11-5 所示。

图 11-4　新建图层

图 11-5　效果图

第 4 步：选择画笔工具，写“泥”字。

（1）选择“画笔”工具，设置如图 11-6 所示。

图 11-6　选择画笔工具

（2）在图层控制面板中，选择“图层 1”并手写“泥”字，如图 11-7 所示。

图 11-7　图层 1

第 5 步：设置内阴影样式。

在菜单栏中选择“图层”→“图层样式”→“内阴影”选项。设置如图 11-8 所示。

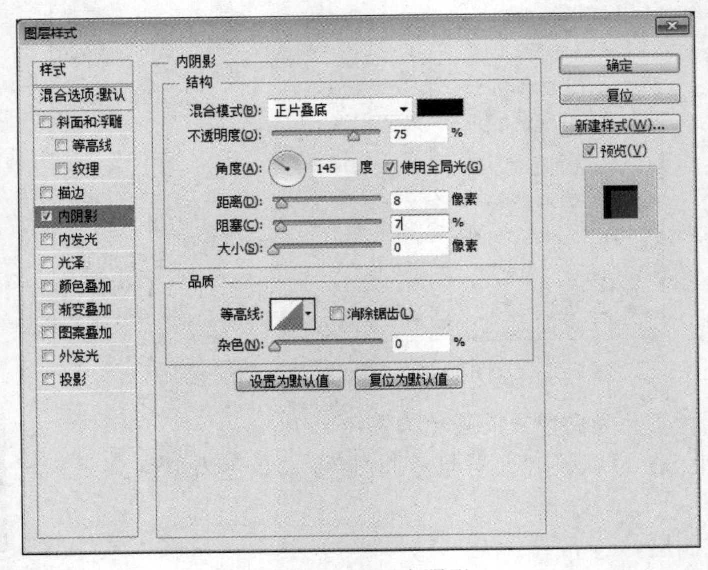

图 11-8　设置内阴影

第 6 步：在图 11-8 所示对话框中设置斜面和浮雕。按 Ctrl+5 组合键，打开斜面和浮雕设置面板，如图 11-9 所示。效果如图 11-10 所示。其中，内斜面：文字清晰，字凸起。外斜面：文字的影清晰，出现在文字之上。此处常用快捷键有：

- 投影：Ctrl+1。
- 内阴影：Ctrl+2。
- 外发光：Ctrl+3。
- 内发光：Ctrl+4。
- 斜面和浮雕：Ctrl+5。

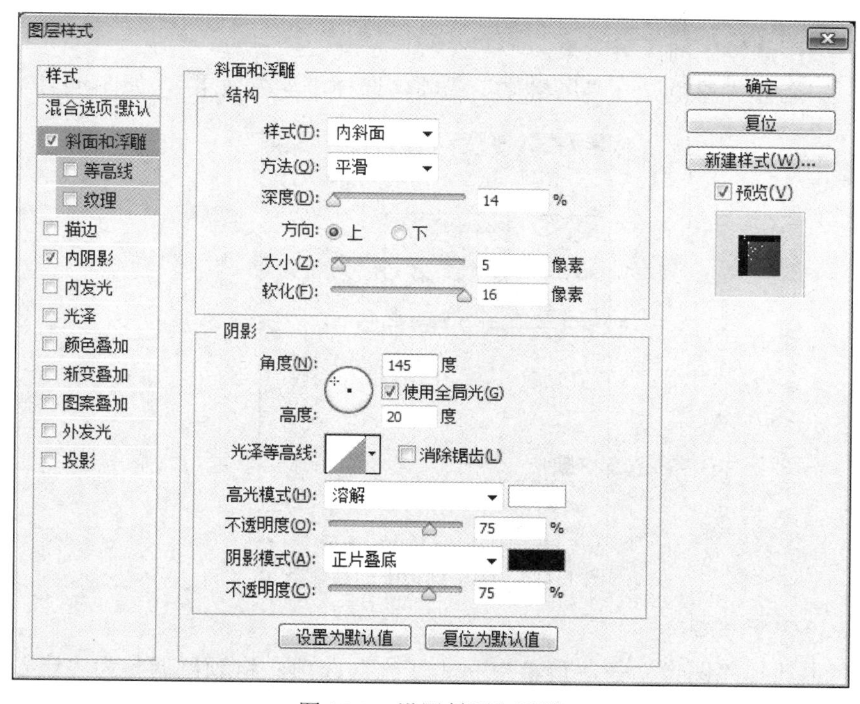

图 11-9　设置斜面和浮雕

图 11-10　效果图

第 7 步：选择移动工具，载入选区。

（1）选择左侧工具栏中的“移动”工具，选择菜单栏中的“选择”→“载入选区”选项，如图 11-11 所示。

（2）显示如图 11-12 所示。

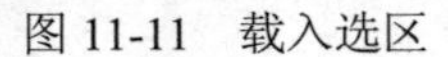

图 11-11 载入选区

图 11-12 效果图

第 8 步：应用滤镜中的浮雕效果。

在菜单栏中选择“滤镜”→“风格化”选项，选择“浮雕效果”，如图 11-13 所示。

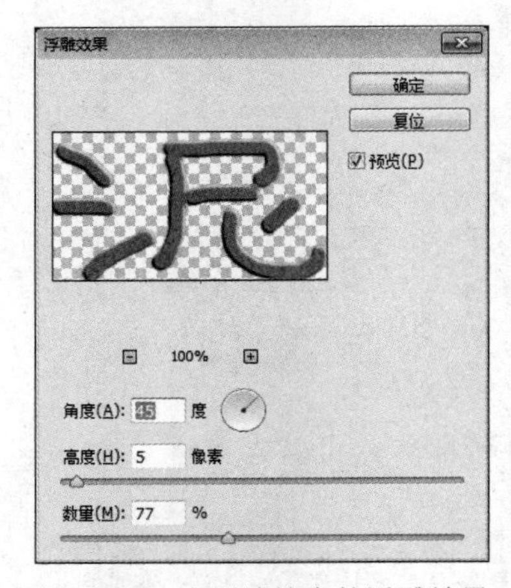

图 11-13 应用滤镜中的浮雕效果

第 9 步：设置文字颜色。

在菜单栏中选择“图像”→“调整”→“变化”选项，将颜色调整为“土黄色”，“加深黄色”和“加深红色”，如图 11-14 所示。

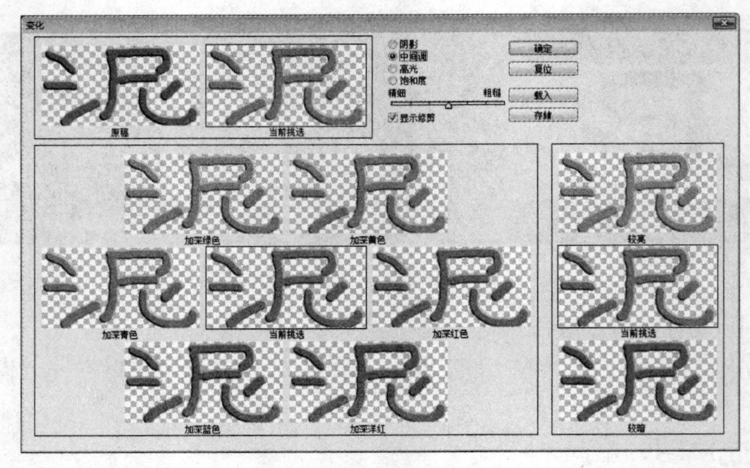

图 11-14 设置文字颜色

第 10 步：按 Ctrl+D 组合键取消选择。如图 11-15 所示。

图 11-15　Ctrl+D 取消选择

第 11 步：合并可见图层，将制作文件存盘。

在菜单栏中选择“图层”，选择“合并可见图层”选项。选择菜单栏中的“文件”，选择“存储”选项。设置文件类型为 PSD 或 JPEG 格式文件。如图 11-16 所示。

图 11-16　合并图层

案例小结

本案例主要应用了文件的创建方法、文字工具的使用方法、栅格化文字、图层样式中的斜面和浮雕使用、拼合图层等。

案例 12　霓虹字

案例目标

使学生熟悉 Photoshop CS6.0 基本操作界面，掌握文件的创建方法、文字工具的使用方法、栅格化文字、投影的使用、斜面和浮雕效果的应用、文字收缩和删除的方法、拼合图层等。

案例效果

本案例最终效果如图 12-1 所示。

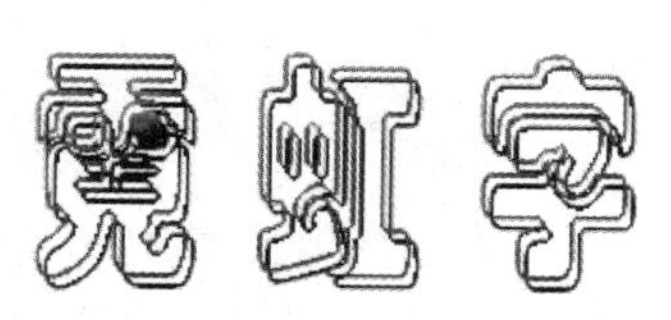

图 12-1　案例效果

案例步骤

第 1 步：新建文件。

（1）选择菜单栏中的“文件”→“新建”选项，弹出“新建”对话框。

（2）设置名称为“12 霓虹字”，预设为“自定”，宽度为“10 厘米”，高度为“4 厘米”，分辨率为“72 像素/英寸”，颜色模式为“RGB 颜色 8 位”，背景内容为“白色”，如图 12-2 所示。

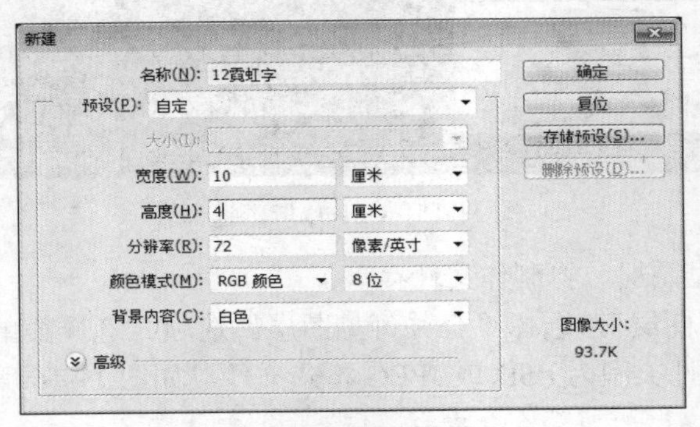

图 12-2　“新建”对话框

第 2 步：新建图层 1。

在菜单栏中选择“图层”→“新建”→“图层”选项，如图 12-3 所示，效果如图 12-4 所示。

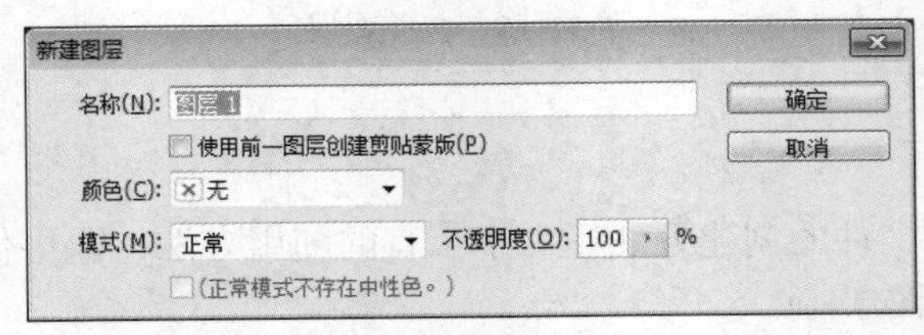

图 12-3　新建图层

第 3 步：将前景色设置为黑色，背景色设置为白色，并输入文字。

（1）按 D 键，恢复默认设置，如图 12-5 所示。

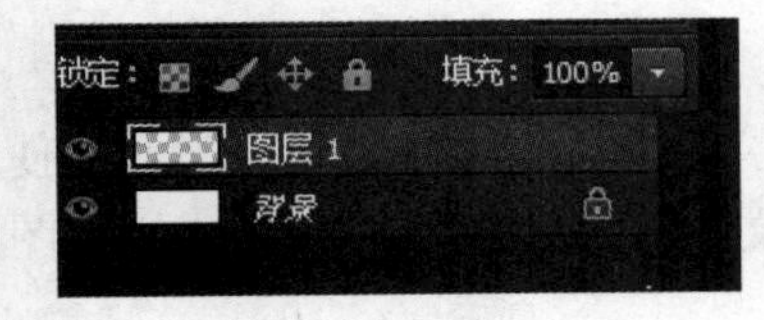

图 12-4　图层

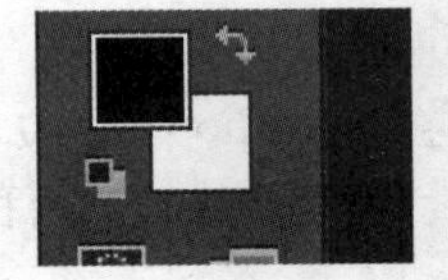

图 12-5　默认颜色

（2）选取文字工具，输入“霓虹字”，设置如图 12-6 所示。

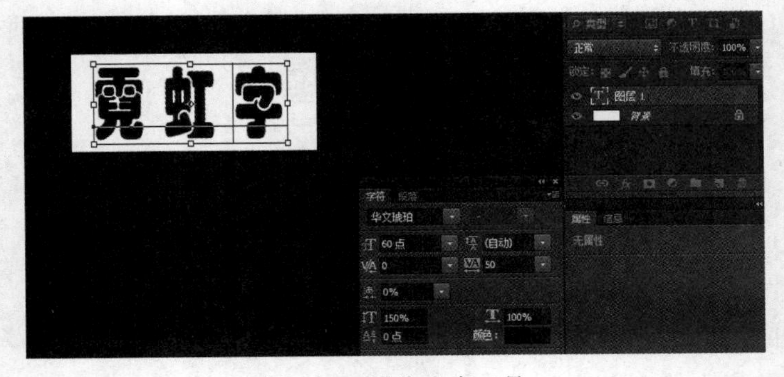

图 12-6　选取文字工具

第 4 步：将文字栅格化，使之成为图像。

（1）在菜单栏中选择“图层”→“栅格化”→“文字”。

（2）栅格化之前如图 12-7 所示。

（3）栅格化之后如图 12-8 所示。

图 12-7　栅格化之前

图 12-8　栅格化之后

第 5 步：将文字收缩。

（1）选择菜单栏中的“选择”→“载入选区”选项，如图 12-9 所示。

（2）选择菜单栏中“选择”→“修改”→“收缩”选项，设置收缩量为“2 像素”，然后单击“确定”，如图 12-10 所示。效果显示如图 12-11 所示。

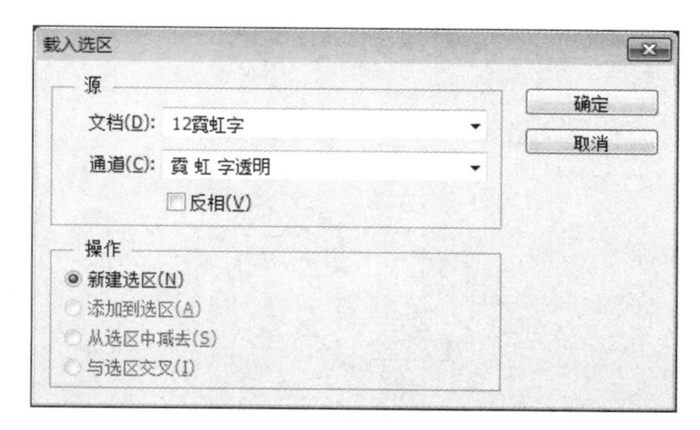

图 12-9　选择，载入选区

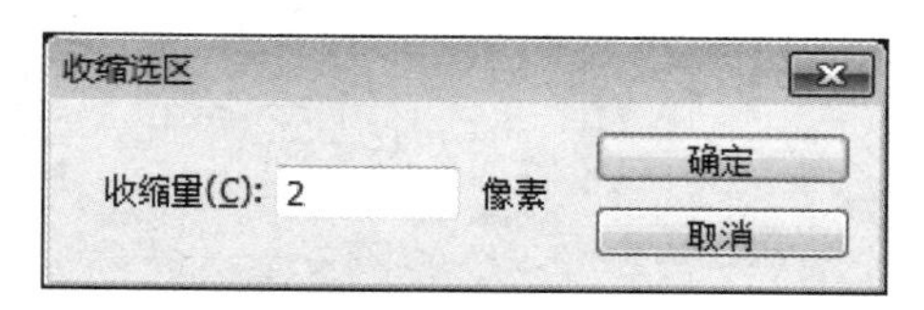

图 12-10　收缩量

（3）按 Delete 键，删除文字中间部分。然后按 Ctrl+D 取消选择。效果如图 12-12 所示。

图 12-11　效果图

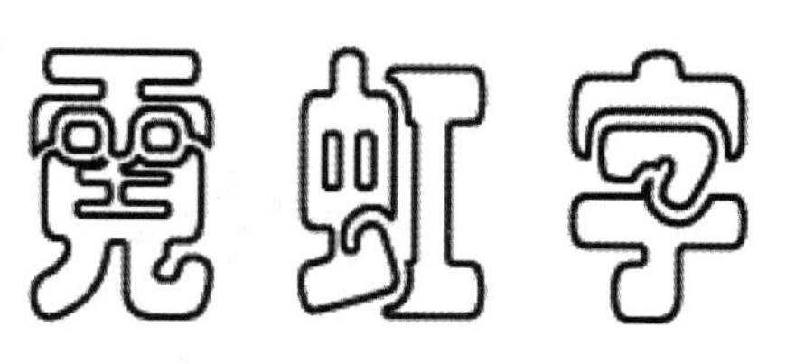

图 12-12　取消选择效果

第 6 步：设置文字浮雕效果。

在菜单栏中单击“滤镜”→“风格化”→“浮雕效果”。设置角度为“45 度”，高度为“5 像素”，数量为“60%”。效果如图 12-13 所示。

第 7 步：设置文字为紫红色。

在菜单栏中单击“图像”→“调整”→“变化”，将字加红色和加蓝色，如图 12-14 所示。

第 8 步：设置文字投影效果。

在菜单栏中单击“图层”→“图层样式”→“投影”选项。设置角度为“120 度”，距离为“5 像素”，扩展为“5%”，大小为“0 像素”。效果如图 12-15 所示。

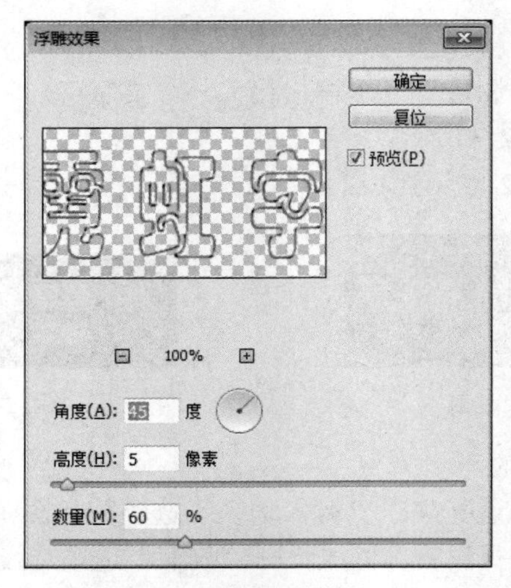

图 12-13 设置文字浮雕效果

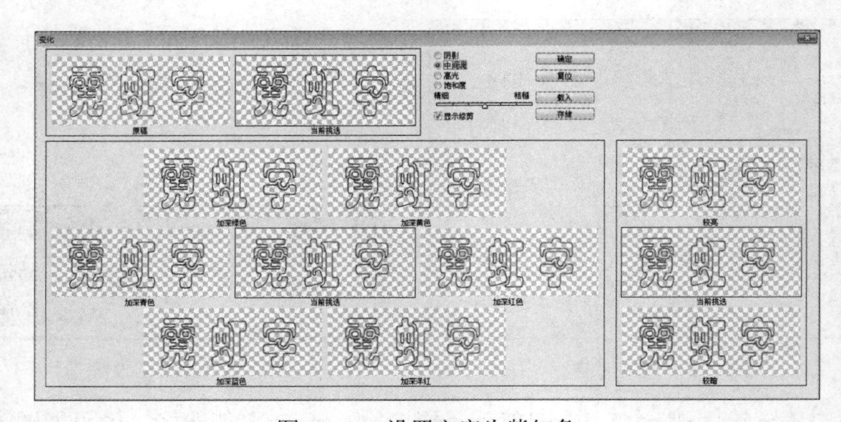

图 12-14 设置文字为紫红色

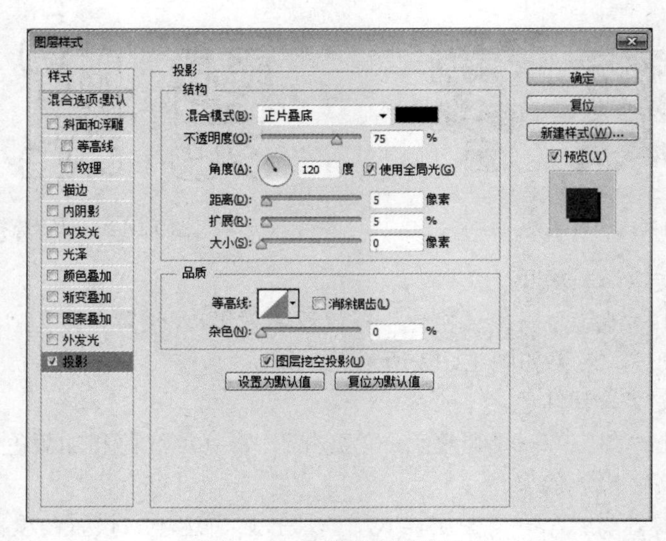

图 12-15 设置文字投影效果

第 9 步：以上设置完成后，不要按“确定”，继续设置浮雕效果。

（1）按 Ctrl+5 组合键，设置如图 12-16 所示。

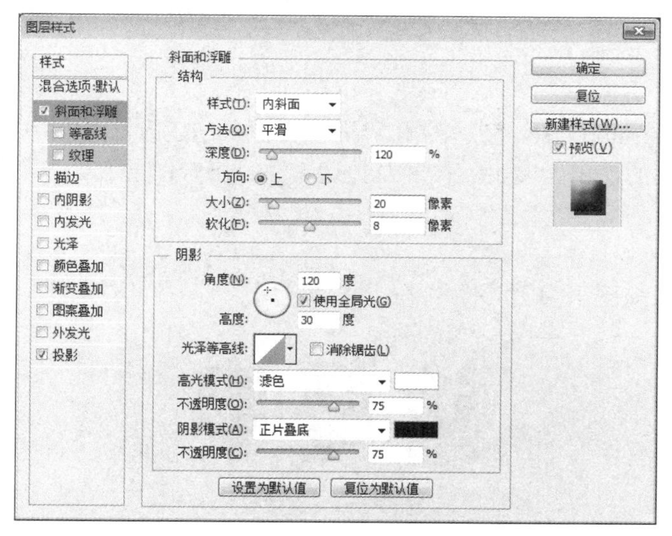

图 12-16　设置浮雕效果

（2）单击“确定”，如图 12-17 所示。

图 12-17　效果图

第 10 步：合并可见图层，将制作文件存盘。

选择菜单栏中的“图层”，选择“合并可见图层”；选择菜单栏中的“文件”→“存储”选项。设置文件类型为 PSD 或 JPEG 格式。最终如图 12-17 所示。

图 12-18　合并可见图层

案例小结

本案例主要应用了文字工具的使用方法、栅格化文字、投影的使用、斜面和浮雕效果的应用、文字的收缩和删除方法、拼合图层等。

案例 13　边框字

案例目标

使学生掌握 Photoshop CS6.0 基本操作界面，文件的创建方法、文字工具的使用方法、栅格化文字、渐变工具的使用、文字的扩展及扩边方法、拼合图层等。

案例效果

本案例最终效果如图 13-1 所示。

图 13-1　案例效果

案例步骤

第 1 步：新建文件。

（1）选择菜单栏中的“文件”→“新建”选项，弹出“新建”对话框。

（2）设置名称为“13 边框字”，预设为“自定”，宽度为“10 厘米”，高度为“4 厘米”，分辨率为“72 像素/英寸”，颜色模式为“RGB 颜色 8 位”，背景内容为“白色”，如图 13-2 所示。

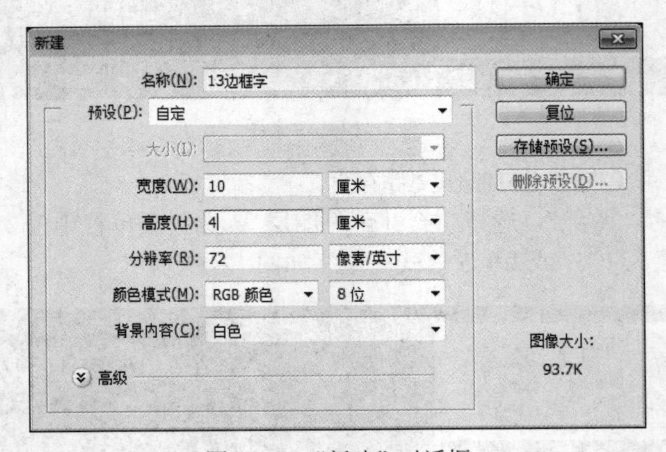

图 13-2　“新建”对话框

第 2 步：新建图层 1。

在菜单栏中选择“图层”→“新建”→“图层”选项。设置如图 13-3 所示，效果如图 13-4 所示。

第 3 步：将前景色设置为黑色，背景色为白色，输入文字。

（1）按 D 键，恢复默认设置，如图 13-5 所示。

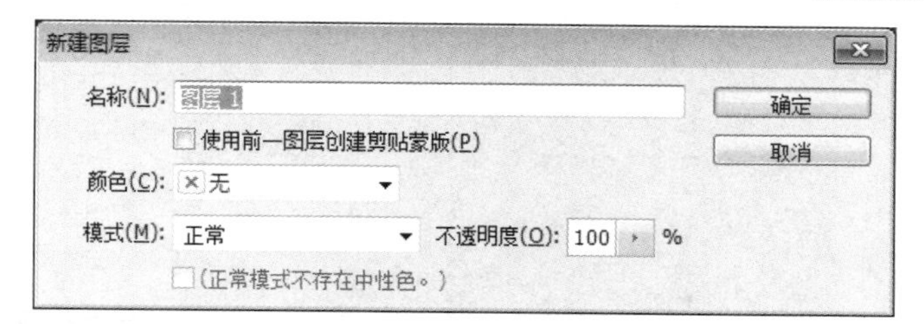

图 13-3　新建图层

图 13-4　图层 1

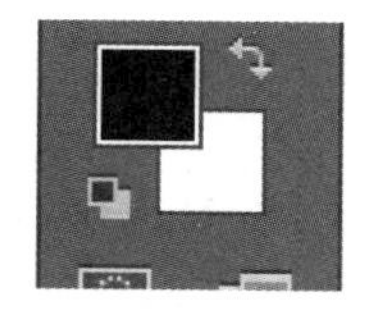

图 13-5　默认颜色

（2）选取文字工具，输入“边框字”如图 13-6 所示。

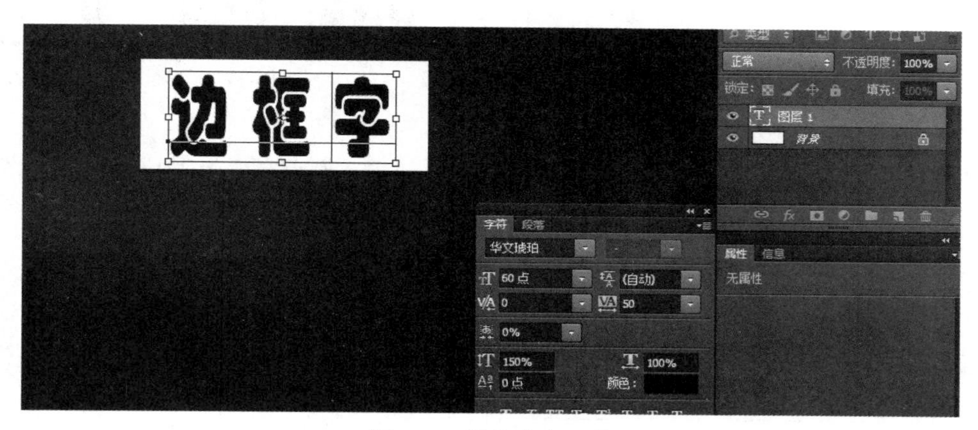

图 13-6　选取文字工具

第 4 步：将文字栅格化，使之成为图像。

（1）在菜单栏中单击“图层”→“栅格化”→“文字”。

（2）栅格化之前如图 13-7 所示。

（3）栅格化之后如图 13-8 所示。

图 13-7　栅格化之前

图 13-8　栅格化之后

第 5 步：载入选区。

在菜单栏中单击“选择”→“载入选区”。设置如图 13-9 所示。效果如图 13-10 所示。

第 6 步：设置文字选区扩展效果。

在菜单栏中单击“选择”→“修改”→“扩展”选项，扩展量为“6 像素”，如图 13-11 所示。单击“确定”后，效果如图 13-12 所示。

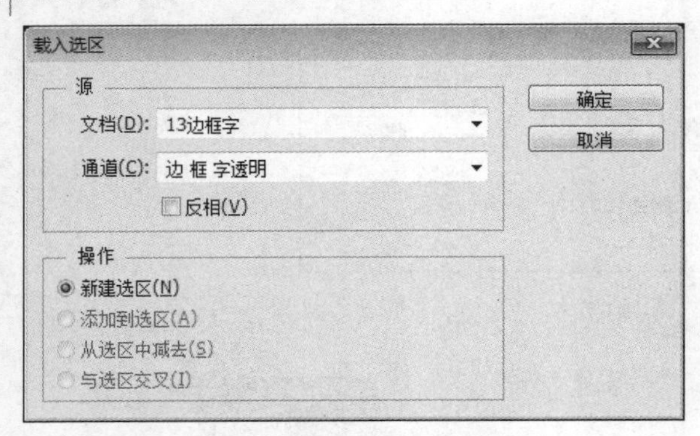

图 13-9 载入选区

图 13-10 效果图

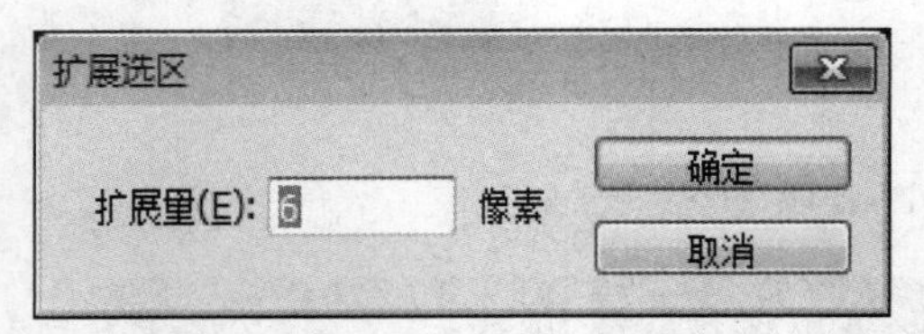

图 13-11 设置文字选区扩展效果

图 13-12 效果图

第 7 步：设置文字边界。

在菜单栏中单击“选择”→“修改”→“边界”选项，设置宽度为“2 像素”，如图 13-13 所示。单击“确定”后，效果如图 13-14 所示。

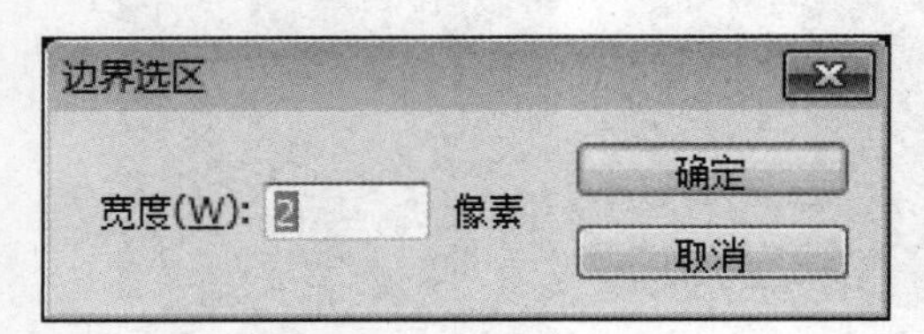

图 13-13 设置文字边界

图 13-14 效果图

第 8 步：设置文字渐变效果。

（1）将前景色设置为“粉色”，背景色设置为“白色”，如图 13-15 所示。

（2）选择前景色到背景色渐变工具，如图 13-16 所示。

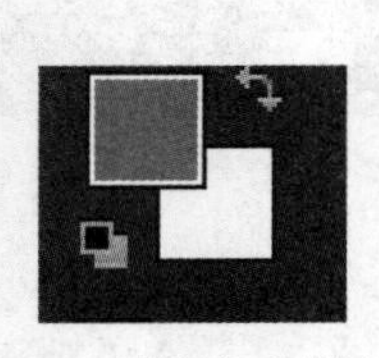

图 13-15 设置文字渐变效果

图 13-16 选择前景色到背景色渐变工具

（3）以文字为中心从左到右画一直线，如图 13-17 所示。效果如图 13-18 所示。

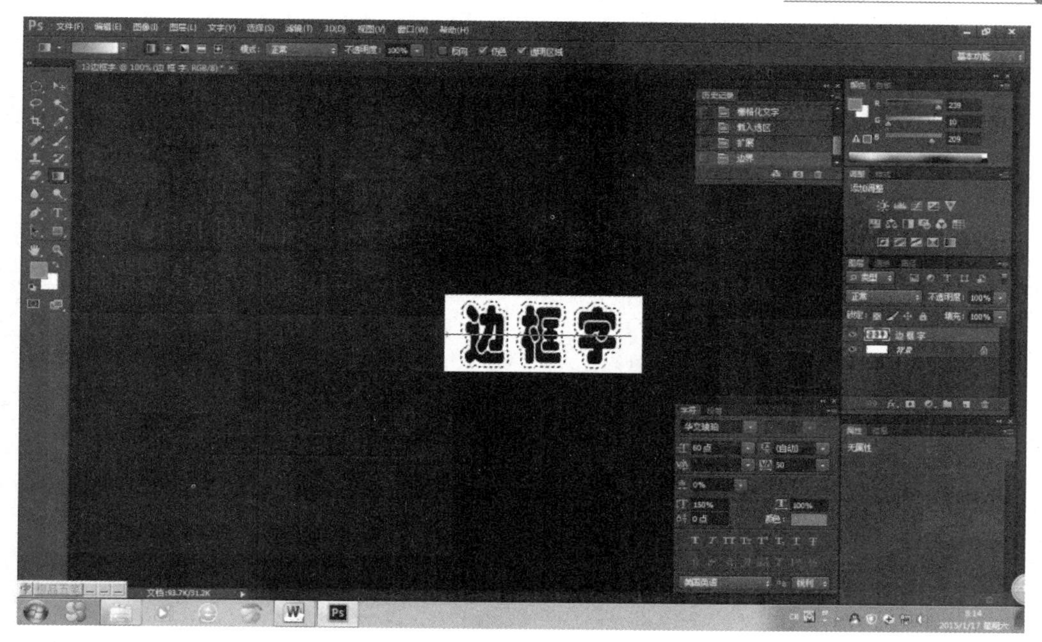

图 13-17　以文字为中心从左到右画一直线

第 9 步：调整文字高度。

分别按 Alt+↑和 Alt+→组合键重复操作，增加文字的高度，如图 13-19 所示。

图 13-18　效果图

图 13-19　调整文字高度

第 10 步：取消选择，合并可见图层，将制作文件存盘。

按 Ctrl+D 组合键取消选择。选择菜单栏中的“图层”，选择“合并可见图层”；在菜单栏中单击“文件”→“存储”选项，存储文件类型为 PSD 或 JPEG 格式。效果如图 13-19 所示。

图 13-20　合并可见图层

案例小结

本案例主要应用了文件的创建方法、文字工具的使用方法、栅格化文字、渐变工具的使用、文字的扩展及扩边方法、拼合图层等。

案例 14　玻璃字

案例目标

使学生熟悉 Photoshop CS6.0 基本操作界面，掌握文件的创建方法、文字工具的使用方法、栅格化文字、投影的使用、内阴影的使用、斜面和浮雕的使用、内斜面的使用、拼合图层等。

案例效果

本案例最终效果如图 14-1 所示。

图 14-1　案例效果

案例步骤

第 1 步：新建文件。

（1）选择菜单栏中的“文件”→“新建”选项，弹出“新建”对话框。

（2）设置名称为“14 玻璃字”，预设为“自定”，宽度为“10 厘米”，高度为“4 厘米”，分辨率为“72 像素/英寸”，颜色模式为“RGB 颜色 8 位”，背景内容为“白色”，如图 14-2 所示。

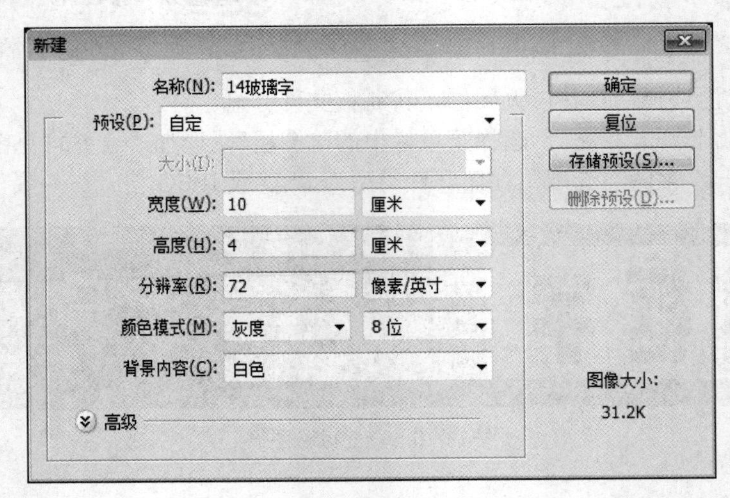

图 14-2　“新建”对话框

第 2 步：设置背景色为白色，前景色为黑色。

按 D 键，则恢复系统默认颜色，背景色为“白色”，前景色为“黑色”，如图 14-3 所示。

第 3 步：新建图层 1。

在菜单栏中单击“图层”，选择“新建”→“图层”选项，打开“新建图层”对话框，如图 14-4 所示。效果如图 14-5 所示。

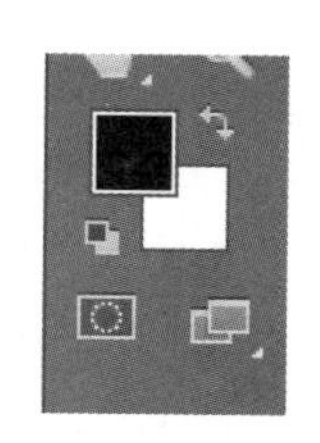

图 14-3　默认颜色

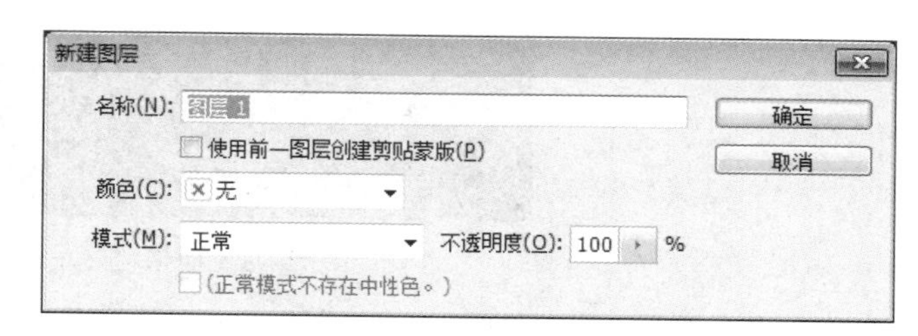

图 14-4　新建图层

图 14-5　效果图

第 4 步：使用文字工具输入文字。

（1）关闭“背景”图层前的小眼睛图标，如图 14-6 所示。

图 14-6　隐藏图层

（2）按 X 键，将前景色设置为“白色”，输入“玻璃字”，设置如图 14-7 所示。

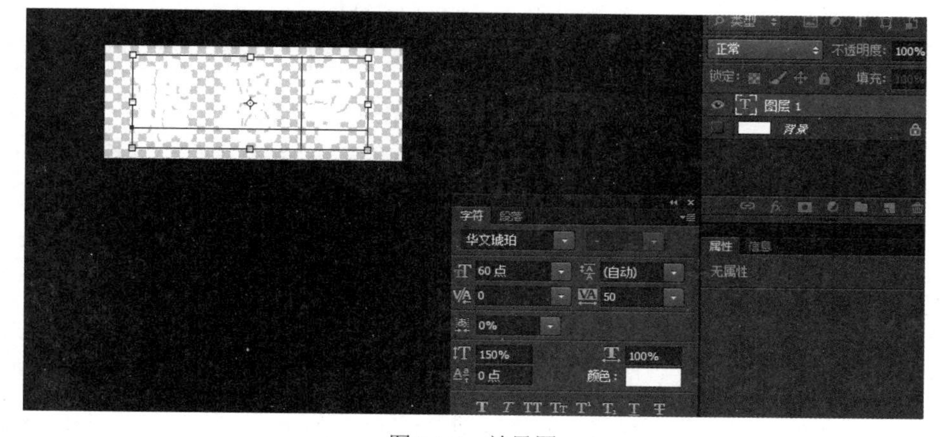

图 14-7　效果图

第 5 步：将文字栅格化，使之成为图像。

（1）在菜单栏中单击“图层”，选择“栅格化”→“文字”，文字栅格化之前，如图 14-8 所示。

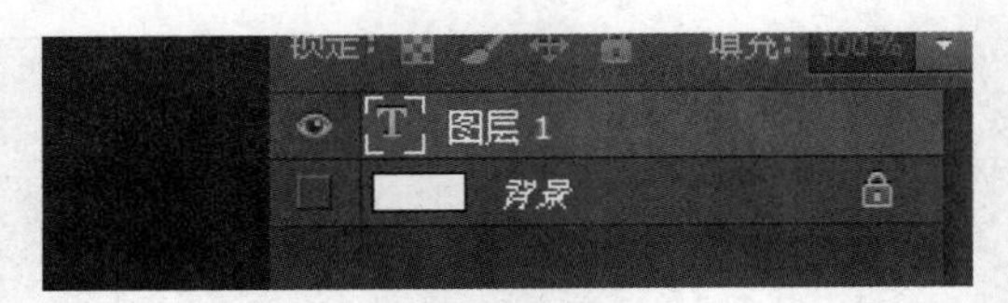

图 14-8　栅格化之前

（2）栅格化之后，如图 14-9 所示。

图 14-9　栅格化之后

第 6 步：设置投影效果。

打开“背景”图层的小眼睛图标，在菜单栏中单击“图层”，选择“图层样式”→“投影”选项。设置如图 14-10 所示。

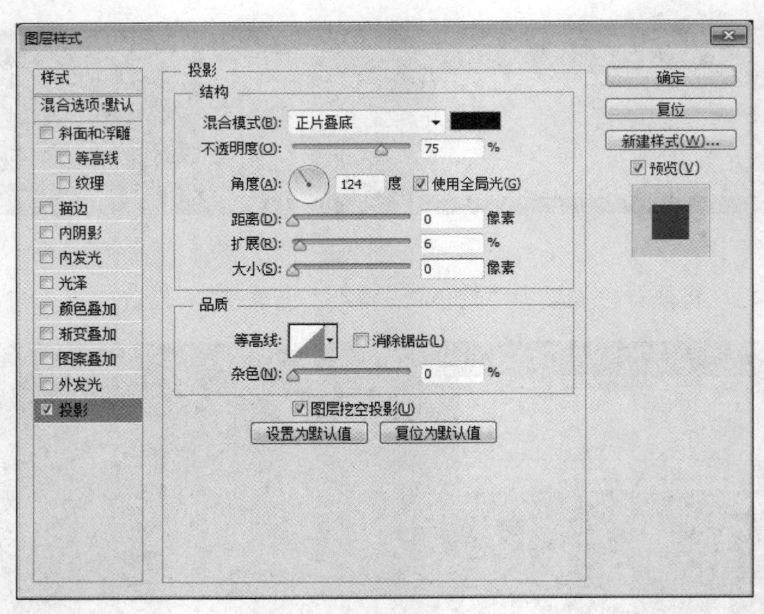

图 14-10　设置投影效果

第 7 步：在“图层样式”对话框中按 Ctrl+2 组合键，打开“内阴影”设置面板。设置如图 14-11 所示。

第 8 步：在“图层样式”对话框中按 Ctrl+5 组合键，打开“斜面和浮雕”设置面板。设置如图 14-12 所示，单击确定后的效果如图 14-13 所示。

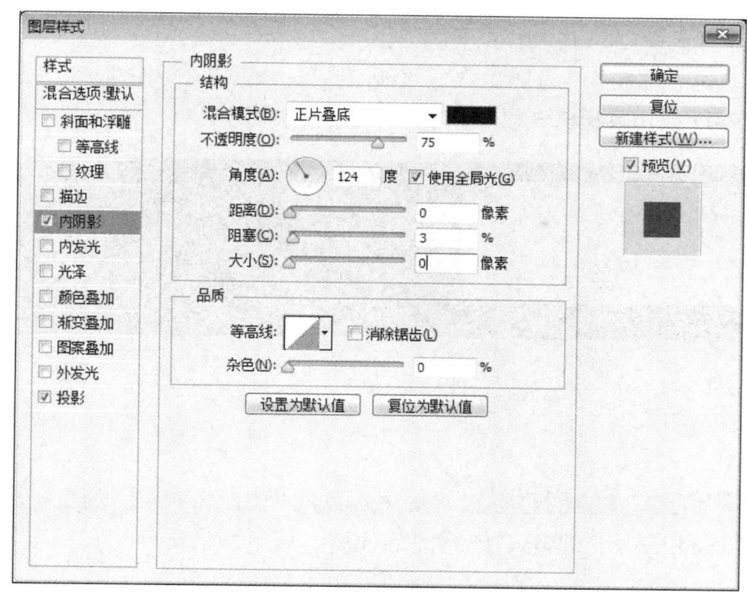

图 14-11　“内阴影”设置面板

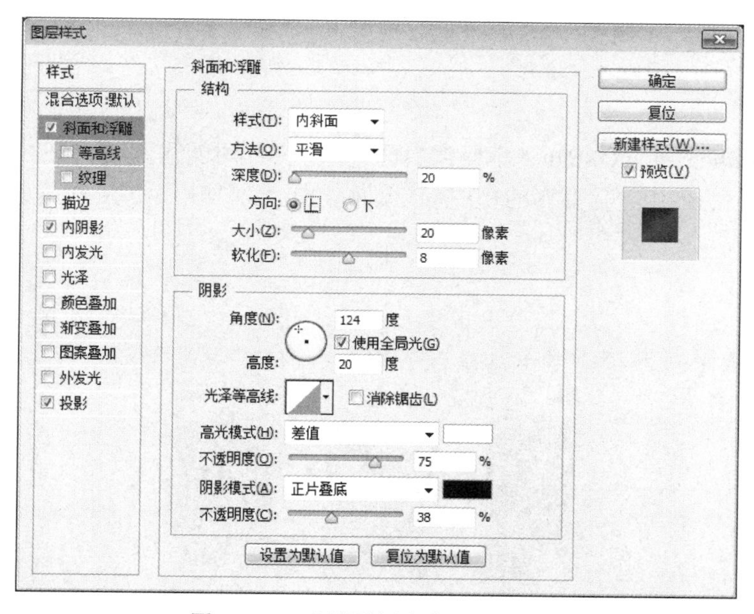

图 14-12　“斜面和浮雕”设置面板

图 14-13　效果图

第 9 步：合并可见图层，将制作文件存盘。

选择菜单栏中的“图层”，选择“合并可见图层”；在菜单栏中单击“文件”→“存储”选择文件类型为 PSD 或 JPEG 格式。

图 14-14　合并可见图层

案例小结

本案例主要应用了文件的创建方法、文字工具的使用方法、栅格化文字、投影的使用、内阴影的使用、斜面和浮雕的使用、内斜面的使用、拼合图层等。

案例 15　七彩马赛克字

案例目标

使学生熟悉 Photoshop CS6.0 基本操作界面，掌握文件的创建方法、文字工具的使用方法、栅格化文字、杂色的使用、马赛克的使用、亮度和对比度的使用、扩展和边界的使用、渐变的使用、拼合图层等。

案例效果

本案例最终效果如图 15-1 所示。

图 15-1　案例效果

案例步骤

第 1 步：新建文件。

（1）选择菜单栏中的“文件”→“新建”选项，弹出“新建”对话框。

（2）设置名称为“15 七彩马赛克字”，预设为“自定”，宽度为“10 厘米”，高度为“4 厘米”，分辨率为“72 像素/英寸”，颜色模式为“RGB 颜色 8 位”，背景内容为“白色”，如图 15-2 所示。

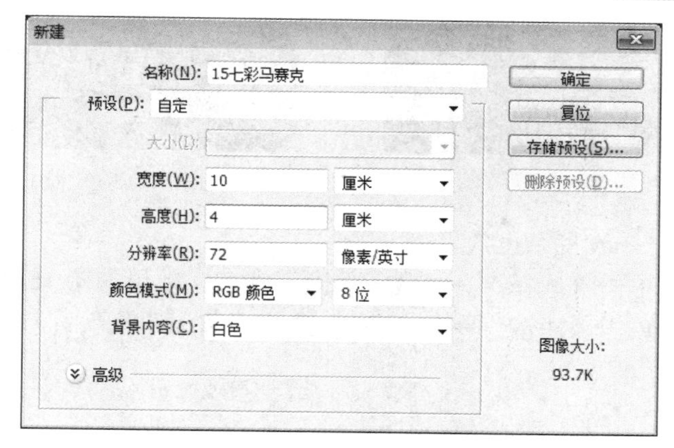

图 15-2　“新建”对话框

第 2 步：设置背景色为白色，前景色为黑色。

按 D 键，恢复系统默认颜色，背景色为“白色”，前景色为“黑色”，如图 15-3 所示。

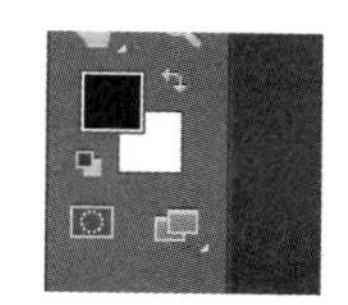

图 15-3　默认颜色

第 3 步：新建图层 1。

在菜单栏中单击“图层”，选择“新建”→“图层”选项。设置如图 15-4 所示，效果如图 15-5 所示。

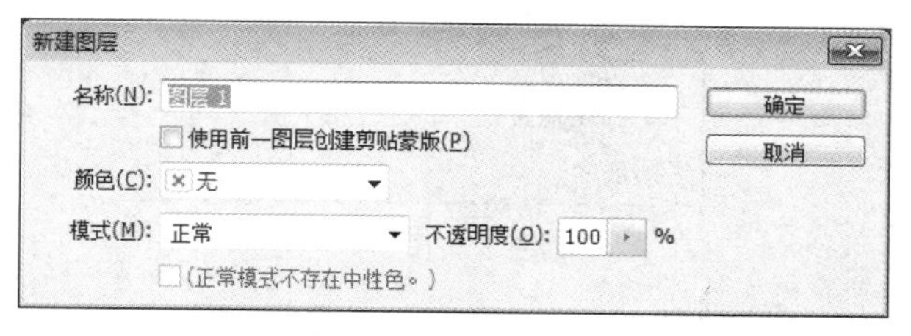

图 15-4　新建图层

图 15-5　图层一

第 4 步：使用文字工具输入文字“马赛克”。设置如图 15-6 所示。

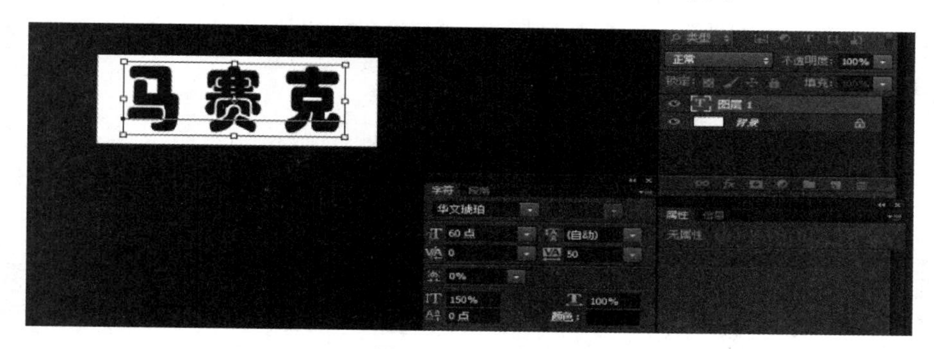

图 15-6　输入文字

第 5 步：将文字栅格化，使之成为图像。

（1）在菜单栏中单击“图层”，选择“栅格化”→“文字”选项。栅格化之前如图 15-7 所示。

（2）栅格化之后如图 15-8 所示。

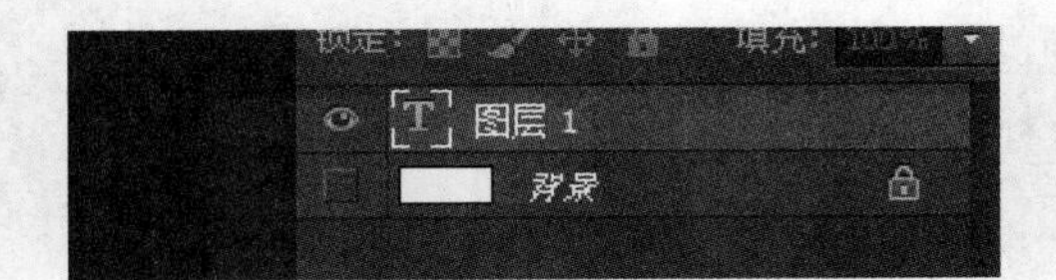

图 15-7　栅格化之前

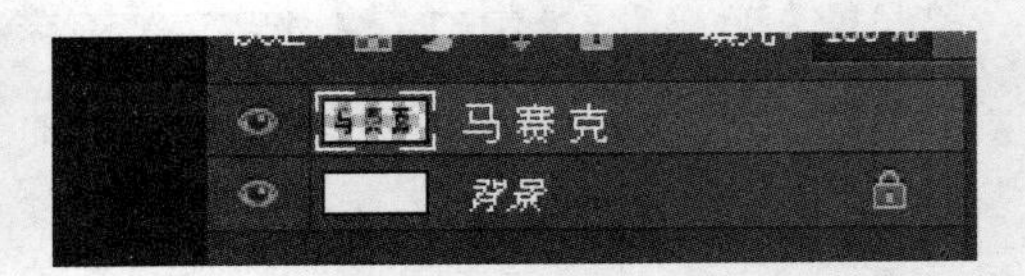

图 15-8　栅格化之后

第 6 步：载入选区，设置杂色效果。

（1）在菜单栏中单击“选择”→“载入选区”选项。效果如图 15-9 所示。

（2）在菜单栏中单击“滤镜”→“杂色”，选择“添加杂色”。设置如图 15-10 所示。

马赛克

图 15-9　载入选区

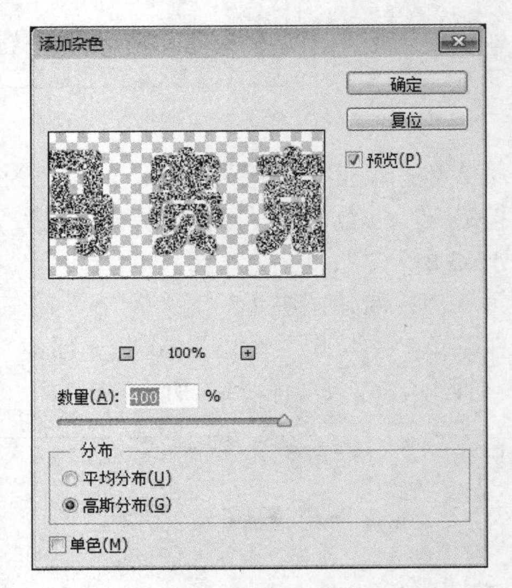

图 15-10　添加杂色

第 7 步：添加马赛克效果。

在菜单栏中单击“滤镜”，选择“像素化”→“马赛克”选项。设置如图 15-11 所示。

第 8 步：调整亮度和对比度。

在菜单栏中单击“图像”，选择“调整”→“亮度/对比度”选项。设置如图 15-12 所示。

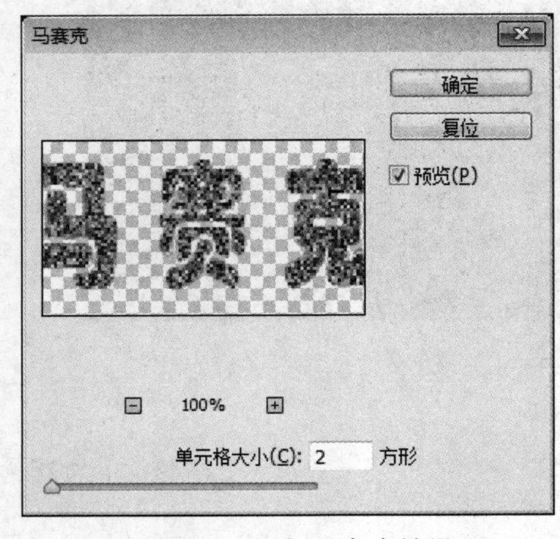

图 15-11　添加马赛克效果

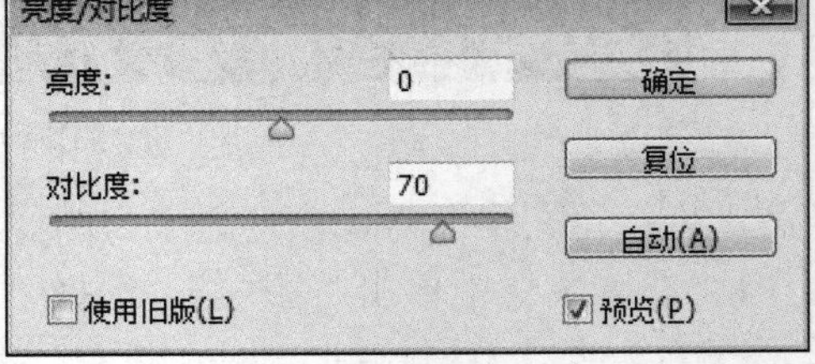

亮度/对比度

亮度: 0

对比度: 70

确定

复位

自动(A)

使用旧版(L)

预览(P)

图 15-12　调整亮度和对比度

第 9 步：将文字进行扩展操作。

在菜单栏中单击“选择”，选择“修改”→“扩展”选项。设置如图 15-13 所示，效果如图 15-14 所示。

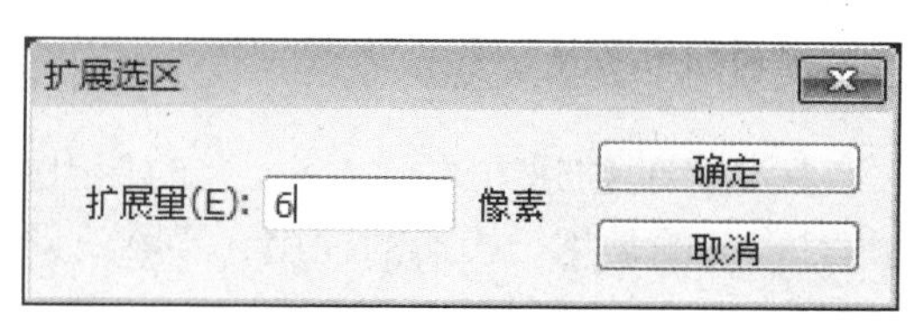

图 15-13　扩展选区

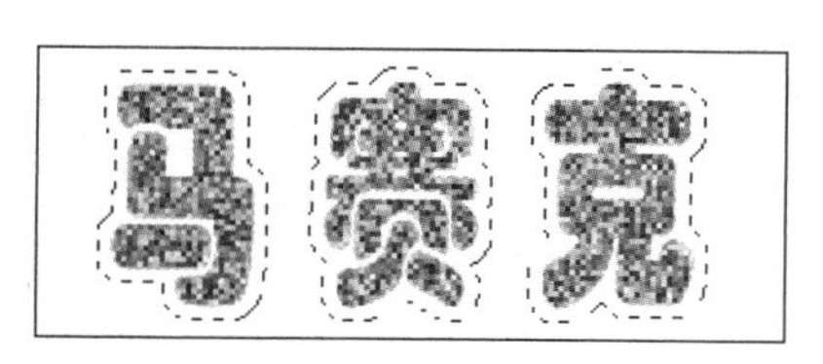

图 15-14　效果图

第 10 步：将文字进行扩边操作

在菜单栏中单击“选择”，选择“修改”→“边界”选项。设置如图 15-15 所示，效果如 15-16 所示。

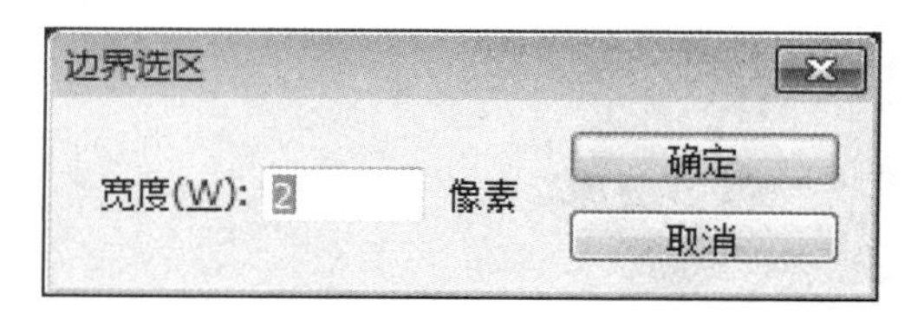

图 15-15　扩边界选区

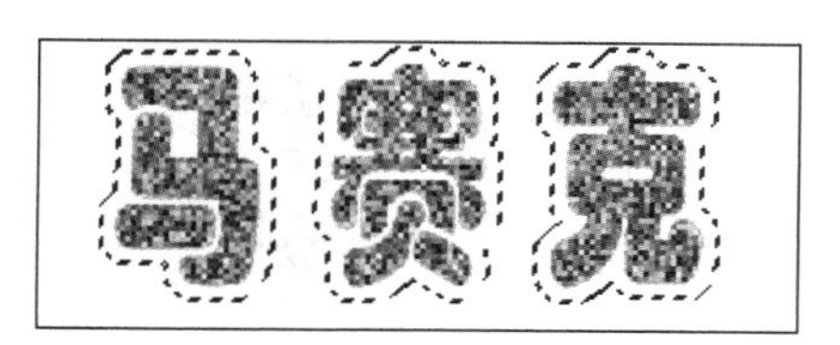

图 15-16　效果图

第 11 步：在渐变工具栏中选择“色谱渐变”，由上至下画一直线。效果如图 15-17 所示。

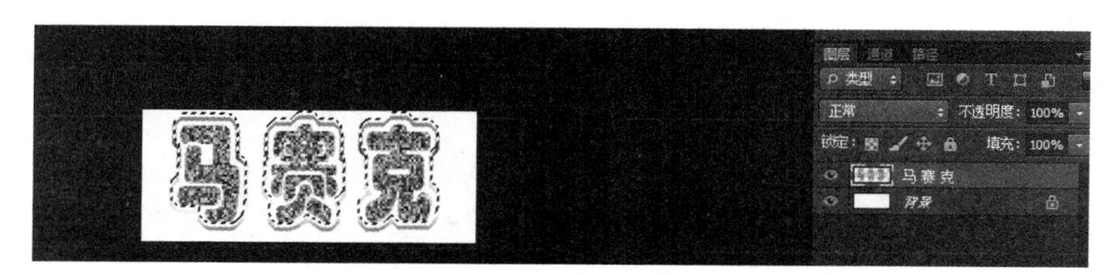

图 15-17　色谱渐变

第 12 步：分别按 Alt+↑和 Alt+→组合键，反复操作，调整高度，如图 15-18 所示。

图 15-18　调整高度

第 13 步：将制作文件存盘。

在菜单栏中单击“文件”→“存储”，选择文件类型为 PSD 或 JPEG 格式。

案例小结

本案例主要应用了文件的创建方法、文字工具的使用方法、栅格化文字、杂色的使用、马赛克的使用、亮度和对比度的使用、扩展和边界的使用、渐变的使用、拼合图层等。

案例 16 彩陶字

案例目标

使学生熟悉 Photoshop CS6.0 基本操作界面，掌握文件的创建方法、文字工具的使用方法、栅格化文字、杂色的使用、马赛克的使用、亮度和对比度的使用、投影的使用、浮雕效果的使用、拼合图层等。

案例效果

本案例最终效果如图 16-1 所示。

图 16-1 案例效果

案例步骤

第 1 步：新建文件。

（1）选择菜单栏中的“文件”→“新建”选项，弹出“新建”对话框。

（2）设置名称为“16 彩陶字”，预设为“自定”，宽度为“10 厘米”，高度为“4 厘米”，分辨率为“72 像素/英寸”，颜色模式为“RGB 颜色 8 位”，背景内容为“白色”，如图 16-2 所示。

第 2 步：设置背景色为白色，前景色为黑色。

按 D 键，恢复系统默认颜色，背景色为“白色”，前景色为“黑色”，如图 16-3 所示。

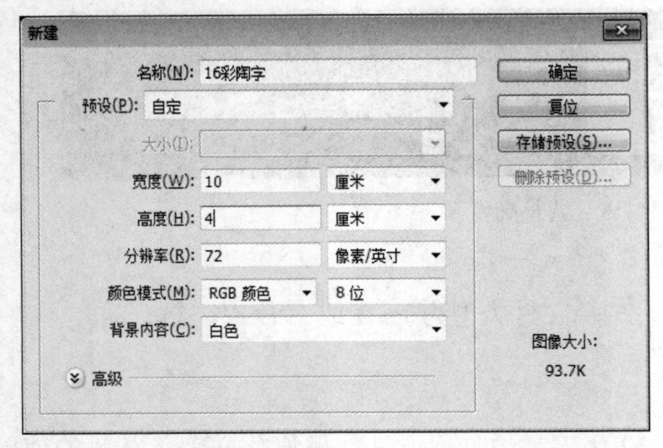

图 16-2 “新建”对话框

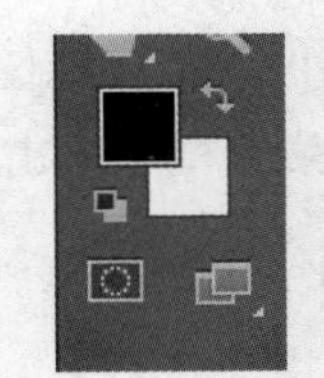

图 16-3 默认颜色

第 3 步：新建图层。

在菜单栏中单击“图层”，选择“新建”→“图层”选项。设置如图 16-4 所示，效果如图 16-5 所示。

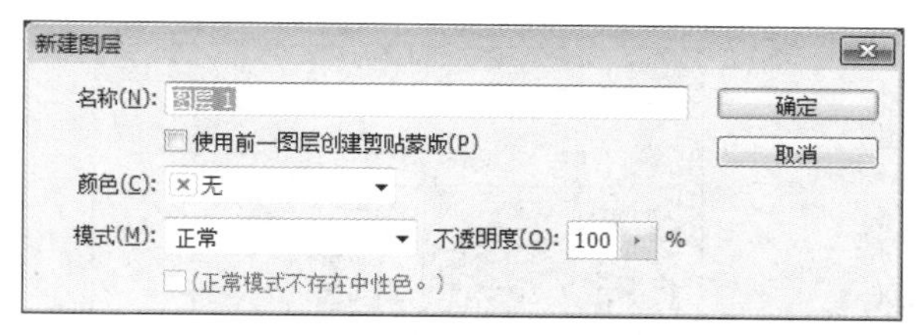

图 16-4　新建图层

图 16-5　图层 1

第 4 步：使用文字工具输入文字“彩陶字”。设置如图 16-6 所示。

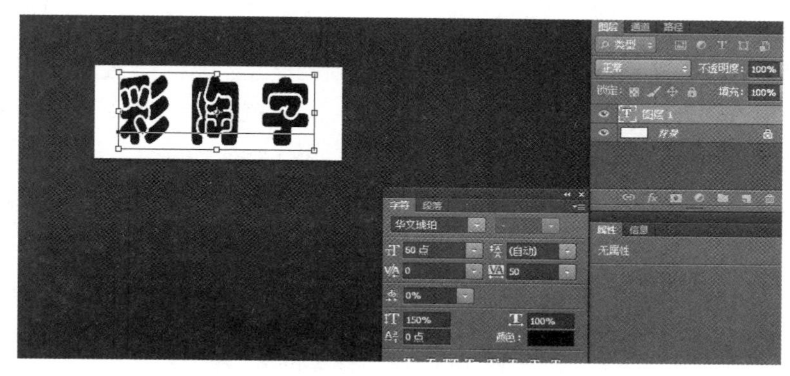

图 16-6　输入文字

第 5 步：将文字栅格化成为图像。

（1）在菜单栏中单击“图层”，选择“栅格化”→“文字”选项。栅格化之前，如图 16-7 所示。

（2）栅格化之后，如图 16-8 所示。

图 16-7　栅格化之前

图 16-8　栅格化之后

第 6 步：载入选区，设置杂色效果。

（1）在菜单栏中单击“选择”，选择“载入选区”选项，如图 16-9 所示。

图 16-9　载入选区，设置杂色效果

（2）在菜单栏中单击“滤镜”，选择“杂色”→“添加杂色”。设置如图 16-10 所示。

第 7 步：按 Ctrl+D 取消选择，添加马赛克效果。

在菜单栏中单击“滤镜”，选择“像素化”→“马赛克”选项。设置如图 16-11 所示。

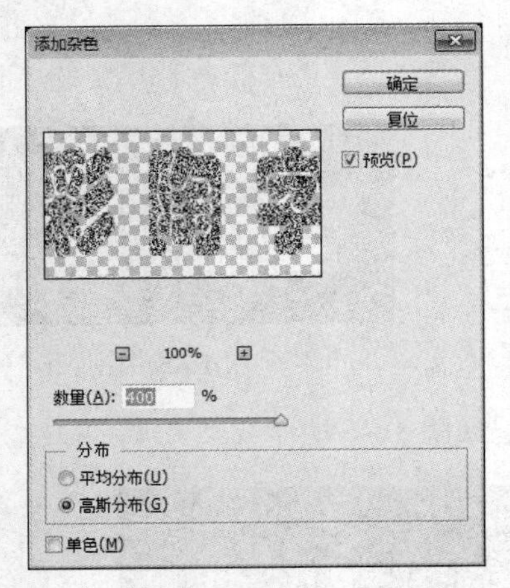

图 16-10 添加杂色

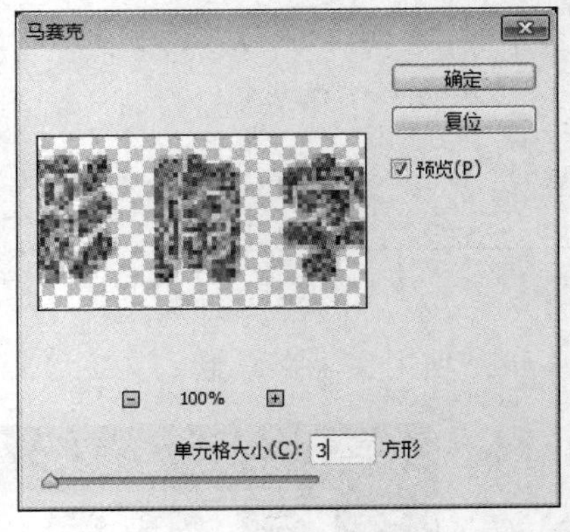

图 16-11 添加马赛克效果

第 8 步：调整亮度和对比度。

在菜单栏中单击“图像”，选择“调整”→“亮度/对比度”选项。设置如图 16-12 所示。

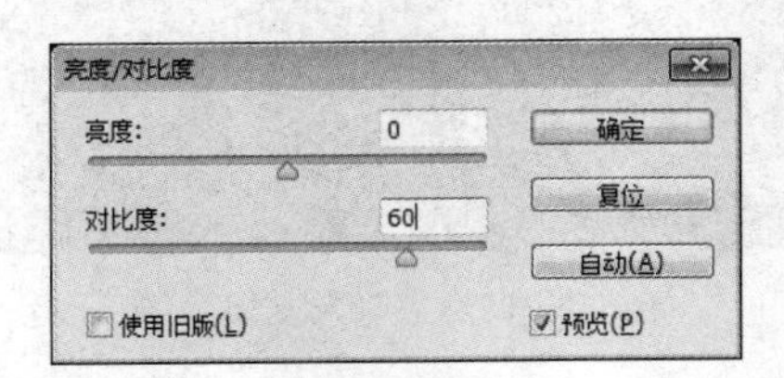

图 16-12 调整亮度和对比度

第 9 步：设置投影效果。

（1）在菜单栏中单击“图层”，选择“图层样式”→“投影”选项。设置如图 16-13 所示。

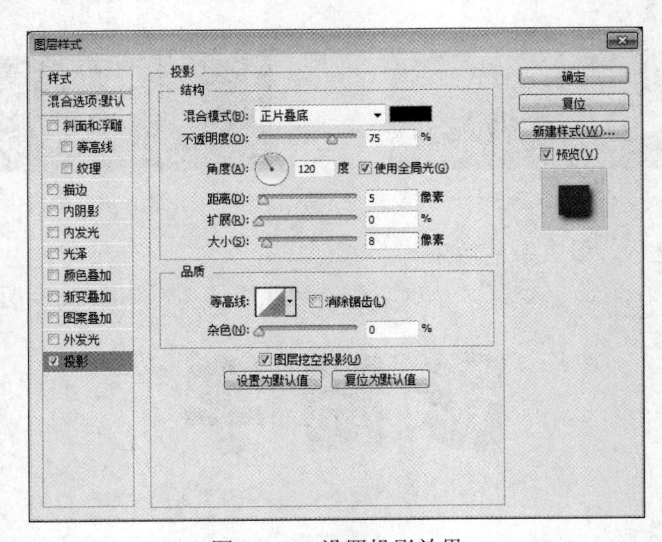

图 16-13 设置投影效果

（2）在“图层样式”对话框中按 Ctrl+5 组合键。设置“斜面和浮雕”，如图 16-14 所示。

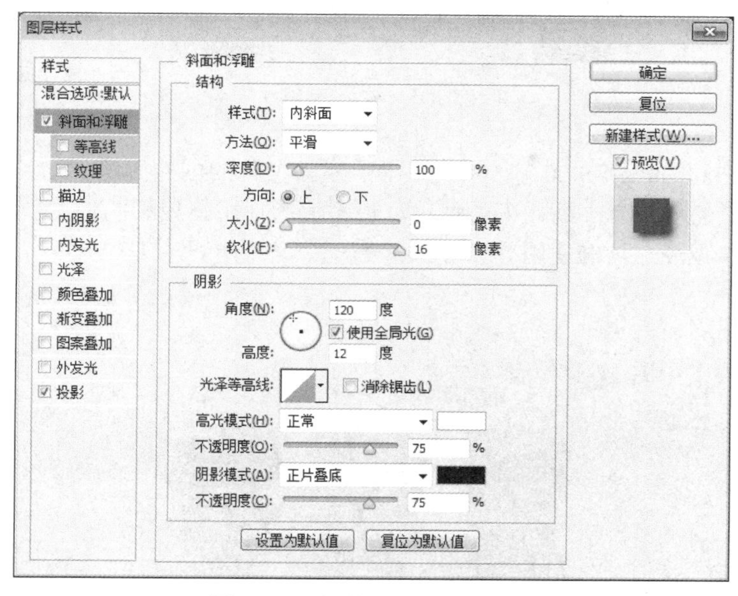

图 16-14　保持不动，按 Ctrl+5

（3）单击“确定”之后，效果如图 16-15 所示。

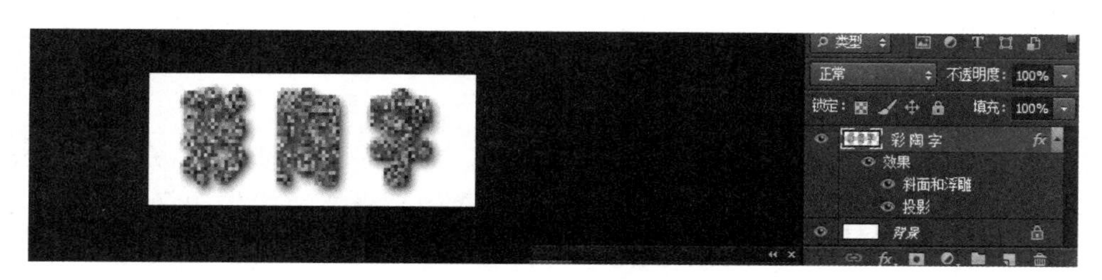

图 16-15　效果图

第 10 步：合并可见图层，将制作文件存盘。

选择菜单栏中的“图层”，选择“合并可见图层”；选择菜单栏中的“文件”→“存储”选项。设置文件类型为 PSD 或 JPEG 格式。效果如图 16-16 所示。

图 16-16　效果图

案例小结

本案例主要应用了文字工具的使用方法、栅格化文字、杂色的使用、马赛克的使用、亮度和对比度的使用、投影的使用、浮雕效果的使用、拼合图层等。

案例17　塑料字

案例目标

使学生熟悉 Photoshop CS6.0 基本操作界面，掌握文件的创建方法、文字工具的使用方法、栅格化文字、通道的使用、高斯模糊的使用、最小值的使用、投影的使用、浮雕效果的使用、拼合图层、填充和减淡工具的使用等。

案例效果

本案例最终效果如图 17-1 所示。

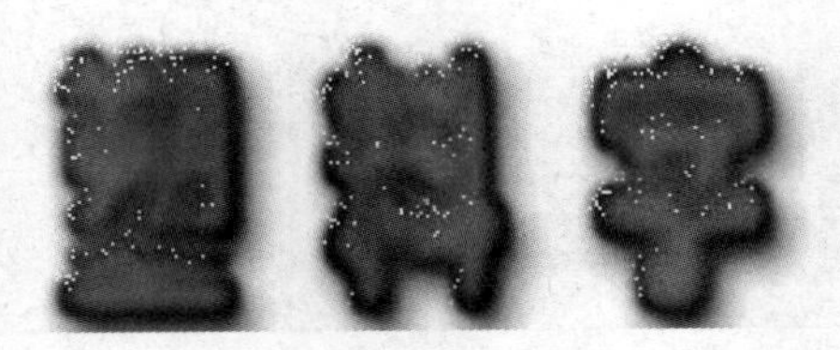

图 17-1　案例效果

案例步骤

第 1 步：新建文件。

（1）选择菜单栏中的“文件”→“新建”选项，弹出“新建”对话框。

（2）设置名称为“17 塑料字”，预设为“自定”，宽度为“10 厘米”，高度为“4 厘米”，分辨率为“72 像素/英寸”，颜色模式为“RGB 颜色 8 位”，背景内容为“白色”，如图 17-2 所示。

第 2 步：设置背景色为白色，前景色为黑色。

按 D 键，则恢复系统默认颜色，背景色为“白色”，前景色为“黑色”，如图 17-3 所示。

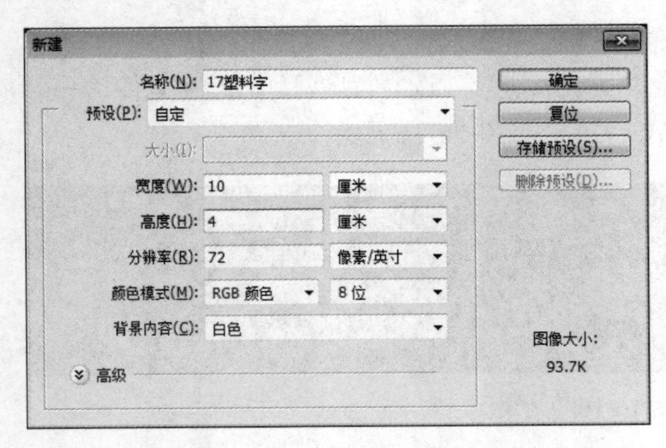

图 17-2　“新建”对话框

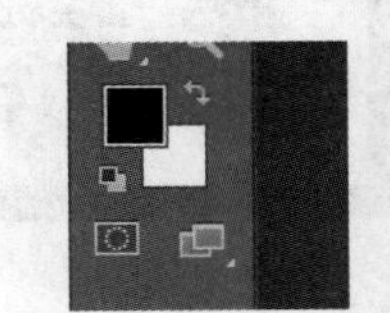

图 17-3　默认颜色

第 3 步：新建图层。

在菜单栏中单击“图层”，选择“新建”→“图层”选项。设置如图 17-4 所示，效果如图 17-5 所示。

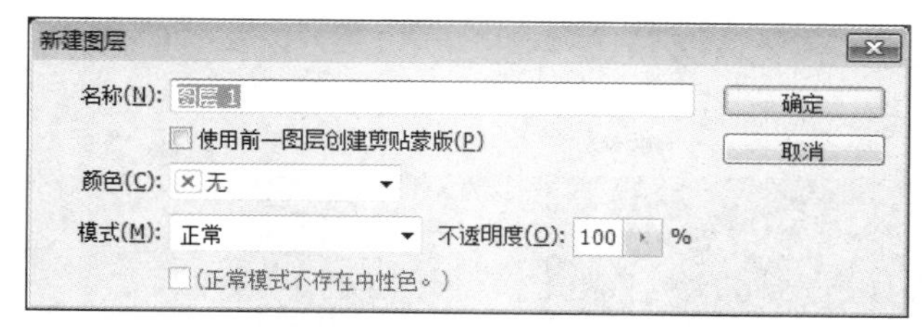

图 17-4　新建图层

图 17-5　图层 1

第 4 步：使用文字工具输入文字“塑料字”。设置如图 17-6 所示。

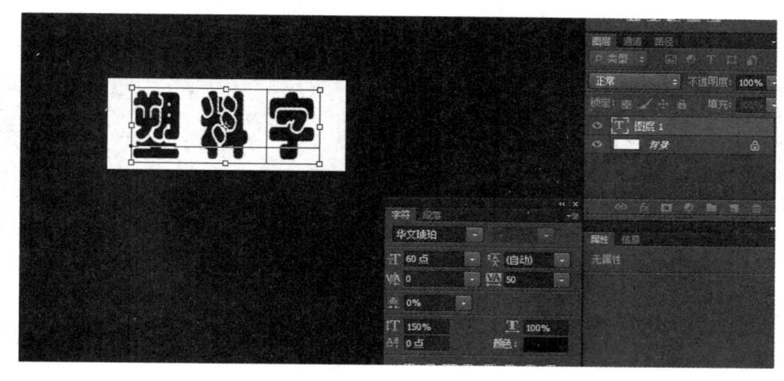

图 17-6　输入文字

第 5 步：将文字栅格化，使之成为图像。

（1）在菜单栏中单击“图层”，选择“栅格化”→“文字”。栅格化之前如图 17-7 所示。

（2）栅格化之后如图 17-8 所示。

图 17-7　栅格化之前

图 17-8　栅格化之后

第 6 步：载入选区，存储通道。

（1）在菜单栏中单击“选择”→“载入选区”选项，如图 17-9 所示。

（2）在菜单栏中单击“选择”→“存储选区”选项，设置如图 17-10 所示。

图 17-9　载入选区

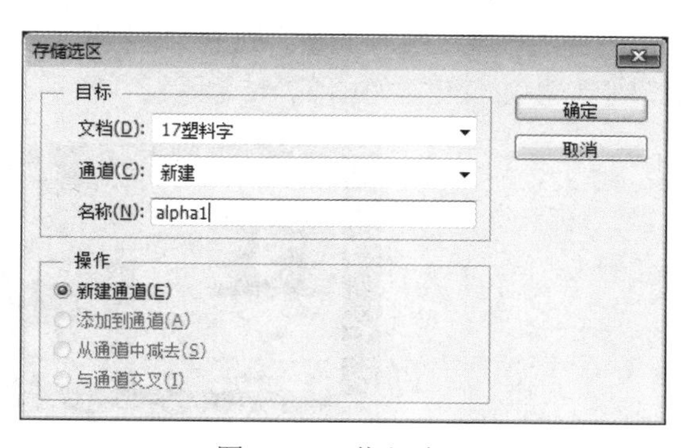

图 17-10　载入选区

第 7 步：取消选择，选择通道控制面板，设置模糊。

（1）按 Ctrl+D 组合键取消选择。效果如图 17-11 所示。

图 17-11 取消选择

（2）选择“通道”控制面板，选中“alpha1”通道。效果如图 17-12 所示。

图 17-12 选中 alpha1 通道

（3）在菜单栏中单击“滤镜”→“模糊”→“高斯模糊”选项。设置如图 17-13 所示。

第 8 步：设置最小值。

在菜单栏中单击“滤镜”→“其他”→“最小值”。设置如图 17-14 所示。

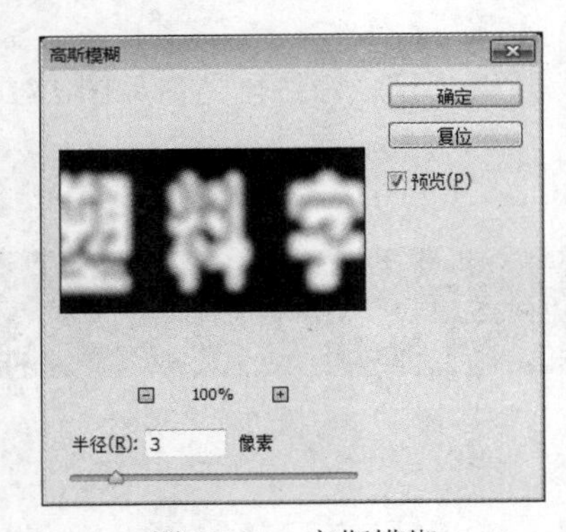

图 17-13 高斯模糊

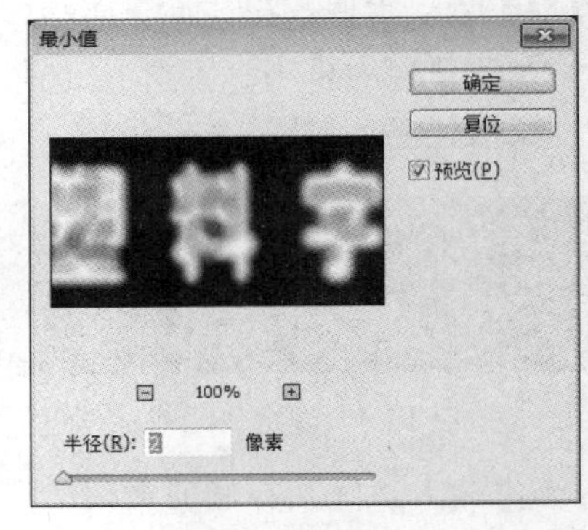

图 17-14 最小值

第 9 步：设置模糊。

返回“图层”控制面板，选择“塑料字”层，在菜单栏中单击“滤镜”→“模糊”→“高斯模糊”选项。设置如图 17-15 所示。

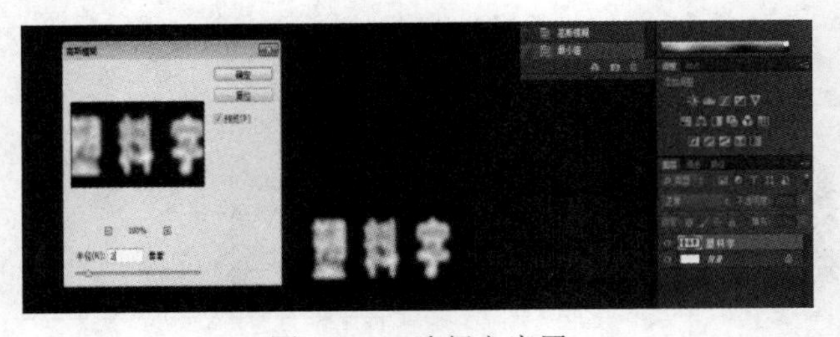

图 17-15 选择文字层

第 10 步：投影效果设置。

（1）在菜单栏中单击“图层”，选择“图层样式”→“投影”选项。设置如图 17-16 所示。

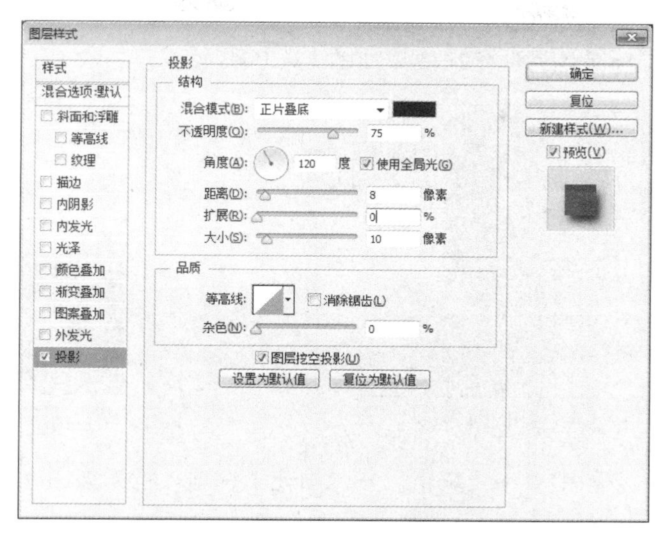

图 17-16　投影效果

（2）在“图层样式”对话框中按 Ctrl+5 组合键，设置斜面和浮雕效果，如图 17-17 所示。

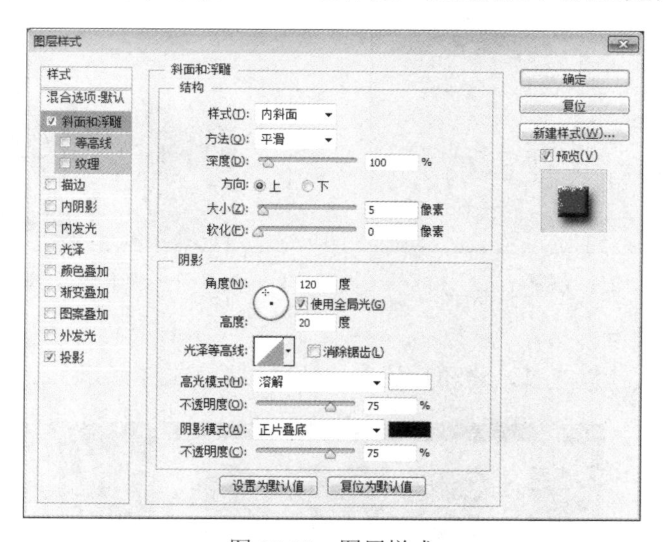

图 17-17　图层样式

（3）单击“确定”后，效果如图 17-18 所示。

图 17-18　效果图

第 11 步：载入 alpha1 通道选区。

在菜单栏中单击“选择”→“载入选区”选项。设置如图 17-19 所示。

第 12 步：填充前景色为红色。

（1）首先，设置前景色为红色。效果如图 17-20 所示。

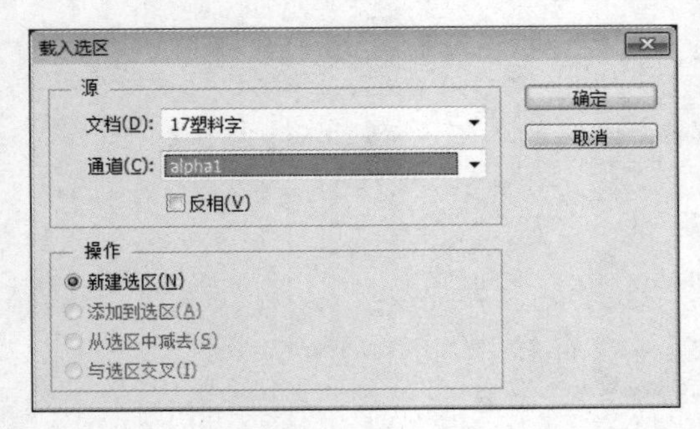

图 17-19　载入选区

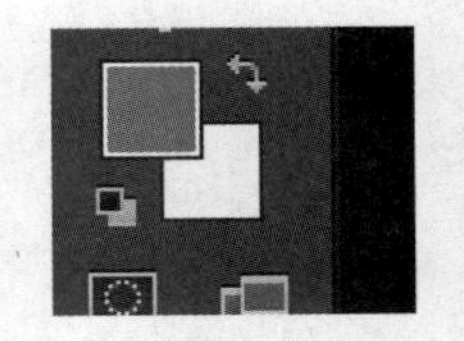

图 17-20　填充前景色为红色

（2）填充。在菜单栏中单击“编辑”→“填充”选项。设置如图 17-21 所示，效果如图 17-22 所示。

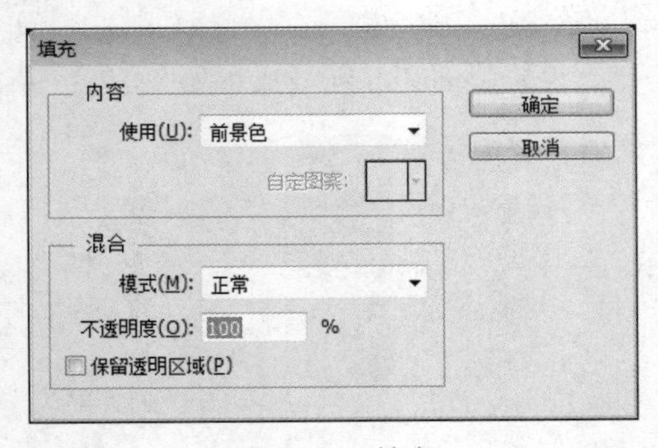

图 17-21　填充

图 17-22　效果图

第 13 步：淡化颜色。

（1）选择“放大镜”工具，将图片放大，效果如图 17-23 所示。

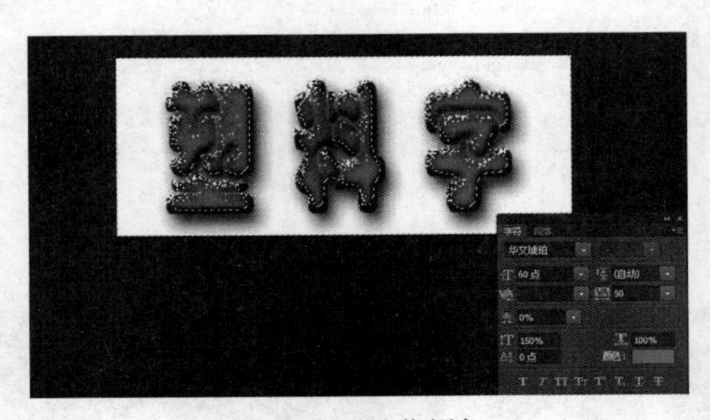

图 17-23　淡化颜色

（2）选择“减淡”工具，按住左键在文字上从亮处拖动到红色处，使其变亮，达到塑料效果。效果如图 17-24 所示。

图 17-24　塑料效果

（3）最终效果如图 17-25 所示。

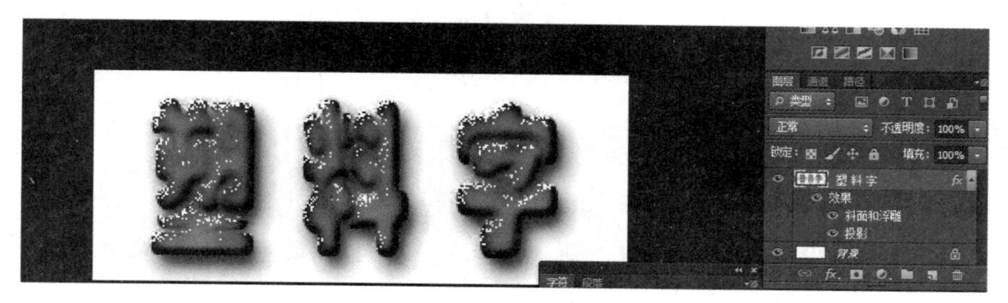

图 17-25　效果图

第 14 步：合并可见图层，将制作文件存盘。

选择菜单栏中的“图层”，选择“合并可见图层”；选择菜单栏中的“文件”→“存储”选项。设置文件类型为 PSD 或 JPEG 格式，如图 17-26 所示。

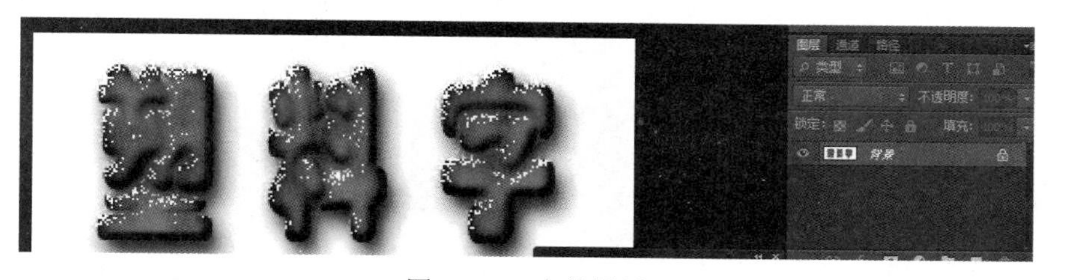

图 17-26　合并图层

案例小结

本案例主要应用了文件的创建方法、文字工具的使用方法、栅格化文字、通道的使用、高斯模糊的使用、最小值的使用、投影的使用、浮雕效果的使用、拼合图层、填充和减淡工具的使用等。

案例 18　风车字

案例目标

使学生熟悉 Photoshop CS6.0 基本操作界面，掌握文件的创建方法、文字工具的使用方法、栅格化文字、矩形和圆形选区的使用、极坐标的使用、铬黄渐变的使用、径向模糊的使用、旋转的使用、拼合图层等。

案例效果

本案例最终效果如图 18-1 所示。

图 18-1　案例效果

案例步骤

第 1 步：新建文件。

（1）选择菜单栏中的“文件”→“新建”选项，弹出“新建”对话框。

（2）设置名称为“18 风车字”，预设为“自定”，宽度为“10 厘米”，高度为“4 厘米”，分辨率为“72 像素/英寸”，颜色模式为“RGB 颜色 8 位”，背景内容为“白色”，如图 18-2 所示。

第 2 步：设置背景色为白色，前景色为黑色。

按 D 键，则恢复系统默认颜色，背景色为“白色”，前景色为“黑色”，如图 18-3 所示。

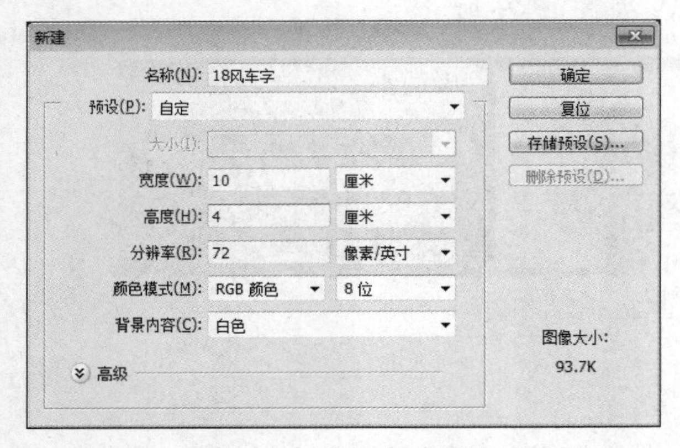

图 18-2　“新建”对话框

图 18-3　默认颜色

第 3 步：新建图层。

在菜单栏中单击“图层”，选择“新建”→“图层”选项，设置如图 18-4 所示，效果如图 18-5 所示。

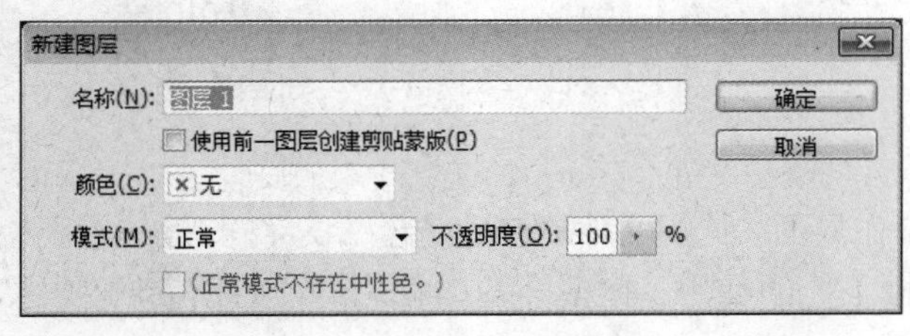

图 18-4　新建图层

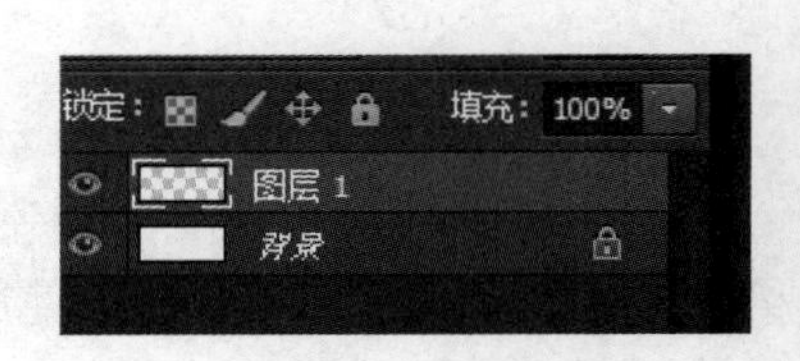

图 18-5　图层 1

第 4 步：使用文字工具输入文字“风车字”。如图 18-6 所示。

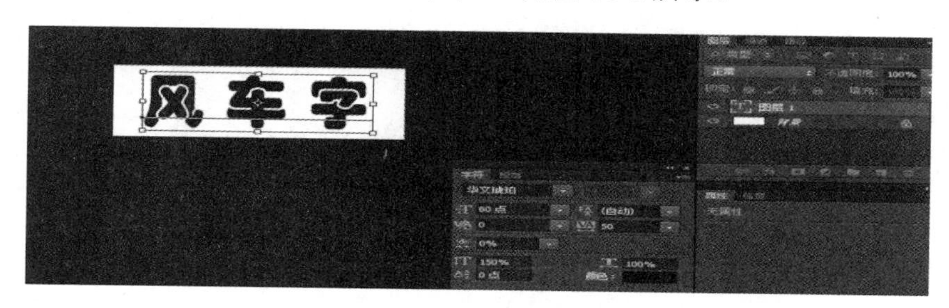

图 18-6　输入文字

第 5 步：将文字栅格化成为图像。

（1）在菜单栏中单击“图层”，选择“栅格化”→“文字”选项。栅格化之前如图 18-7 所示。

（2）栅格化之后如图 18-8 所示。

图 18-7　栅格化之前

图 18-8　栅格化之后

第 6 步：使文字整体变为正方形。

在菜单栏中单击“编辑”，选择“自由变换”选项，将其变为“正方形”，双击确定之后如图 18-9 所示。

图 18-9　使文字整体变为正方形

第 7 步：使用极坐标滤镜变形文字。

（1）选择矩形选区，按 Shift 键，围出正方形，如图 18-10 所示。

图 18-10　使用极坐标滤镜变形文字

（2）在菜单栏中单击“滤镜”，选择“扭曲”→“极坐标”选项，设置如图 18-11 所示。

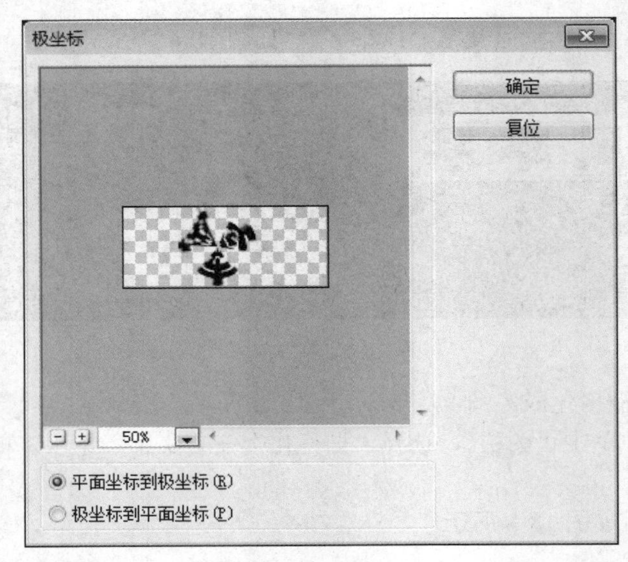

图 18-11 极坐标

第 8 步：设置渐变。

（1）按 Ctrl+D 组合键取消选择，效果如图 18-12 所示。

图 18-12 设置渐变

（2）将文字载入选区。

在菜单栏中单击“选择”→“载入选区”选项，设置如图 18-13 所示。

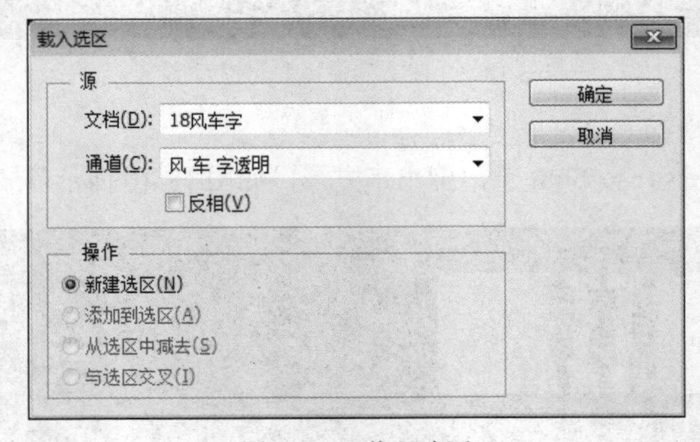

图 18-13 载入选区

（3）选择“直线渐变”工具，选择“铬黄”渐变，在画布上由中心向外画一条直线，如图 18-14 所示。

图 18-14 铬黄渐变

（4）最终效果如图 18-15 所示。

第 9 步：制作文字阴影。

（1）按 Ctrl+D 组合键取消选择，如图 18-16 所示。

图 18-15 效果图

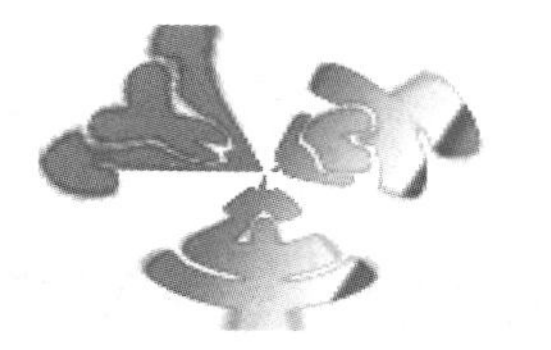

图 18-16 制作文字阴影

（2）复制图层。

当前选择的是“风车字”层，在菜单栏中单击“图层”，选择“复制图层”选项，复制为“风车字副本”层，设置如图 18-17 所示。图层控制面板效果如图 18-18 所示。

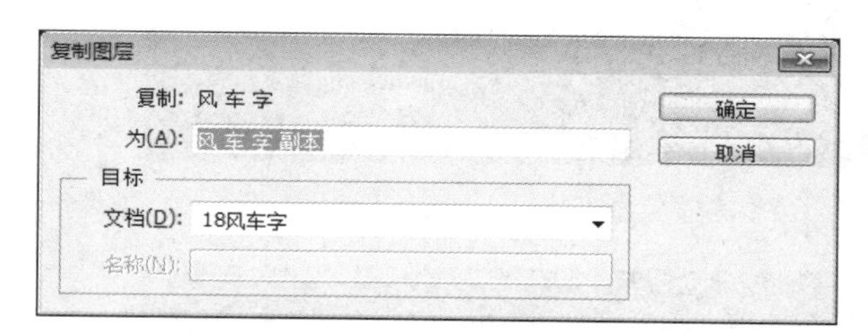

图 18-17 复制图层

图 18-18 图层控制面板效果

（3）选中文字层，制作阴影。

选择椭圆选框工具，按 Shift 键，在画布上画一个标准圆，效果如图 18-19 所示。

图 18-19 效果图

（4）在菜单栏中单击“滤镜”，选择“模糊”→“径向模糊”选项，设置如图 18-20 所示。效果如图 18-21 所示。

第 10 步：调整副本位置，出现阴影效果。

选中“风车字副本”层，在菜单栏中单击“编辑”，选择“变换”→“旋转”选项，在画布上转动到一定角度，出现阴影效果，调整如图 18-22 所示。最终效果如图 18-23 所示。

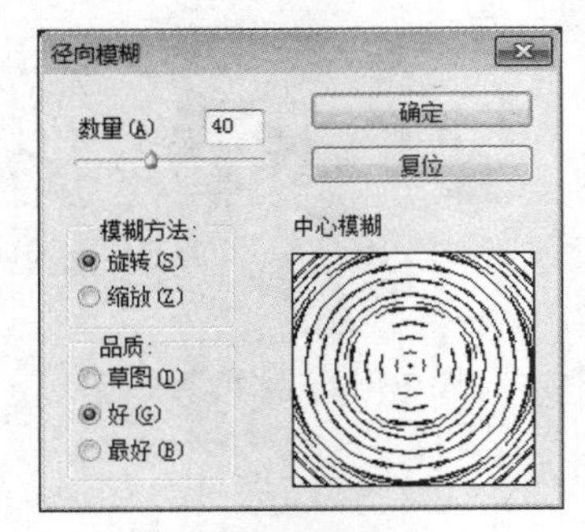

图 18-20 径向模糊设置

图 18-21 效果图

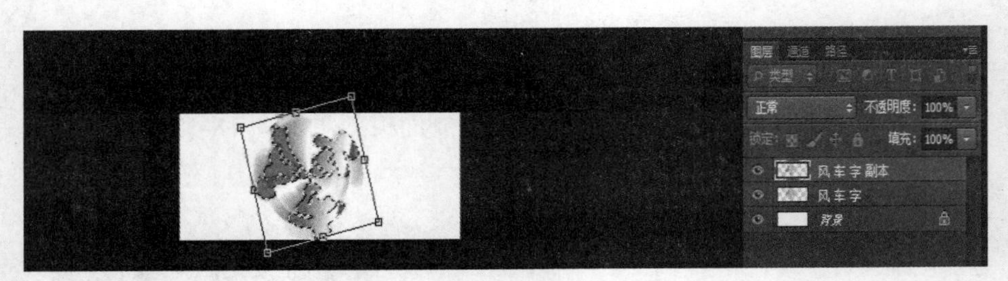

图 18-22 调整副本位置

图 18-23 效果图

第 11 步：合并图层，将制作文件存盘。

（1）按 Ctrl+D 组合键取消选择。

（2）选择菜单栏中的“图层”，选择“合并可见图层”；在菜单栏中单击“文件”，选择“存储”选项。文件类型为 PSD 或 JPEG 格式。最终效果如图 18-24 所示。

图 18-24 最终效果图

案例小结

本案例主要应用了文件的创建方法、文字工具的使用方法、栅格化文字、矩形和圆形选区的使用、极坐标的使用、铬黄渐变的使用、径向模糊的使用、旋转的使用、拼合图层等。

案例 19　线框字

案例目标

使学生熟悉 Photoshop CS6.0 基本操作界面，掌握文件的创建方法、文字工具的使用方法、栅格化文字、变换的使用、扩展的使用、边界的使用、快速填充的使用、Alt 键的使用、透明彩虹渐变、拼合图层等。

案例效果

本案例最终效果如图 19-1 所示。

图 19-1　案例效果

案例步骤

第 1 步：新建文件。

（1）选择菜单栏中的“文件”→“新建”选项，弹出“新建”对话框。

（2）设置名称为“19 线框字”，预设为“自定”，宽度为“10 厘米”，高度为“10 厘米”，分辨率为“72 像素/英寸”，颜色模式为“RGB 颜色 8 位”，背景内容为“白色”，如图 19-2 所示。

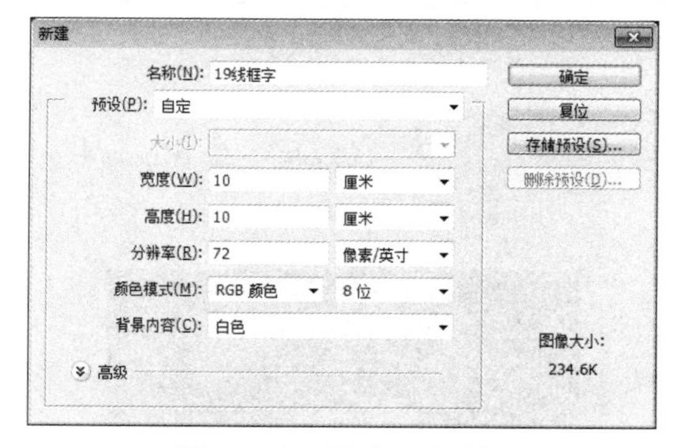

图 19-2　“新建”对话框

第 2 步：新建图层。

（1）在菜单栏中单击“图层”→“新建”→“图层”选项，如图 19-3 所示。

（2）效果如图 19-4 所示。

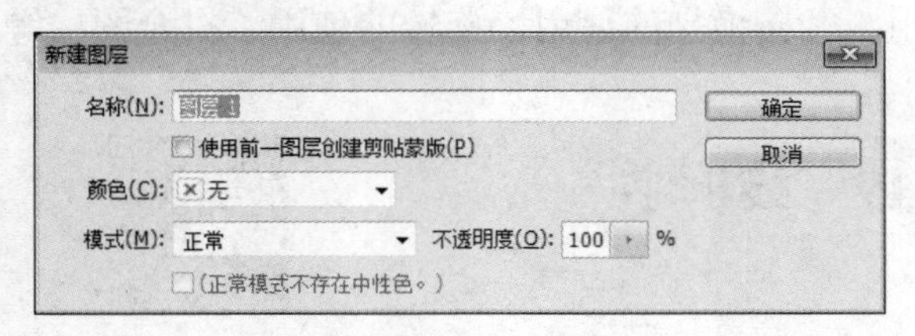

图 19-3　新建图层

图 19-4　图层 1

第 3 步：将背景色填充为蓝色。

（1）设置背景色为“黑色”，前景色为“蓝色”，如图 19-5 所示。

（2）在菜单栏中单击“编辑”，选择“填充”，将背景色填充为蓝色，设置如图 19-6 所示。

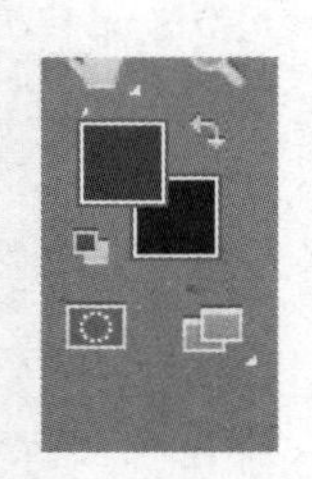

图 19-5　背景颜色

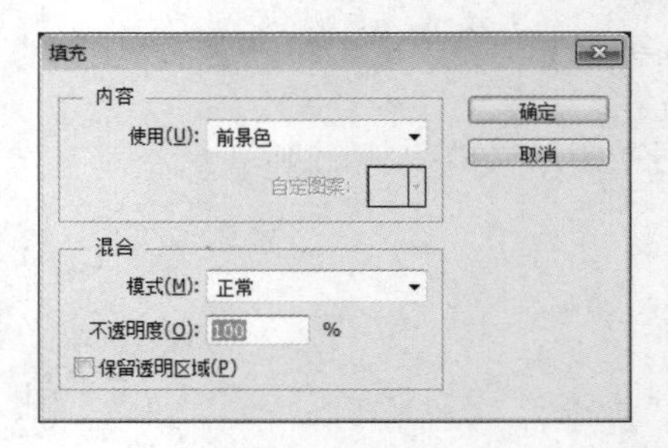

图 19-6　填充

第 4 步：使用文字工具输入“线框字”。设置效果如图 19-7 所示。

图 19-7　输入文字

第 5 步：将文字栅格化成为图像。

（1）在菜单栏中单击“图层”，选择“栅格化”→“文字”选项，文字栅格化之前如图 19-8 所示。

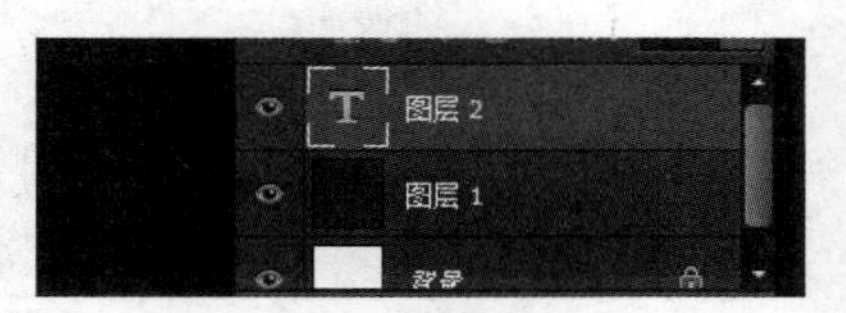

图 19-8　栅格化之前

（2）栅格化之后如图 19-9 所示。

图 19-9　栅格化之后

第 6 步：使文字整体变为平行四边形。

在菜单栏中单击“编辑”，选择“变换”，将其变为平行四边形，然后双击左键。效果如图 19-10 所示。

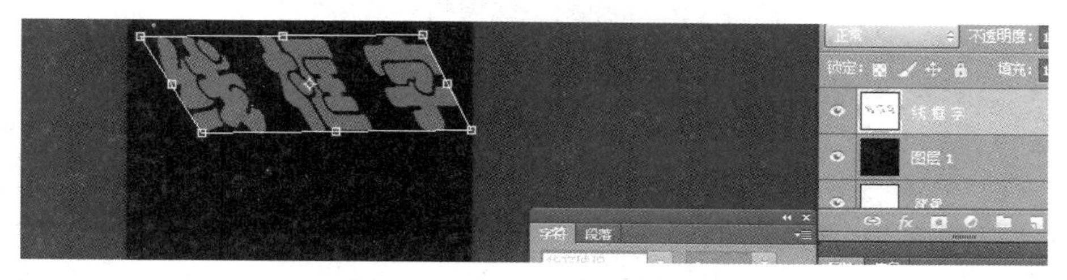

图 19-10　将其变为平行四边形

第 7 步：将文字扩展边界。

（1）在菜单栏中单击“选择”→“载入选区”选项。效果如图 19-11 所示。

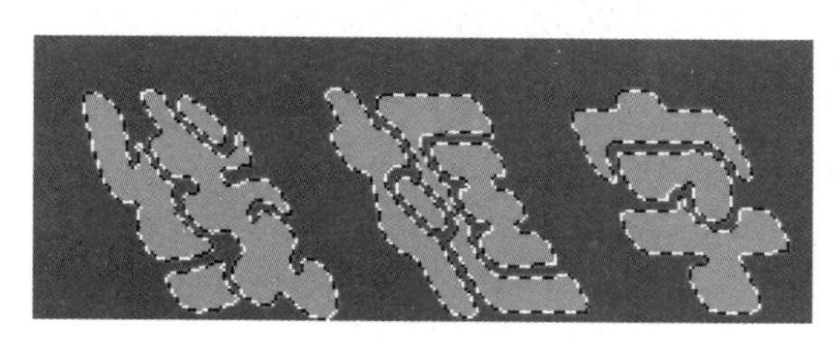

图 19-11　载入选区

（2）在菜单栏中单击“选择”→“修改”→“扩展”选项。设置如图 19-12 所示，效果如图 19-13 所示。

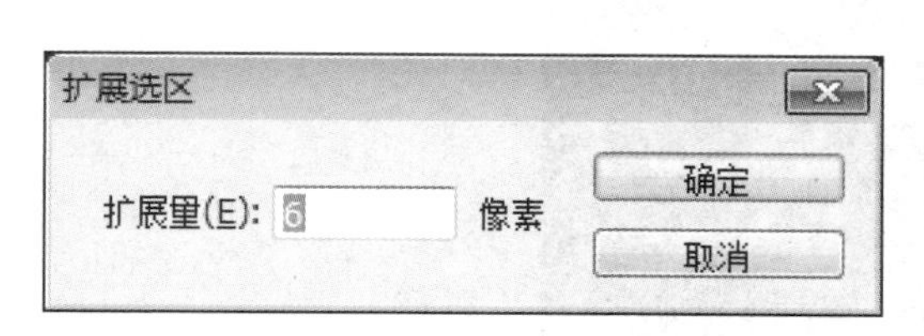

图 19-12　扩展选区

图 19-13　效果图

第 8 步：将文字加边界。

在菜单栏中单击“选择”→“修改”→“边界”选项。设置如图 19-14 所示。效果如图 19-15 所示。

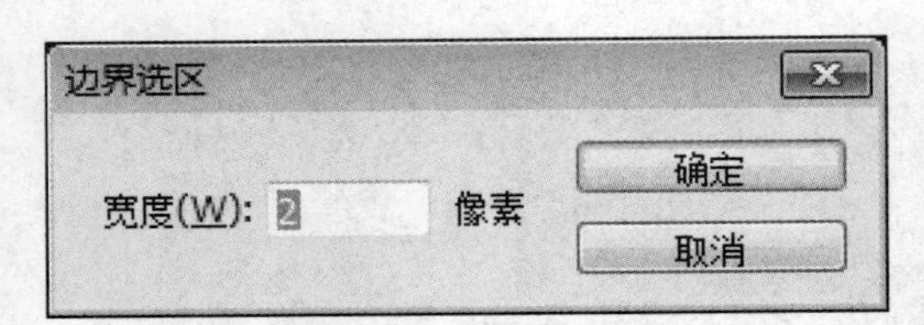

图 19-14　边界选区

图 19-15　效果图

第 9 步：将文字边界快速填充为白色。

将前景色设置“白色”，按 Alt+Delete 快速填充。效果如图 19-16 所示。

图 19-16　将文字边界快速填充为白色效果图

第 10 步：抬高和加深白色边界。

选择“移动”工具，在画布上单击左键，按 Alt+↑组合键两次和 Alt+→组合键一次。效果如图 19-17 所示。

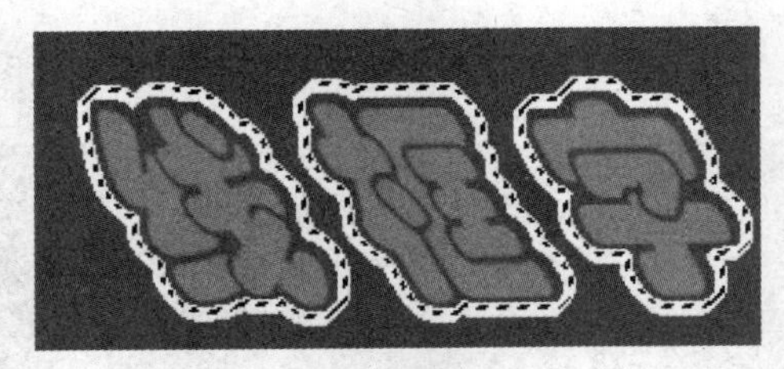
图 19-17　抬高和加深白色边界

第 11 步：将边界渐变。

（1）选择“渐变”工具，选择“透明彩虹渐变”，在画布上从左上角到右下角画一直线，选择“移动”工具，在画布上单击左键，按 Alt+→组合键一次。效果如图 19-18 所示。

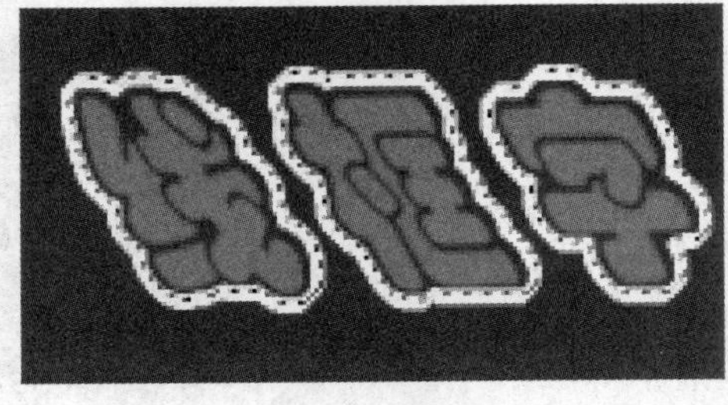
图 19-18　将边界渐变

（2）显示效果如图 19-19 所示。

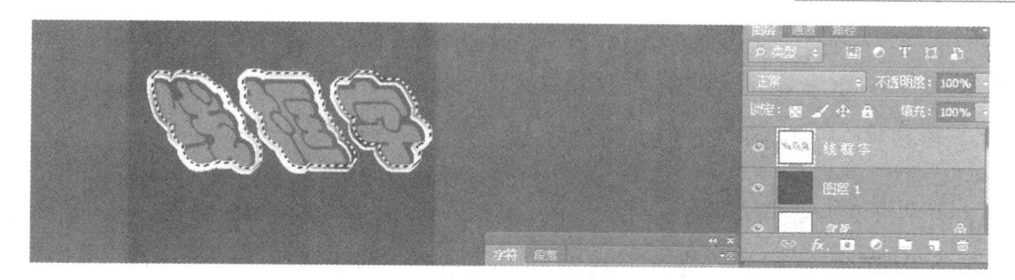

图 19-19　效果图

第 12 步：将制作文件存盘。

按 Ctrl+D 组合键取消选择。选择菜单栏中的“文件”→“存储”选项，设置文件类型为 PSD 或 JPEG 格式。最终效果如图 19-20 所示。

图 19-20　合并图层后的最终效果

案例小结

本案例主要应用了文字工具的使用方法、栅格化文字、变换的使用、扩展的使用、边界的使用、快速填充的使用、Alt 键的使用、透明彩虹渐变、拼合图层等。

案例 20　刺猬字

案例目标

使学生熟悉 Photoshop CS6.0 基本操作界面，掌握文件的创建方法、文字工具的使用方法、栅格化文字、涂抹工具的使用、收缩的使用、径向渐变的使用、图层样式浮雕和斜面的使用、投影的使用、拼合图层等。

案例效果

图 20-1　案例效果

案例步骤

第 1 步：新建文件。

（1）选择菜单栏中的“文件”→“新建”选项，弹出“新建”对话框。

（2）设置名称为“20 刺猬字”，预设为“自定”，宽度为“10 厘米”，高度为“10 厘米”，分辨率为“72 像素/英寸”，颜色模式“RGB 颜色 8 位”，背景内容为“白色”，如图 20-2 所示。

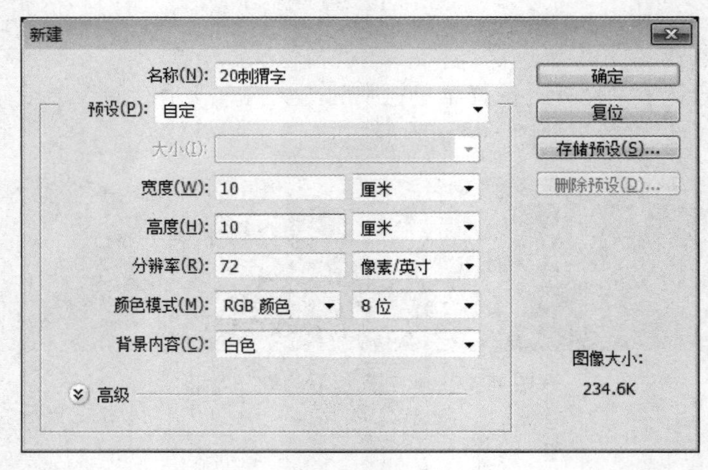

图 20-2　新建文件

第 2 步：新建图层 1。

在菜单栏中单击“图层”，选择“新建”→“图层”选项。设置如图 20-3 所示，效果如图 20-4 所示。

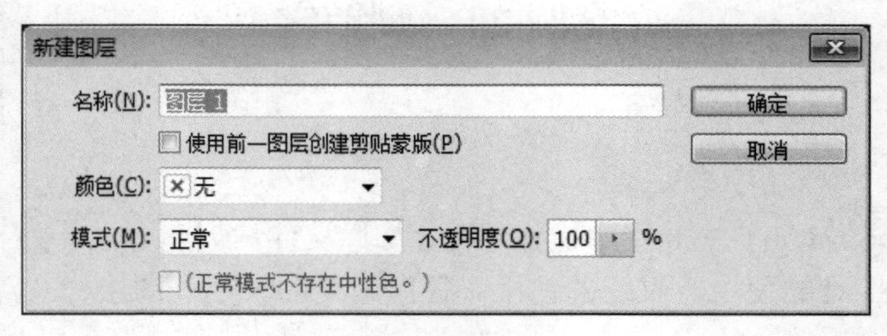

图 20-3　新建图层

第 3 步：设置背景色为白色，前景色为黑色。

按 D 键，则恢复默认颜色，如图 20-5 所示。

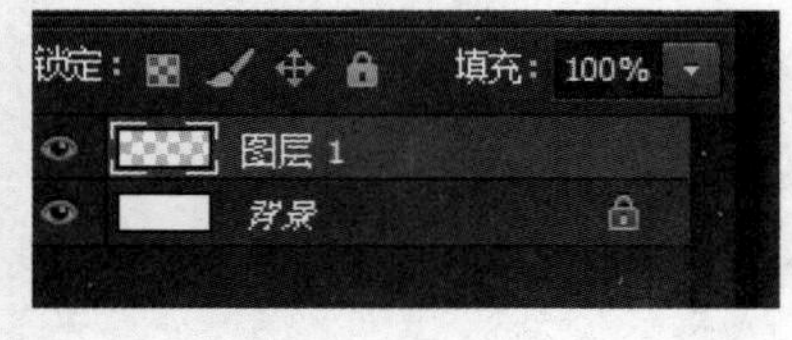

图 20-4　图层 1

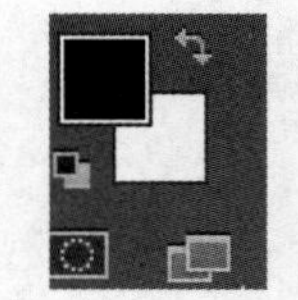

图 20-5　默认颜色

第 4 步：使用文字工具输入文字“刺猬字”。设置如图 20-6 所示。

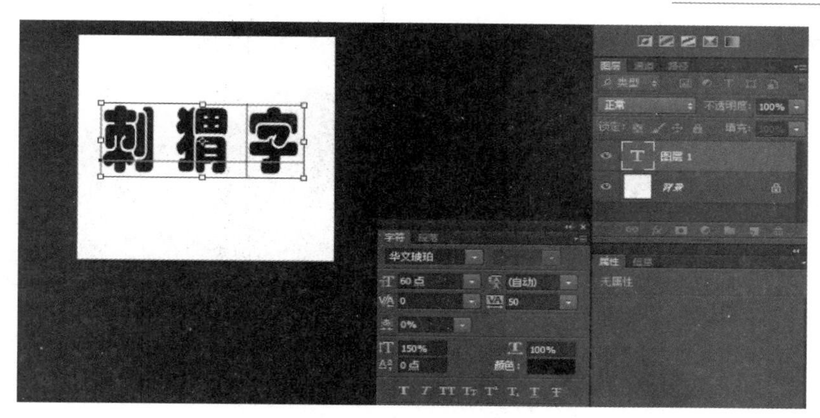

图 20-6　使用文字工具输入文字

第 5 步：将文字栅格化成为图像。

（1）在菜单栏中单击“图层”，选择“栅格化”→“文字”选项。栅格化之前如图 20-7 所示。

（2）栅格化之后如图 20-8 所示。

图 20-7　栅格化之前

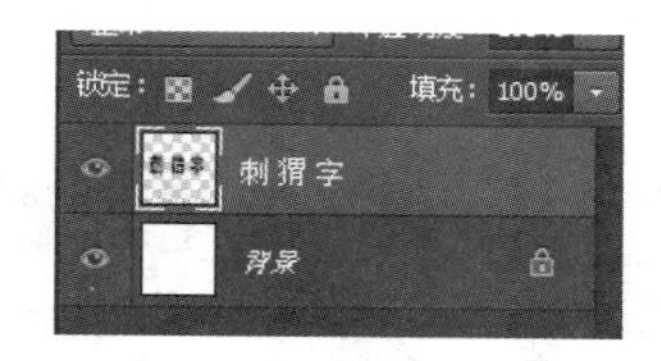

图 20-8　栅格化之后

第 6 步：复制图层 1。

选择“刺猬字”层，单击右键，选择“复制图层”选项。设置如图 20-9 所示，效果如图 20-10 所示。

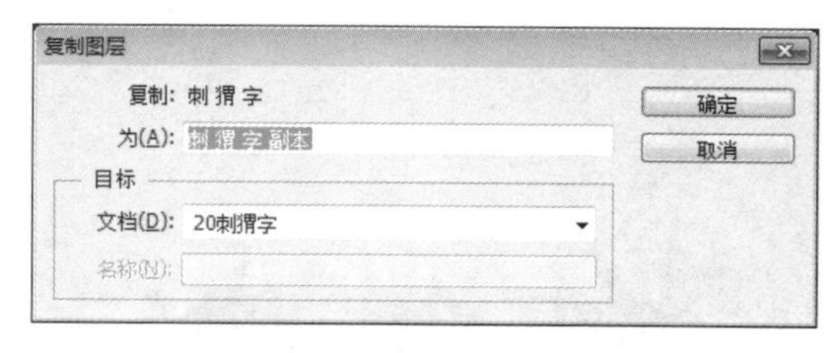

图 20-9　复制图层

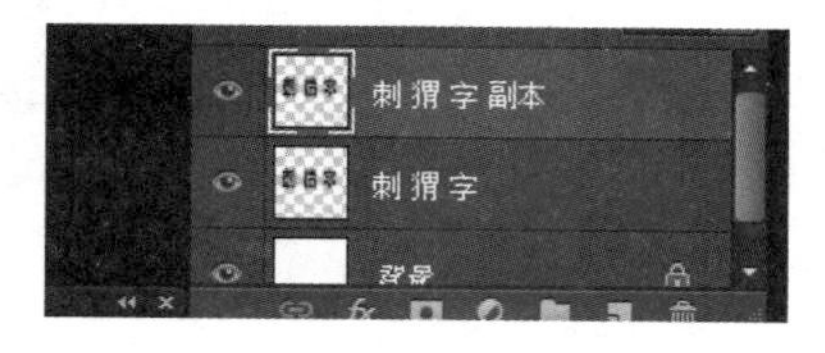

图 20-10　复制图层效果

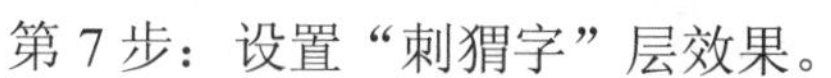

第 7 步：设置“刺猬字”层效果。

（1）选择“刺猬字”层，如图 20-11 所示。

（2）选择“涂抹”工具，如图 20-12 所示。

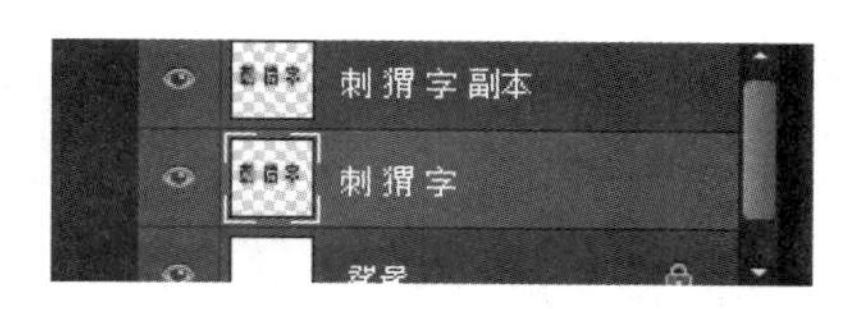

图 20-11　选择刺猬字层

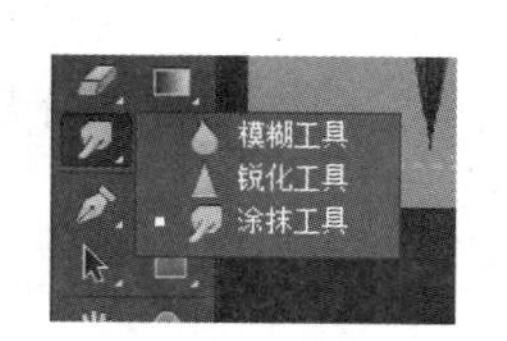

图 20-12　选择涂抹工具

（3）设置笔头大小为“16”，强度为“80%”，如图 20-13 所示。

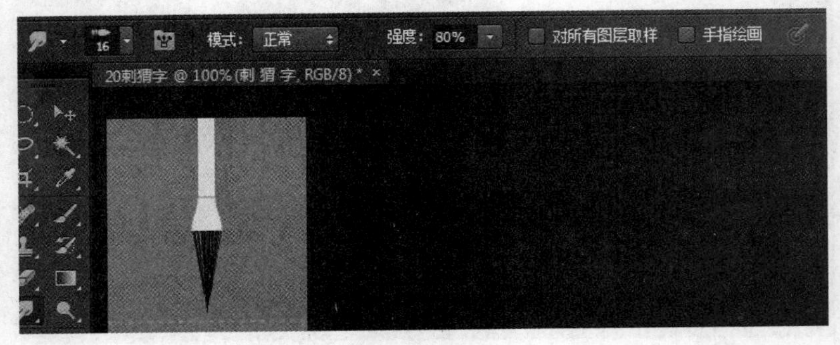

图 20-13 设置压力

（4）在画布上利用鼠标左键将文字调成刺猬状（鼠标拖动某处，快速松开，则文字自动沿该方向扩展，产生渐浅效果）。效果如图 20-14 所示。

第 8 步：设置刺猬字副本层效果。

（1）选择“刺猬字副本”层，如图 20-15 所示。

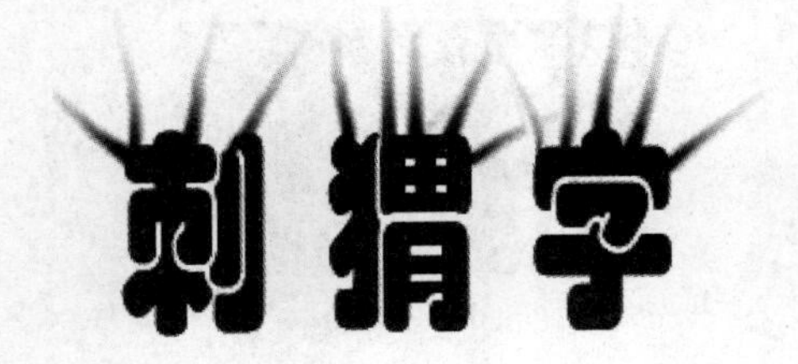

图 20-14 在画布上利用鼠标将文字调成刺猬状

图 20-15 选择刺猬字副本层

（2）在菜单栏中单击“选择”→“载入选区”选项。设置如图 20-16 所示，效果如图 20-17 所示。

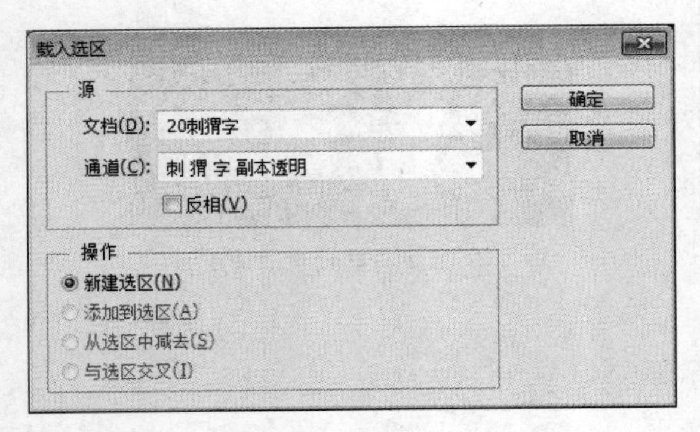

图 20-16 载入选区

图 20-17 效果图

（3）在菜单栏中单击“选择”→“修改”→“收缩”选项。设置如图 20-18 所示，效果如图 20-19 所示。

（4）选择“径向渐变”工具，选择“反相”→“透明彩虹渐变”选项，在画布上从每个字的中间向下画一直线。设置如图 20-20 所示，效果如图 20-21 所示。

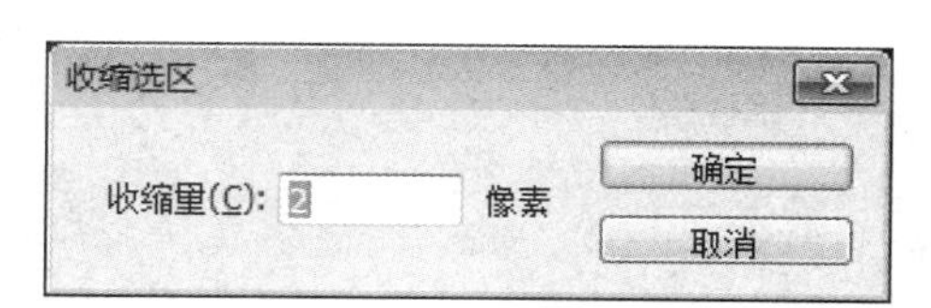

图 20-18　收缩选区

图 20-19　效果图

图 20-20　选择径向渐变工具

（5）按 Ctrl+D 组合键取消选择。

第 9 步：处理文字的阴影。

（1）选择“刺猬字”层，如图 20-22 所示。

图 20-21　效果图

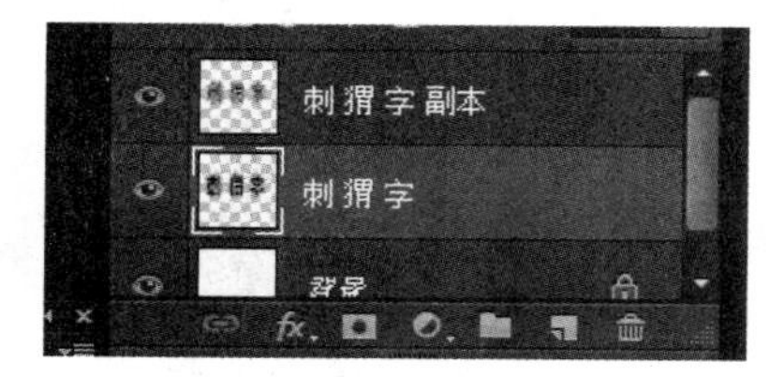

图 20-22　选择“刺猬字”层

（2）在菜单栏中单击“图层”，选择“图层样式”→“斜面和浮雕”。设置如图 20-23 所示。

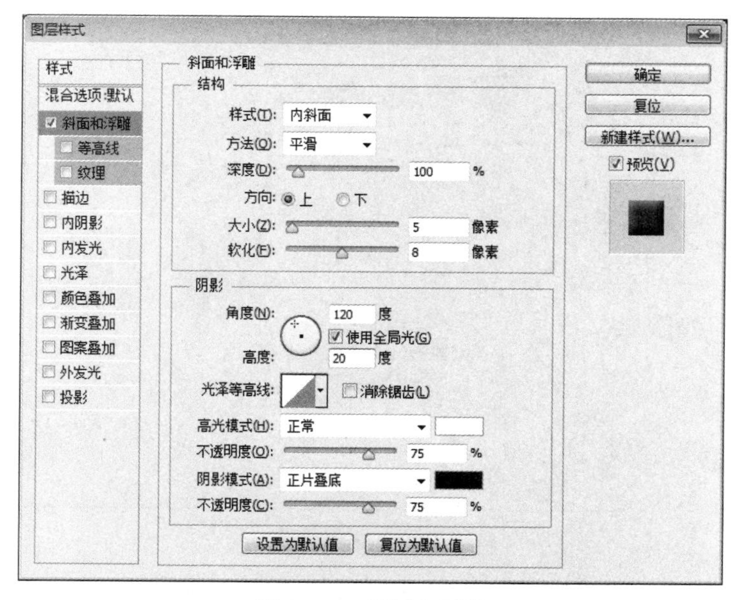

图 20-23　斜面和浮雕

（3）关闭“刺猬字副本”层前的小眼睛图标，显示如图 20-24 所示。

图 20-24 隐藏“刺猬字副本”层

第 10 步：处理刺猬字副本层。

（1）选择“刺猬字副本”层，如图 20-25 所示。

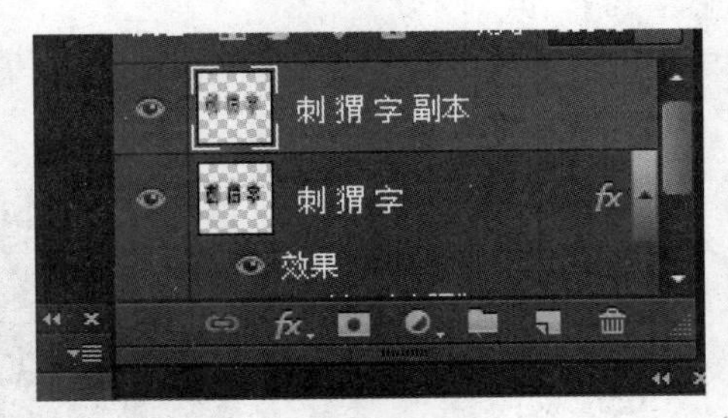

图 20-25 选择“刺猬字副本”层

（2）在菜单栏中单击“图层”，选择“图层样式”→“投影”选项。设置如图 20-26 所示。

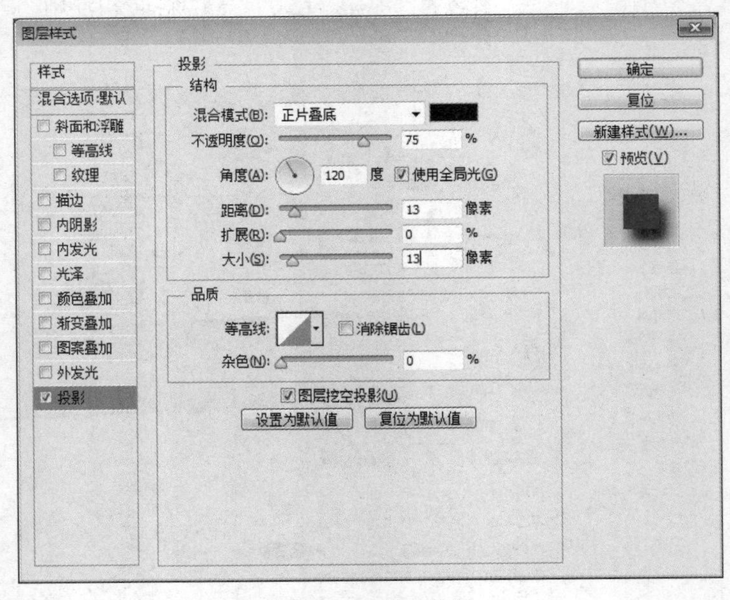

图 20-26 投影设置

（3）在“图层样式”对话框中按 Ctrl+5 组合键调出“斜面和浮雕”设置面板。设置如图 20-27 所示。

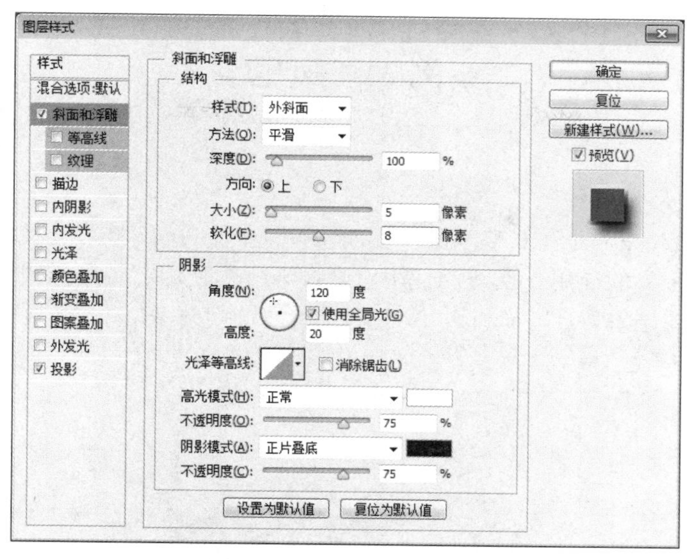

图 20-27　设置斜面和浮雕

（4）显示效果如图 20-28 所示。

图 20-28　效果图

第 11 步：将制作文件存盘。

在菜单栏中单击“文件”→“存储”选项，文件类型为 PSD 或 JPEG 格式，如图 20-29 所示。

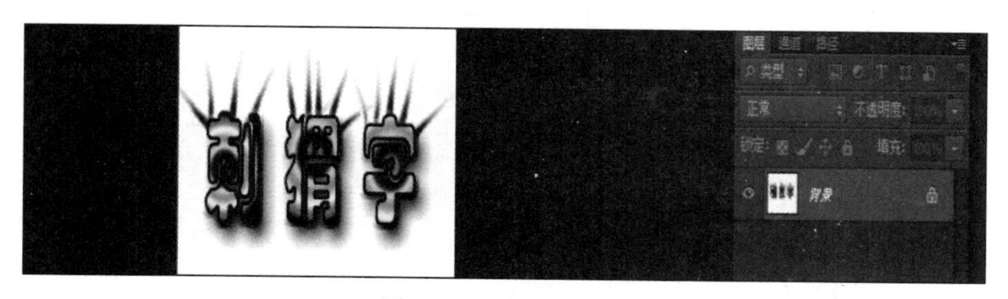

图 20-29　存盘效果图

案例小结

本案例主要应用了文件的创建方法、文字工具的使用方法、栅格化文字、涂抹工具的使用、收缩的使用、径向渐变的使用、图层样式浮雕和斜面的使用、投影的使用、拼合图层等。

案例 21 凤尾字

案例目标

使学生熟悉 Photoshop CS6.0 基本操作界面，掌握文件的创建方法、文字工具的使用方法、栅格化文字、涂抹工具的使用、曲线的使用、直线渐变的使用、图层样式斜面和浮雕的使用、投影的使用、拼合图层等。

案例效果

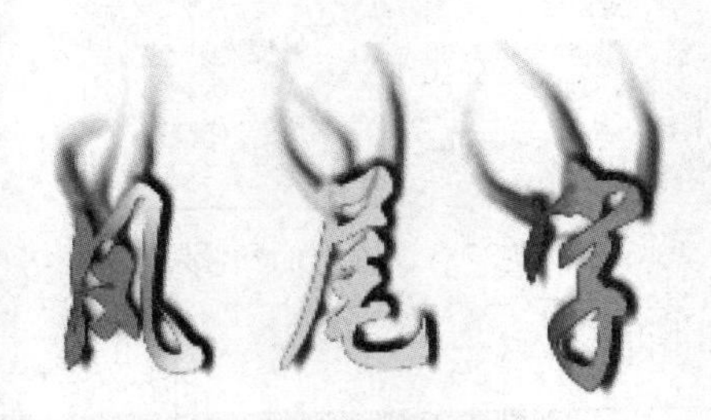

图 21-1 案例效果

案例步骤

第 1 步：新建文件。

（1）选择菜单栏中的“文件”→“新建”选项，弹出“新建”对话框。

（2）设置名称为“21 凤尾字”，预设为“自定”，宽度为“10 厘米”，高度为“10 厘米”，分辨率为“72 像素/英寸”，颜色模式为“RGB 颜色 8 位”，背景内容为“白色”，如图 21-2 所示。

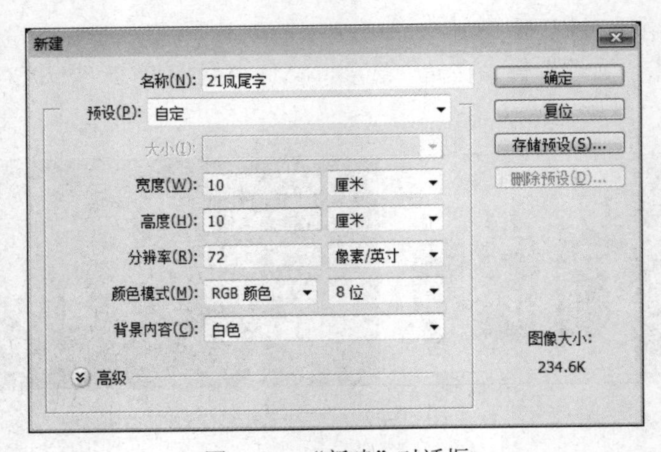

图 21-2 “新建”对话框

第 2 步：新建图层。

在菜单栏中单击“图层”，选择“新建”→“图层”选项。设置如图 21-3 所示，效果如图 21-4 所示。

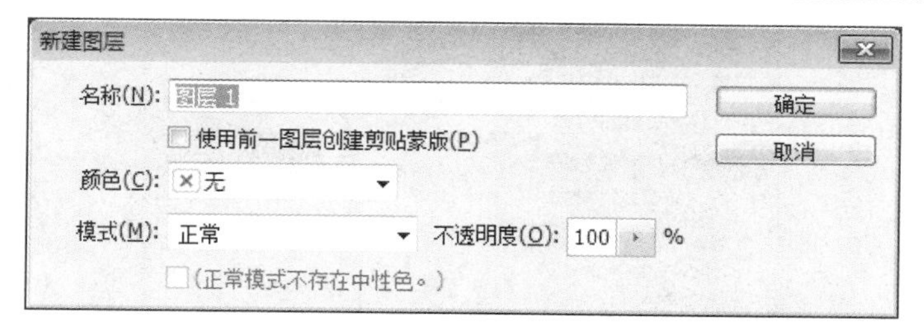

图 21-3　新建图层

第 3 步：设置背景色为白色，前景色为黑色。

按 D 键恢复默认颜色，如图 21-5 所示。

图 21-4　图层 1

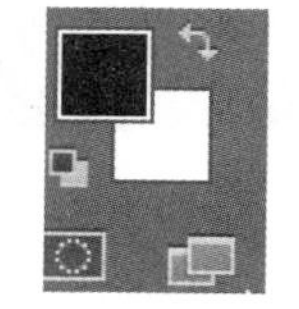

图 21-5　默认颜色

第 4 步：使用文字工具输入“凤尾字”。设置效果如图 21-6 所示。

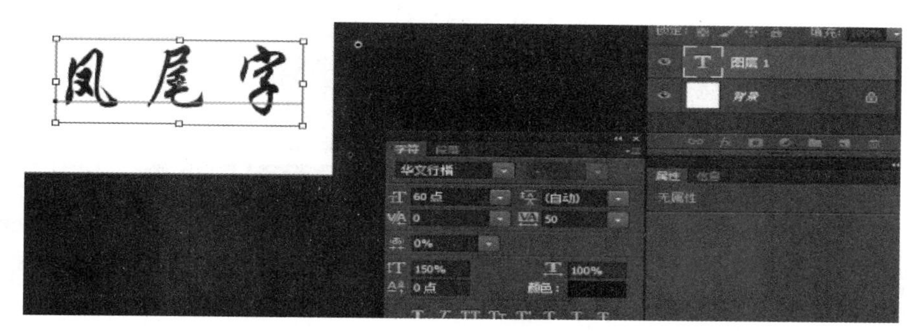

图 21-6　输入文字

第 5 步：将文字栅格化为图像。

（1）在菜单栏中单击“图层”，选择“栅格化”→“文字”选项。栅格化之前如图 21-7 所示。

（2）栅格化之后如图 21-8 所示。

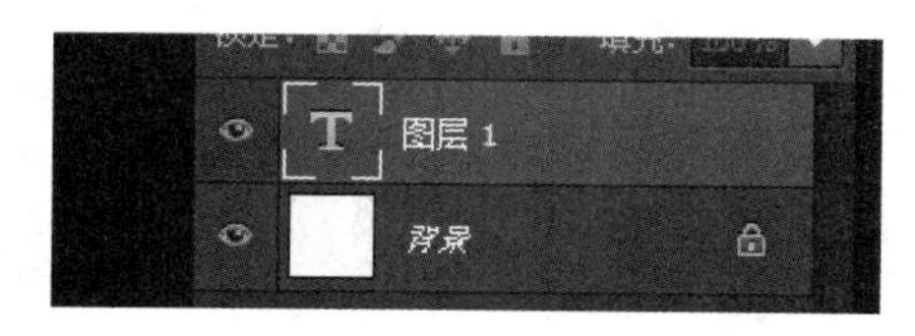

图 21-7　栅格化之前

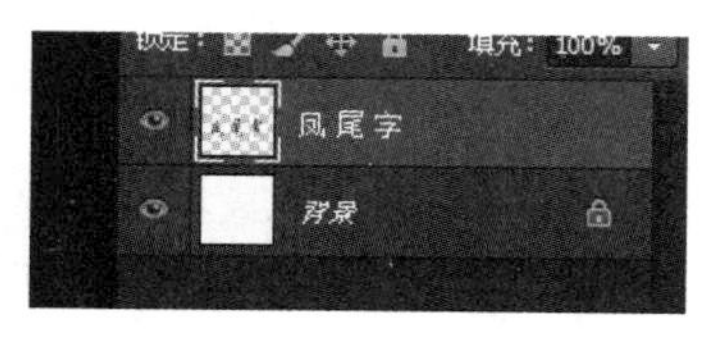

图 21-8　栅格化之后

第 6 步：处理文字效果。

（1）在菜单栏中单击“选择”，选择“载入选区”选项。设置如图 21-9 所示。

（2）选择“直线渐变”工具，取消选中“反向”复选框，选择“透明彩虹渐变”，如图 21-10 所示。

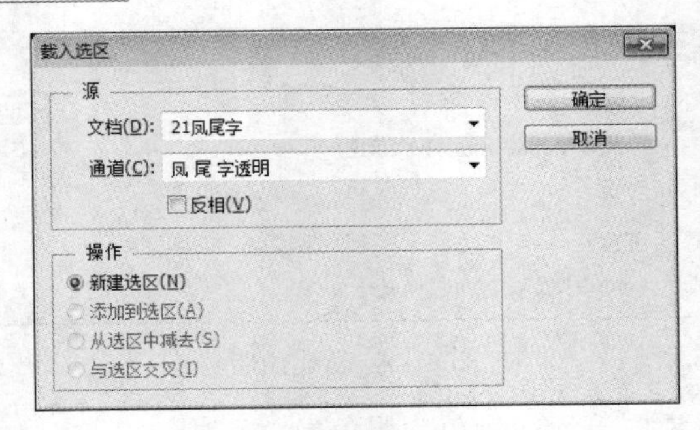

图 21-9　载入选区

图 21-10　择直线渐变工具

（3）在画布从左到右画一条直线，如图 21-11 所示。

图 21-11　在画布从左到右画一条直线

（4）显示效果如图 21-12 所示。

图 21-12　效果图

（5）在菜单栏中单击“图像”，选择“调整”→“曲线”选项，左键单击直线处，设置如图 21-13 所示。

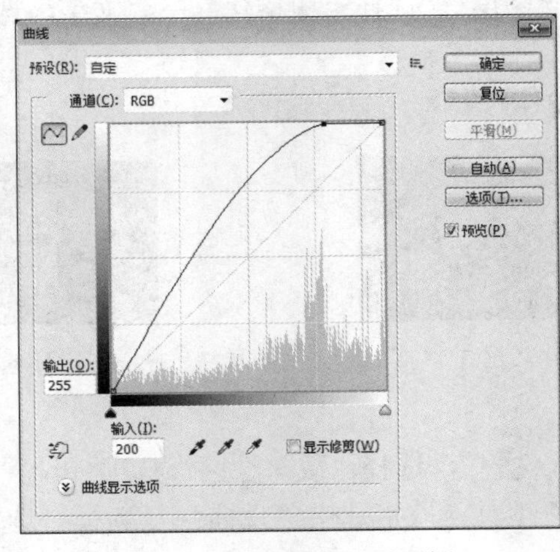

图 21-13　“曲线”对话框

（6）显示效果如图 21-14 所示。

（7）在菜单栏中单击“选择”，选择“存储选区”选项，名称为“alpha1”，单击“确定”，如图 21-15 所示。

图 21-14　效果图

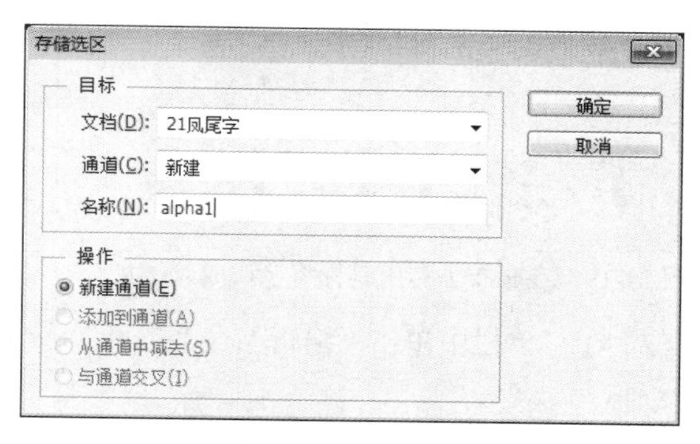

图 21-15　存储选区

（8）取消选择按 Ctrl+D 组合键。

第 7 步：设置凤尾字层效果。

（1）选择“凤尾字”层，如图 21-16 所示。

（2）选择“涂抹工具”。如图 21-17 所示。

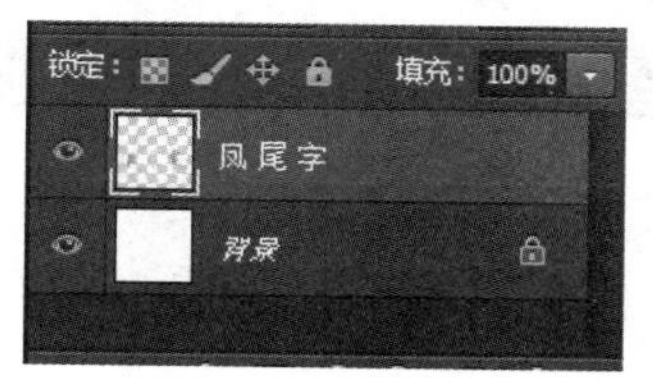

图 21-16　选择“凤尾字”层

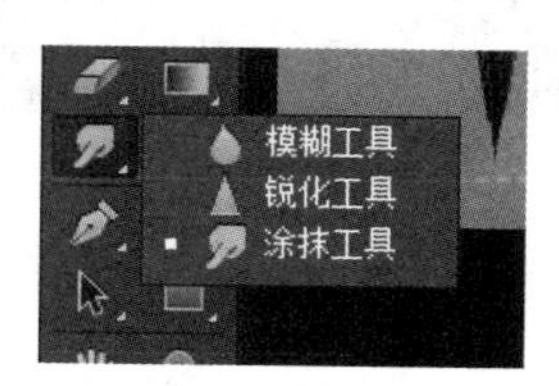

图 21-17　选择涂抹工具

（3）设置强度为“80%”，笔头为“16”，如图 21-18 所示。

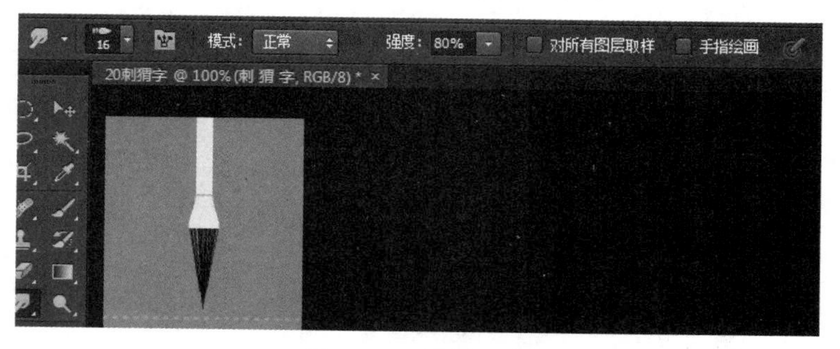

图 21-18　设置压力

（4）在画布上利用鼠标，将字调成“凤尾状”（按住鼠标左键，拖动某处，快速松开，则文字自动沿该方向扩展、渐浅），如图 21-19 所示。

第 8 步：复制图层。

（1）在菜单栏中单击“选择”，选择“载入选区”选项，选择通道“alpha1”，单击“确定”，如图 21-20 所示。

图 21-19　在画布上利用鼠标将字调成凤尾状

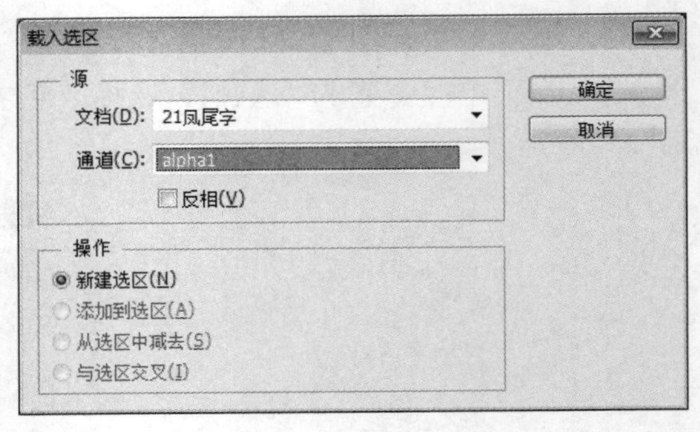

图 21-20　载入选区

（2）在菜单栏中单击“编辑”→“拷贝”选项；然后单击“编辑”→“粘贴”，如图 21-21 所示。

第 9 步：处理文字的阴影。

（1）选择“凤尾字”层，如图 21-22 所示。

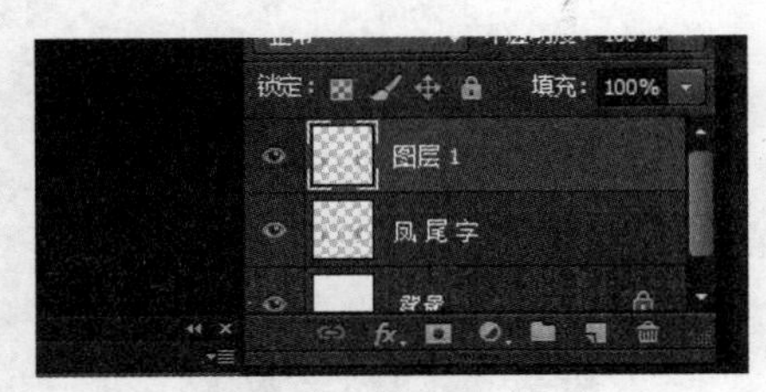

图 21-21　复制图层

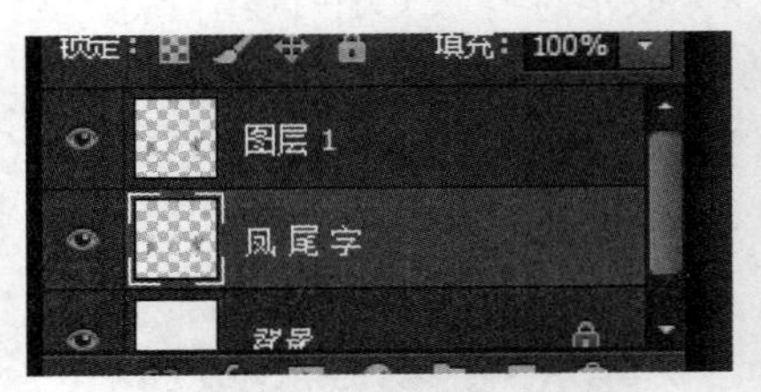

图 21-22　选择“凤尾字”层

（2）在菜单栏中单击“图层”，选择“图层样式”→“外发光”选项。设置如图 21-23 所示。

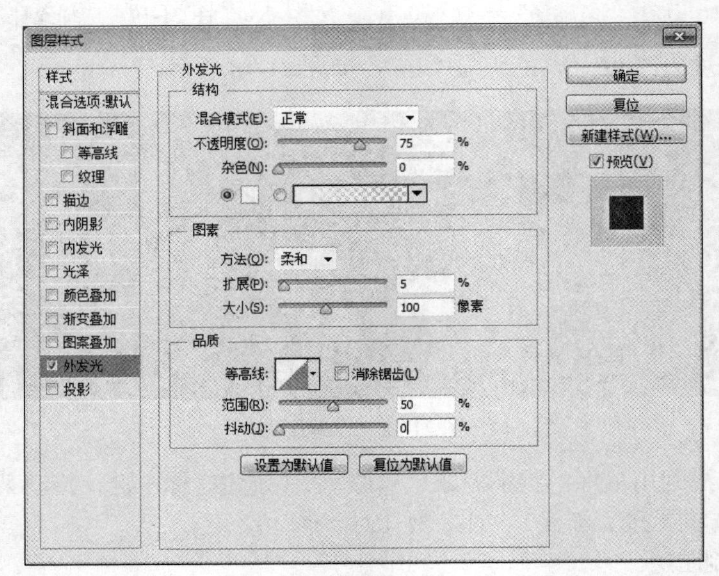

图 21-23　外发光

（3）保持界面不动，按 Ctrl+5 组合键调出“斜面和浮雕”界面，如图 21-24 所示。

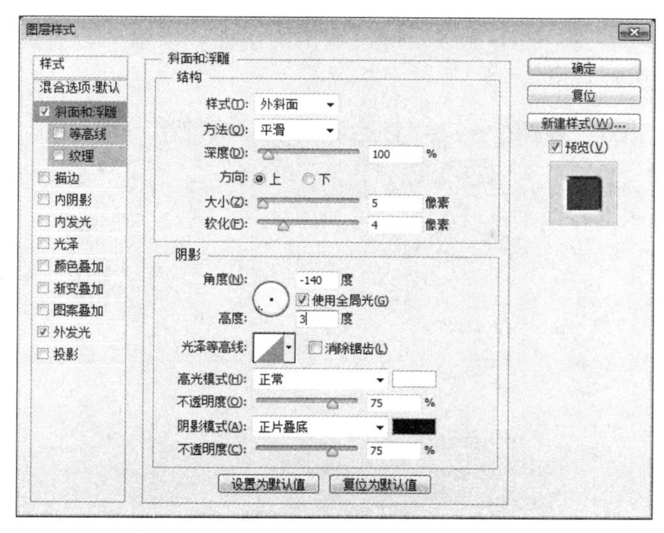

图 21-24　斜面和浮雕界面

（4）显示效果如图 21-25 所示。

第 10 步：处理文字效果。

（1）选择“图层 1”，如图 21-26 所示。

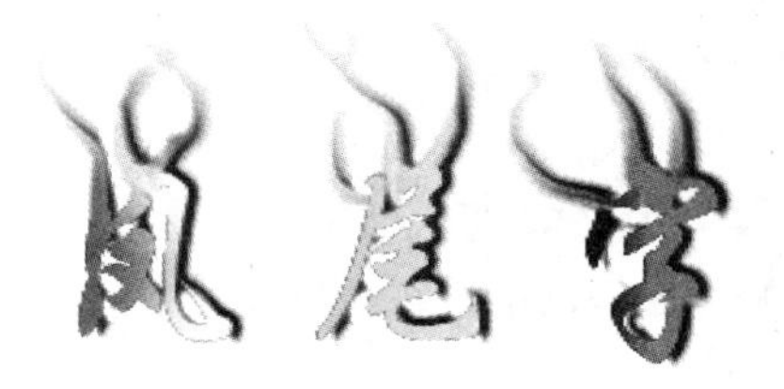

图 21-25　效果图

图 21-26　选择图层 1

（2）在菜单栏中单击“图层”，选择“图层样式”→“投影”选项。设置如图 21-27 所示。

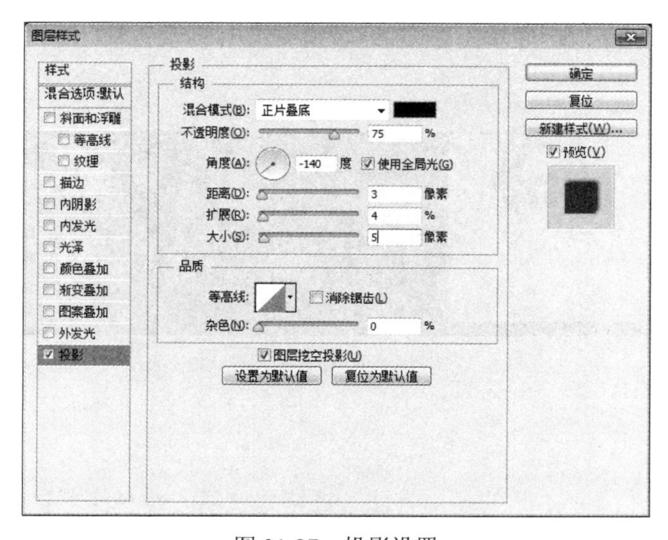

图 21-27　投影设置

（3）保持界面不动，按 Ctrl+5 组合键，调出“斜面和浮雕”设置面板，设置如图 21-28 所示，效果如图 21-29 所示。

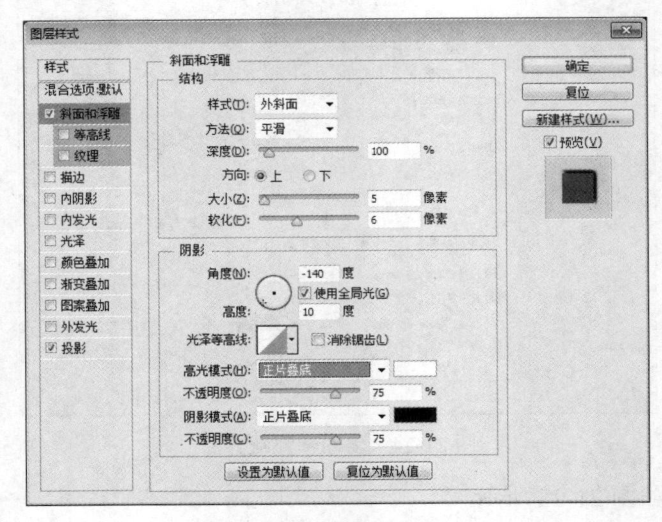

图 21-28 设置斜面和浮雕

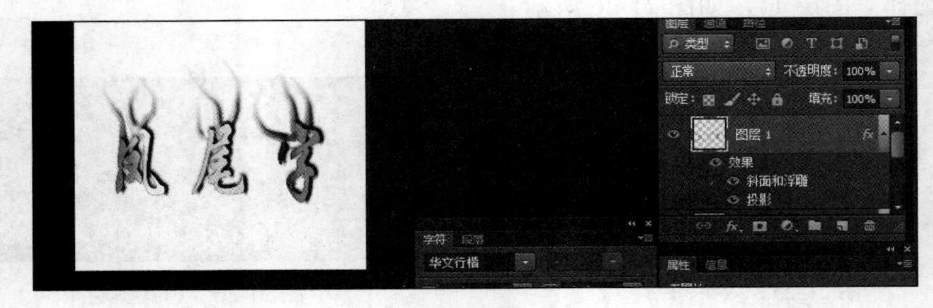

图 21-29 效果图

第 11 步：将制作文件存盘。

在菜单栏中单击“文件”→“存储”，设置文件类型为 PSD 或 JPEG 格式，如图 21-30 所示。

图 21-30 存盘效果图

案例小结

本案例主要应用了文字工具的使用方法、栅格化文字、涂抹工具的使用、曲线的使用、直线渐变的使用、图层样式斜面和浮雕的使用、投影的使用、拼合图层等。

第 2 部分　图像特技处理

案例 22　聚光灯效果

案例目标

使学生熟悉 Photoshop CS6.0 基本操作界面，掌握文件的创建方法、文字工具的使用方法、缩放工具的使用、扭曲工具的使用、矩形选区的使用、直线渐变的使用、镜头光晕的使用、拼合图层等。

案例效果

本案例最终效果如图 22-1 所示。

图 22-1　效果图

案例步骤

第 1 步：在菜单栏中单击“文件”，选择“新建”，打开“新建”对话框。设置名称为“效果 01 聚光灯效果”，预设为“自定”，宽度为“20 厘米”，高度为“20 厘米”，分辨率为“72 像素/英寸”，颜色模式为“RGB 颜色 8 位”，背景内容为“白色”。设置如图 22-2 所示。

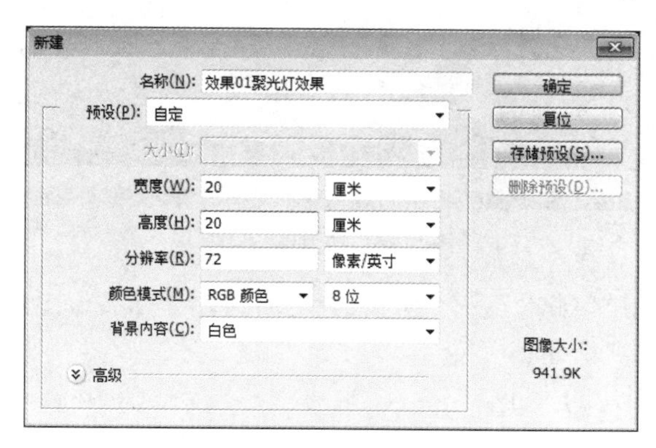

图 22-2　“新建”对话框

第 2 步：新建图层 1。

在菜单栏中单击“图层”，选择“新建”→“图层”。打开“新建图层”对话框，设置名称为“图层 1”，颜色为“无”，模式为“正常”，不透明度为“100%”。设置如图 22-3 所示，效果如图 22-4 所示。

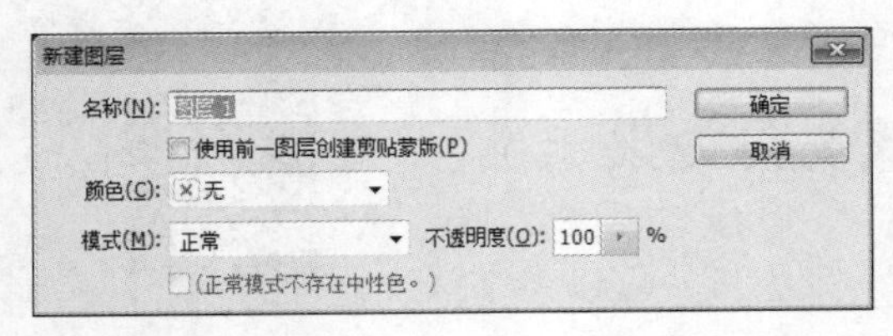

图 22-3 新建图层

图 22-4 图层 1

第 3 步：复制一幅钻石图片到图层 1 中。

（1）在菜单栏中单击“文件”→“打开”，选择一幅“钻石图”，如图 22-5 所示。

图 22-5 钻石图

（2）按 Ctrl+A 组合键选中图片，如图 22-6 所示。

图 22-6 选中钻石图

（3）在菜单栏中单击“编辑”→“拷贝”。之后关闭“钻石”图片。在菜单栏中单击“编辑”→“粘贴”，如图 22-7 所示。

第 4 步：调整钻石图片的大小。

（1）在菜单栏中单击“选择”→“载入选区”，如图 22-8 所示。

图 22-7　粘贴钻石图

图 22-8　选择载入选区钻石图

（2）在菜单栏中单击“编辑”，选择“变换”→“缩放”，调整钻石大小。调整之后在图片上双击左键，调整效果如图 22-9 所示。

图 22-9　调整钻石图大小

（3）按 Ctrl+D 组合键取消选择。

第 5 步：新建图层 2。在菜单栏中单击“图层”，选择“新建”→“图层”，效果如图 22-10 所示。

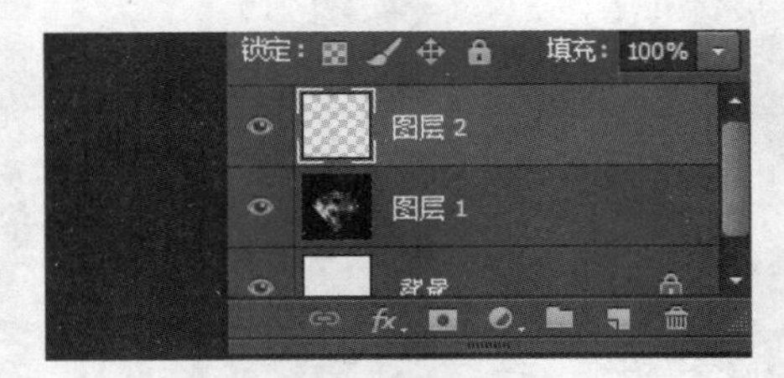

图 22-10　新建图层

第 6 步：在图层 2 上，设置聚光灯效果。

（1）选择“矩形”选区。在图层 2 上画一个矩形，效果如图 22-11 所示。

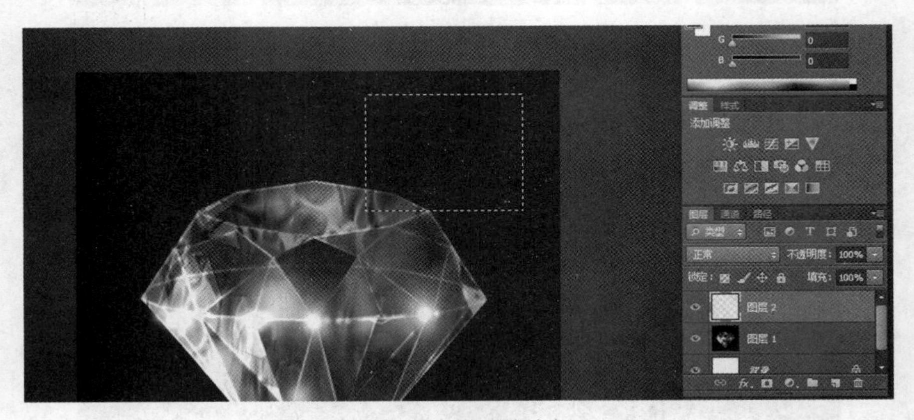

图 22-11　设置聚光灯

（2）按 D 键，恢复默认设置。选择“直线渐变”工具，取消“反向”，选择从“前景到背景渐变”。设置如图 22-12 所示。

图 22-12　设置渐变工具

（3）在画布上从左到右画一条直线，如图 22-13 所示。

图 22-13　设置聚光灯

（4）显示效果如图 22-14 所示。

图 22-14　设置聚光灯

（5）按 Ctrl+D 组合键取消选择。效果如图 22-15 所示。

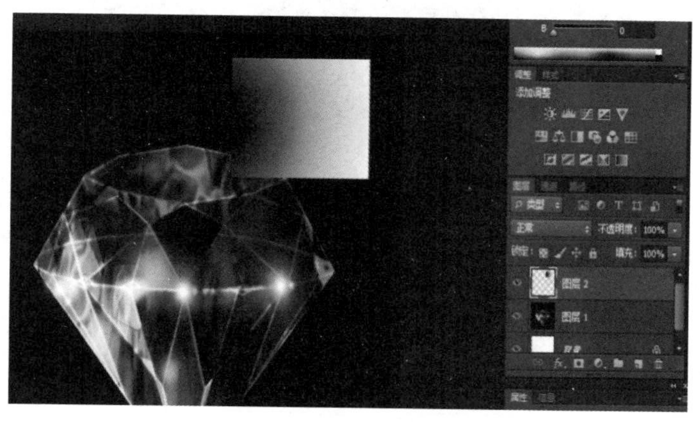

图 22-15　设置聚光灯

（6）在菜单栏中单击“选择”→“载入选区”选项。设置如图 22-16 所示。

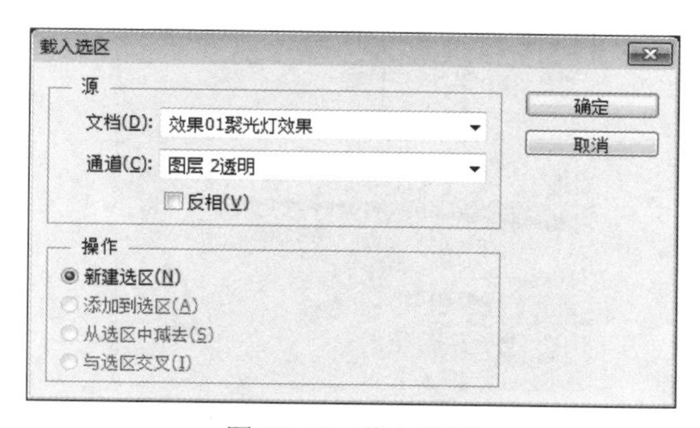

图 22-16　载入选区

（7）调整矩形选区的形状。

在菜单栏中单击“编辑”，选择“变换”→“扭曲”。调整图片如图 22-17 所示。

（8）在内部区域，双击左键完成调整。

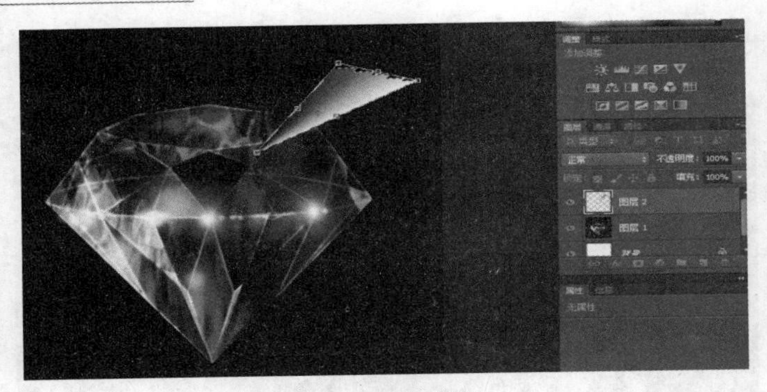

图 22-17 编辑图片

（9）按 Ctrl+D 组合键取消选择，调整不透明度为“40%”。效果如图 22-18 所示。

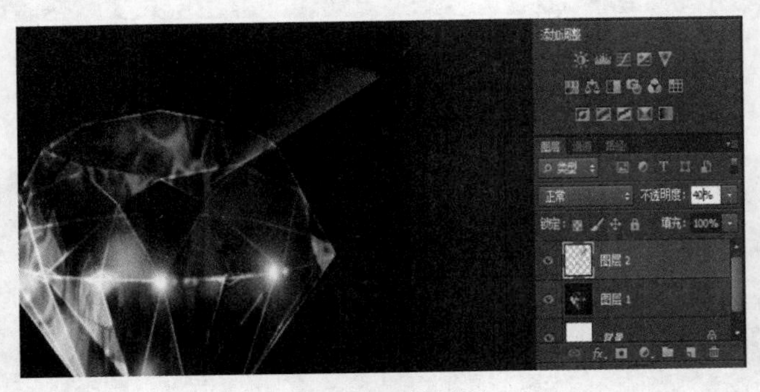

图 22-18 效果图

第 7 步：设置图层 2 灯光效果。

选中“图层 2”，在菜单栏中单击“滤镜”，选择“渲染”→“镜头光晕”。设置亮度为“150%”，镜头类型为“50-300 毫米变焦”，如图 22-19 所示。

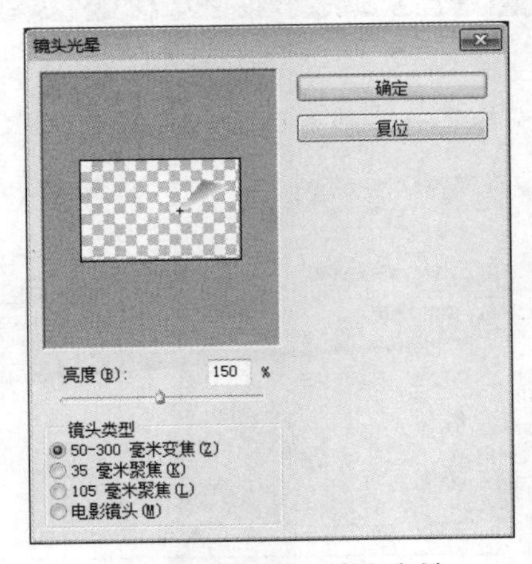

图 22-19 图层 2 镜头光晕

第 8 步：设置图层 1 的灯光效果。

（1）选中“图层 1”，在菜单栏中单击“滤镜”，选择“渲染”→“镜头光晕”。设置亮度为“130%”，镜头类型为“35 毫米聚焦”，如图 22-20 所示。

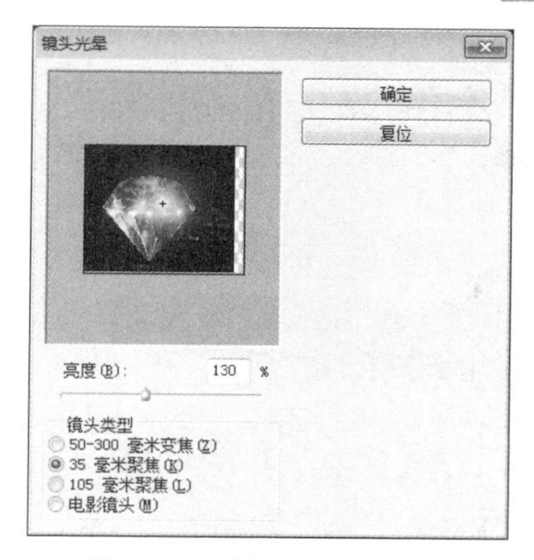

图 22-20　图层 1 镜头光晕

（2）选中“图层 2”，移动光柱效果如图 22-21 所示。

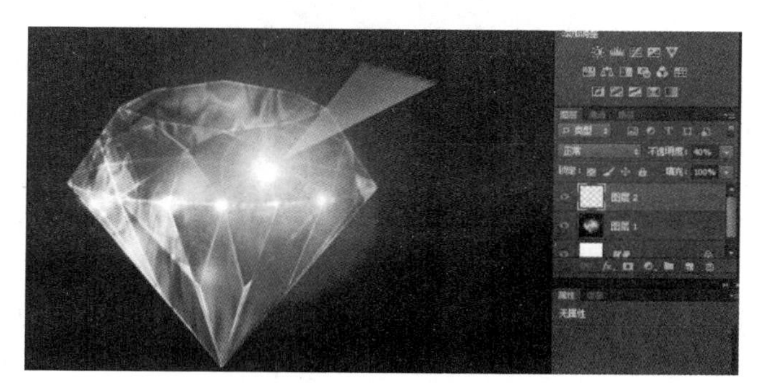

图 22-21　灯光效果

第 9 步：将制作文件存盘。

选择菜单栏中的“文件”→“存储”选项。设置文件类型为 PSD 或 JPEG 格式，如图 22-12 所示。

图 22-22　效果图

案例小结

本案例主要应用了文件的创建方法、文字工具的使用方法、缩放工具的使用、扭曲工具的使用、矩形选区的使用、直线渐变的使用、镜头光晕的使用、拼合图层等。

案例 23　立方体贴图

案例目标

使学生熟悉 Photoshop CS6.0 基本操作界面，掌握文件的创建方法、文字工具的使用方法、复制粘贴的使用、扭曲工具的使用、拼合图层等。

案例效果

本案例最终效果如图 23-1 所示。

图 23-1　效果图

案例步骤

第 1 步：在菜单栏中单击“文件”→“新建”，打开“新建”对话框。设置名称为“效果 02 立方体贴图”，预设为“自定”，宽度为“20 厘米”，高度为“20 厘米”，分辨率为“72 像素/英寸”，颜色模式为“RGB 颜色 8 位”，背景内容为“白色”。设置如图 23-2 所示。

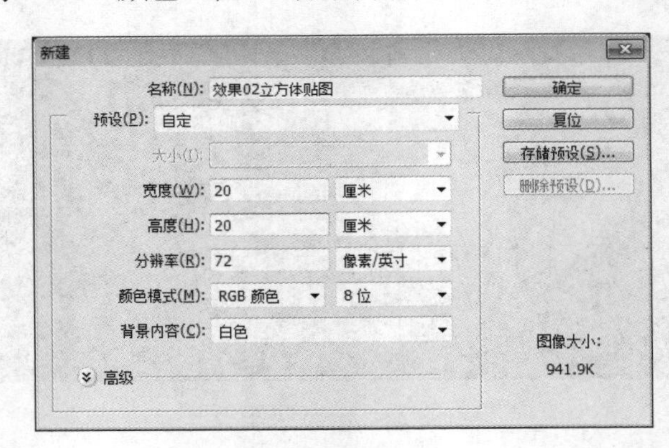

图 23-2　新建设置

第 2 步：新建图层 1。

在菜单栏中单击“图层”，选择“新建”→“图层”。设置如图 23-3 所示，效果如图 23-4 所示。

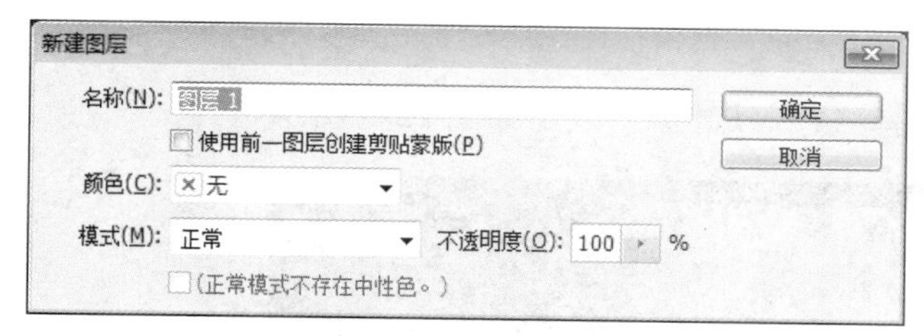

图 23-3　新建图层 1

图 23-4　新建图层 1

第 3 步：复制 016.jpg 图片到图层 1 中。

（1）在菜单栏中单击“文件”，选择“打开”，找到“016.jpg”图片，效果如图 23-5 所示。

图 23-5　打开图片

（2）按 Ctrl+A 组合键选中图片。效果如图 23-6 所示。

图 23-6　效果图

（3）在菜单栏中单击“编辑”，选择“拷贝”，然后关闭当前图片。返回到“效果 02 立方体贴图”文件中，在菜单栏中单击“编辑”，选择“粘贴”。效果如图 23-7 所示。

图 23-7　粘贴后效果图

第 4 步：调整 016.jpg 图片的大小。

（1）在菜单栏中单击“选择”，选择“载入选区”。效果如图 23-8 所示。

图 23-8　载入选区效果图

（2）在菜单栏中单击“编辑”，选择“变换”→“扭曲”。调整图片，效果如图 23-9 所示。

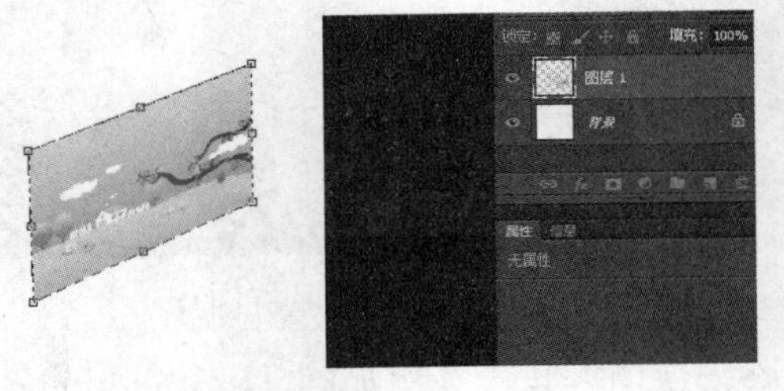

图 23-9　效果图

（3）双击内部确定所做的调整。

（4）按 Ctrl+D 组合键取消选择。

第 5 步：新建图层 2。在图层控制面板，单击“创建新图层”按钮，效果如图 23-10 所示。

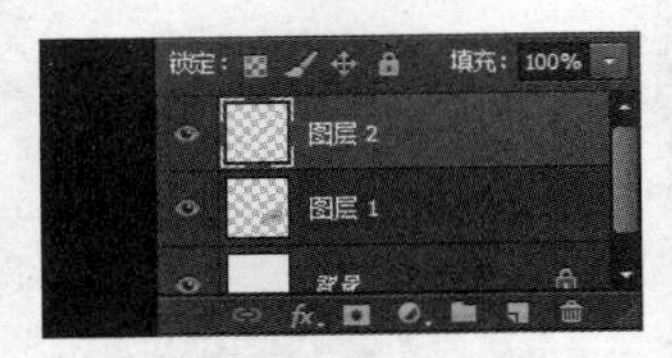

图 23-10　新建图层 2

第 6 步：将 017.jpg 图片复制到图层 2 中。

（1）在菜单栏中单击“文件”，选择“打开”，找到“017.jpg”图片。效果如图 23-11 所示。

图 23-11　打开图片

（2）按 Ctrl+A 组合键选中图片。效果如图 23-12 所示。

图 23-12　选中图片

（3）在菜单栏中单击“编辑”，选择“拷贝”，然后关闭“017.jpg”图片。返回到“效果02 立方体贴图”文件中，在菜单栏中单击“编辑”，选择“粘贴”。效果如图 23-13 所示。

图 23-13　粘贴后效果图

第 7 步：调整“017.jpg”图片的大小及方向。

（1）在菜单栏中单击“选择”，选择“载入选区”。效果如图 23-14 所示。

图 23-14　调整图片

（2）在菜单栏中单击“编辑”，选择“变换”→“扭曲”。调整图片，效果如图 23-15 所示。

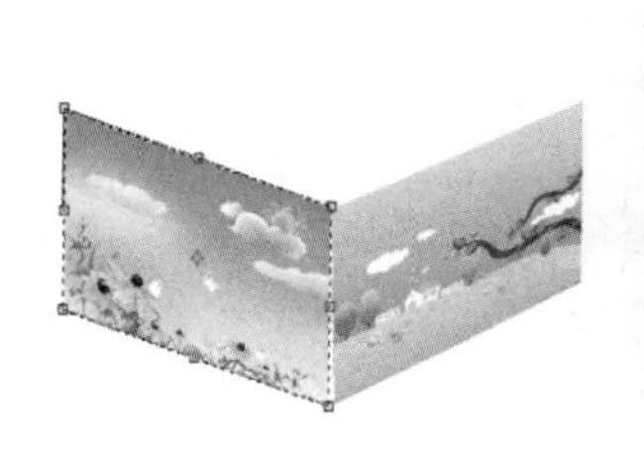

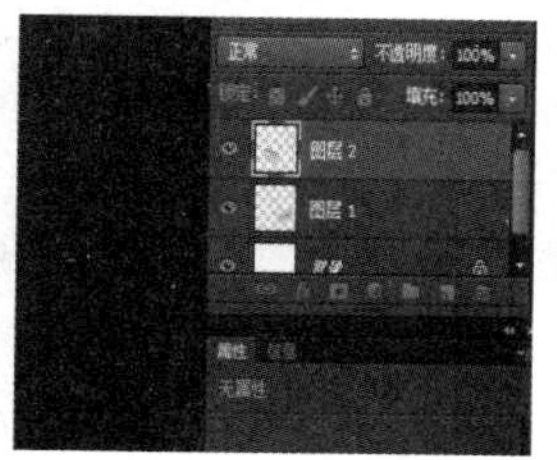

图 23-15　调整图片

（3）双击内部以确定调整效果。

（4）按 Ctrl+D 组合键取消选择。

第 8 步：新建图层 3，复制“018.jpg”图片到图层 3 中。

（1）在菜单栏中单击“文件”，选择“打开”，找到“018.jpg”图片。效果如图 23-16 所示。

图 23-16　打开图片

（2）按 Ctrl+A 组合键全选图片。效果如图 23-17 所示。

图 23-17　全选中图片

（3）在菜单栏中单击“编辑”，选择“拷贝”，然后关闭“018.jpg”图片。返回到“效果 02 立方体贴图”文件中，在菜单栏中单击“编辑”，选择“粘贴”。效果如图 23-18 所示。

图 23-18　编辑图片

第 9 步：调整“018.jpg”图片的大小及方向。

（1）在菜单栏中单击“选择”，选择“载入选区”。效果如图 23-19 所示。

图 23-19　调整图片

（2）在菜单栏中单击“编辑”，选择“变换”→“扭曲”。调整效果如图 23-20 所示。

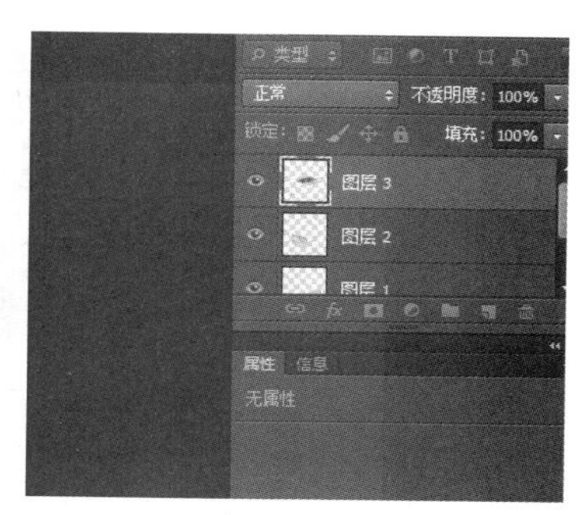

图 23-20　调整图片

（3）双击内部以确定调整效果。

（4）按 Ctrl+D 组合键取消选择。

第 10 步：合并图层，将制作文件存盘。

选择菜单栏中的“图层”，选择“合并可见图层”；在菜单栏中单击“文件”，选择“存储”。设置文件类型为 PSD 或 JPEG 格式。效果如图 23-21 所示。

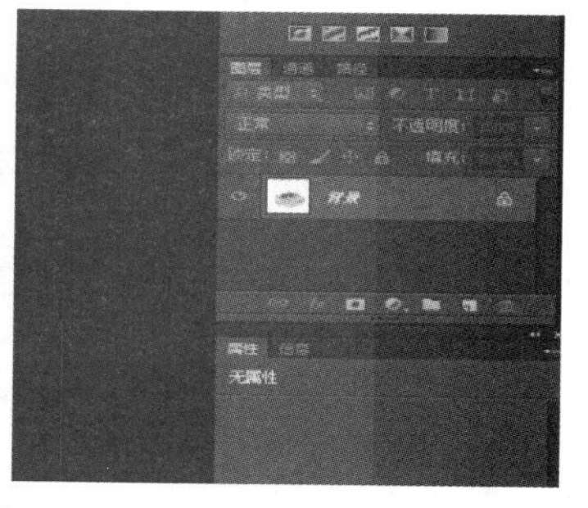

图 23-21　效果图

案例小结

本案例主要应用了文件的创建方法、文字工具的使用方法、复制粘贴的使用、扭曲工具的使用、拼合图层等。

案例 24　水珠效果

案例目标

使学生熟悉 Photoshop CS6.0 基本操作界面，掌握文件的创建方法、文字工具的使用方法、缩放工具的使用、亮度及对比度工具的使用、直线渐变的使用、斜面和浮雕的使用、拼合图层等。

案例效果

本案例最终效果如图 24-1 所示。

图 24-1　效果图

案例步骤

第 1 步：在菜单栏中单击“文件”，选择“新建”。设置名称为“效果 03 水珠效果”，预设为“自定”，宽度为“20 厘米”，高度为“20 厘米”，分辨率为“72 像素/英寸”；颜色模式为“RGB 颜色 8 位”，背景内容为“白色”。设置效果如图 24-2 所示。

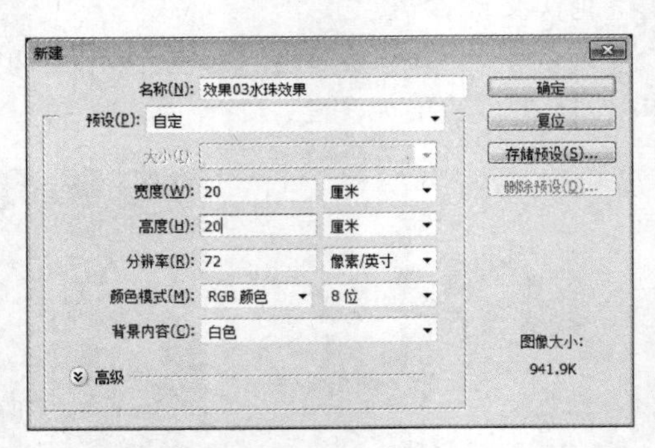

图 24-2　“新建”对话框

第 2 步：新建图层 1。

在菜单栏中单击“图层”，选择“新建”→“图层”。设置如图 24-3 所示，效果如图 24-4 所示。

第 3 步：复制一幅荷花图片到图层 1 中。

（1）在菜单栏中单击“文件”，选择“打开”，找到“荷花图.jpg”文件。打开效果如图 24-5 所示。

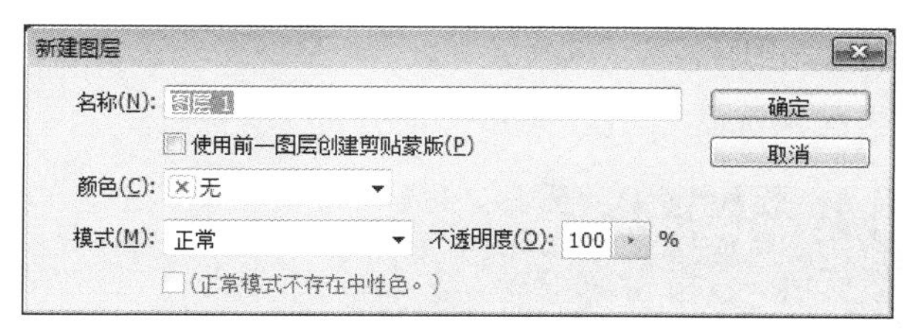

图 24-3　新建图层 1

图 24-4　新建图层 1

图 24-5　打开图片

（2）按 Ctrl+A 组合键选中图片。效果如图 24-6 所示。

图 24-6　全选中图片

（3）在菜单栏中单击“编辑”，选择“拷贝”，然后关闭“荷花图.jpg”。返回到“效果 03 水珠效果”文件中，在菜单栏中单击“编辑”，选择“粘贴”。效果如图 24-7 所示。

图 24-7　编辑图片

第 4 步：调整荷花图片的大小。

（1）在菜单栏中单击“选择”，选择“载入选区”。效果如图 24-8 所示。

图 24-8 载入选区

（2）在菜单栏中单击“编辑”，选择“变换”→“缩放”。调整效果如图 24-9 所示。

图 24-9 调整图片

（3）双击内部以确定调整效果。

（4）按 Ctrl+D 组合键取消选择。

第 5 步：制作水滴的外形。

选择椭圆选框工具，在画布上圈一个水滴大小的“圆”，在菜单栏中单击“编辑”→“拷贝”；然后选择“编辑”→“粘贴”。复制图层 2 为水滴层，效果如图 24-10 所示。

图 24-10 制作水滴

第 6 步：在图层 2 上，设置水滴效果。

（1）选择图层 2，在菜单栏中单击“图像”，选择“调整”→“亮度/对比度”。设置如图 24-11 所示。

图 24-11　图像调整

（2）在菜单栏中单击“选择”，选择“载入选区”。按 D 键，选择“直线渐变”工具，选中“反向”复选框，选择“前景到背景渐变”。设置如图 24-12 所示。

图 24-12　选择渐变工具

（3）在画布从右下到左上画一条直线。效果如图 24-13 所示。

图 24-13　选择渐变工具

（4）在菜单栏中单击“图像”，选择“调整”→“亮度/对比度”，设置亮度为 10；对比度为 40。效果如图 24-14 所示。

图 24-14　图像调整

（5）设置水滴阴影。

在菜单栏中单击“图层”，选择“图层样式”→“投影”。设置投影的混合模式为“正片叠底”；不透明度为“44%”，角度为“111 度”，选中“使用全局光”，距离为“4 像素”，扩展为“9%”，大小为“100 像素”，杂色为“0%”，选中“图层挖空投影”。设置如图 24-15 所示。

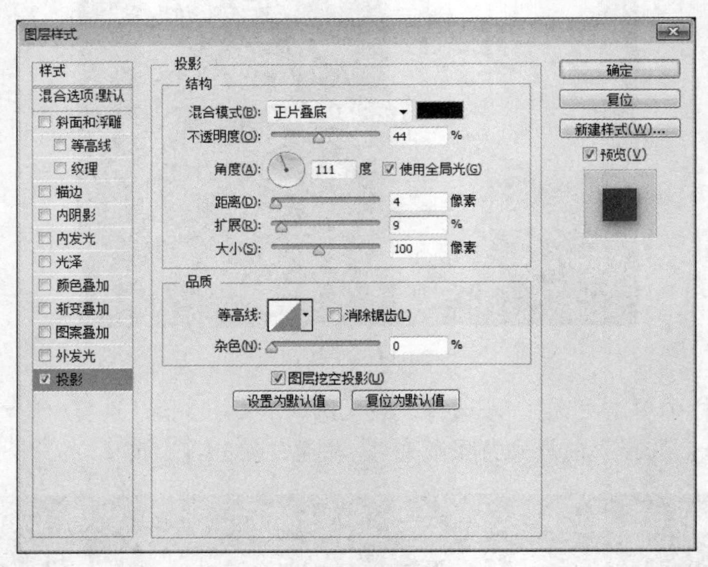

图 24-15　设置投影

（6）在“图层样式”对话框中，按 Ctrl+5 组合键调出“斜面和浮雕”设置面板。设置样式为“内斜面”，方法为“平滑”，深度为“100%”，方向为“上”，大小为“50 像素”，软化为“16 像素”，角度为“111 度”，使用全局光，高度为“10 度”，高光模式为“变亮”，不透明度为“100%”，投影模式为“正片叠底”；不透明度为“30%”。设置如图 24-16 所示。

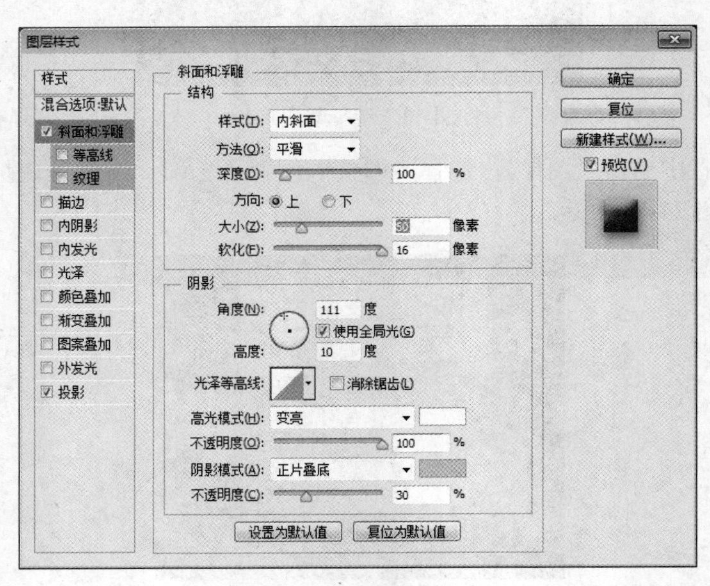

图 24-16　设置斜面和浮雕

单击“确定”后显示如图 24-17 所示。

（7）调整对比度。

在菜单栏中单击“图像”，选择“调整”→“亮度/对比度”。设置如图 24-18 所示。显示效果如图 24-19 所示。

图 24-17　水滴效果图

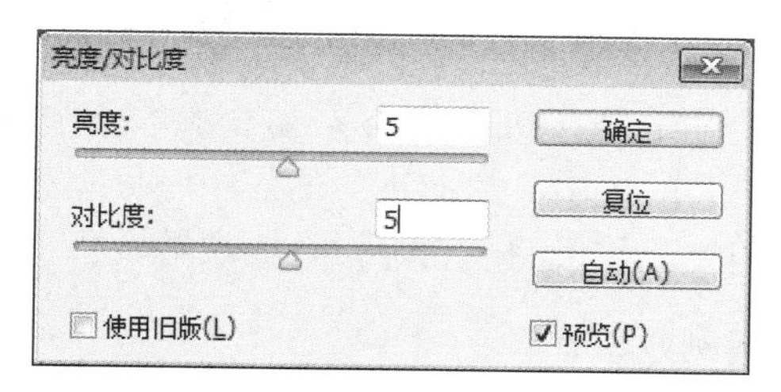

图 24-18　调整对比度

图 24-19　效果图

第 7 步：调整水滴方向。

按 Ctrl+D 组合键取消选择，在菜单栏中单击“编辑”，选择“变换”→“旋转”，调整方向。效果如图 24-20 所示。

图 24-20　效果图

第 8 步：合并图层，将制作文件存盘。

选择菜单栏中的“图层”，选择“合并可见图层”；在菜单栏中单击“文件”，选择“存储”。设置文件类型为 PSD 或 JPEG 格式。效果如图 24-20 所示。

案例小结

本案例主要应用了文件的创建方法、文字工具的使用方法、缩放工具的使用、亮度及对比度工具的使用、直线渐变的使用、斜面和浮雕的使用、拼合图层等。

案例 25　放大镜效果

案例目标

使学生熟悉 Photoshop CS6.0 基本操作界面，掌握文件的创建方法、文字工具的使用方法、缩放工具的使用、扭曲工具的使用、椭圆选区的使用、直线渐变的使用、扩展及边界的使用、投影和浮雕效果的使用、拼合图层等。

案例效果

本案例最终效果如图 25-1 所示。

图 25-1　效果图

案例步骤

第 1 步：在菜单栏中单击“文件”，选择“新建”，打开“新建”对话框，设置名称为“效果 04 放大镜效果”，预设为“自定”，宽度为“20 厘米”，高度为“20 厘米”，分辨率为“72 像素/英寸”，颜色模式为“RGB 颜色 8 位”，背景内容为“白色”，如图 25-2 所示。

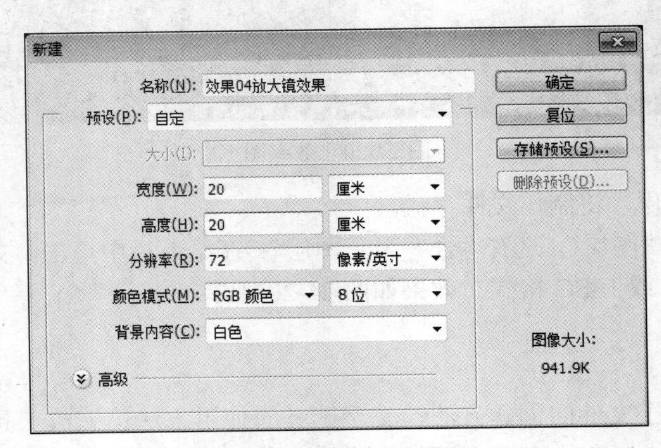

图 25-2　“新建”对话框

第 2 步：新建图层 1。

在菜单栏中单击“图层”，选择“新建”→“图层”。设置如图 25-3 所示，效果如图 25-4 所示。

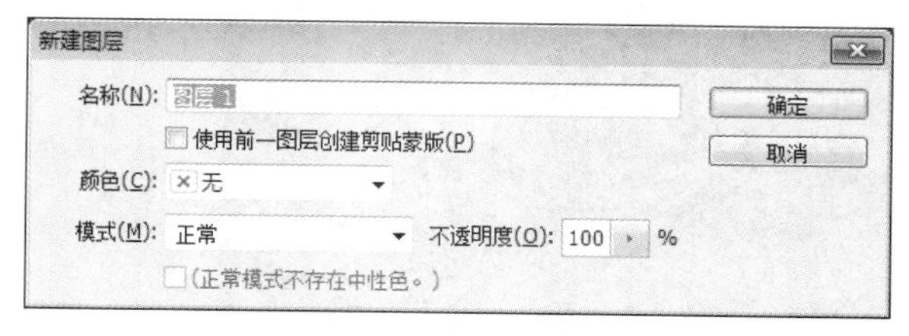

图 25-3　新建图层 1

图 25-4　图层 1 效果

第 3 步：复制 016.jpg 图片到图层 1 中。

（1）在菜单栏中单击“文件”，选择“打开”，找到“016.jpg”图片。打开效果如图 25-5 所示。

图 25-5　打开文件

（2）按 Ctrl+A 组合键选中图片，如图 25-6 所示。

图 25-6　全选中图片

（3）在菜单栏中单击“编辑”，选择“拷贝”，然后关闭“016.jpg”图片。返回到“效果 04 放大镜效果”文件中，在菜单栏中单击“编辑”，选择“粘贴”。将图片“016.jpg”复制到图层 1 中，效果如图 25-7 所示。

图 25-7　复制图片

第 4 步：调整图片的大小。

（1）在菜单栏中单击“选择”，选择“载入选区”。效果如图 25-8 所示。

图 25-8　载入选区

（2）在菜单栏中单击“编辑”，选择“变换”→“缩放”。调整图片大小，效果如图 25-9 所示。

图 25-9　调整图片大小

（3）双击内部以确定调整效果。

（4）按 Ctrl+D 组合键取消选择。

第 5 步：制作放大镜效果。

（1）选择椭圆选框工具，按 Shift 键在画布上画一个标准“圆”。效果如图 25-10 所示。

图 25-10　画标准圆效果

（2）在菜单栏中单击“编辑”，选择“拷贝”。然后选择“编辑”→“粘贴”，生成图层 2 为放大区域。效果如图 25-11 所示。

图 25-11　制作放大效果

（3）选中“图层 2”，在菜单栏中单击“选择”→“载入选区”，在菜单栏中单击“编辑”，选择“缩放”，按 Shift 键缩放，调整放大区域，效果如图 25-12 所示。然后在内部双击确认。

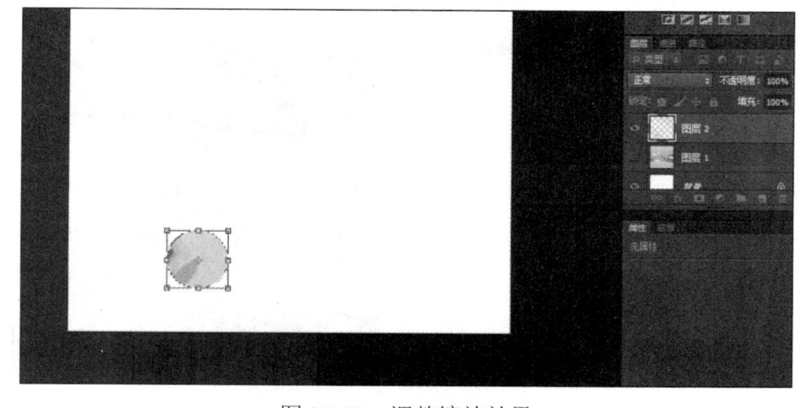

图 25-12　调整缩放效果

（4）在菜单栏中单击“滤镜”，选择“扭曲”→“球面化”。设置数量为 70%；模式为“正常”。设置如图 25-13 所示。

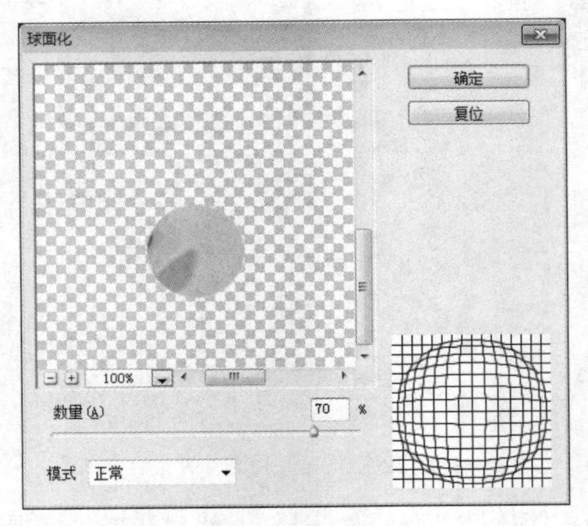

图 25-13　球面化效果

第 6 步：制作放大镜的外框效果。

（1）新建图层 3。在图层控制面板，单击“创建新图层”按钮，效果如图 25-14 所示。

图 25-14　新建图层 3 效果

（2）交换图层 3 与图层 2 的位置，如图 25-15 所示。

图 25-15　交换图层位置效果

（3）在菜单栏中单击“选择”，选择“修改”→“扩展”。设置效果如图 25-16 所示。

（4）在菜单栏中单击“选择”，选择“修改”→“边界”。设置效果如图 25-17 所示。

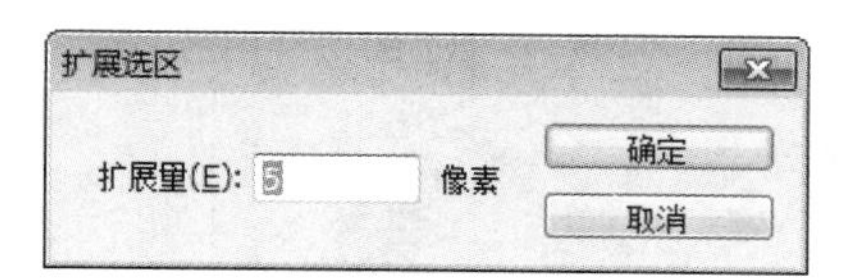

图 25-16　扩展选区设置

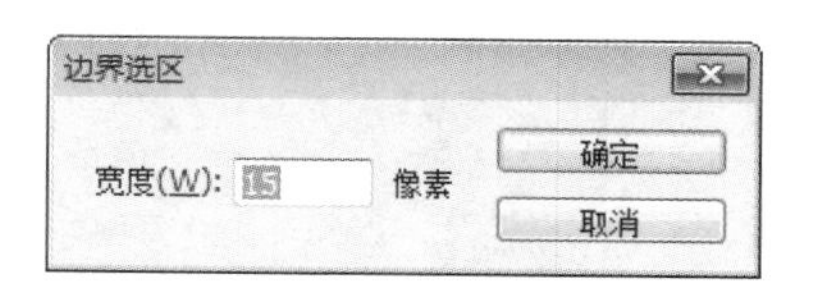

图 25-17　边界选区设置

（5）单击“确定”之后，效果显示如图 25-18 所示。

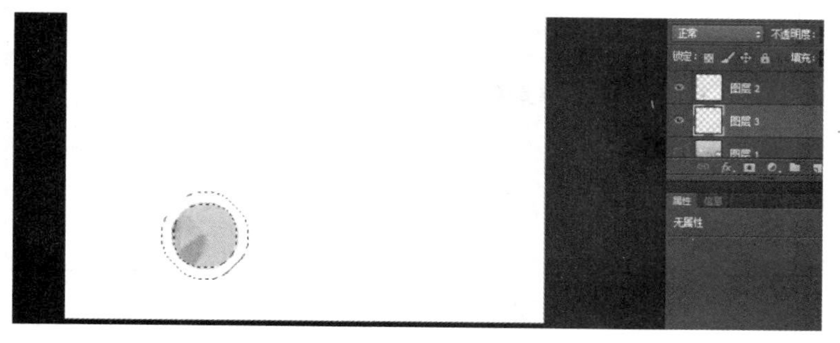

图 25-18　效果图

（6）按 D 键，选择“直线渐变”工具，取消选中“反向”，选择“前景到背景”渐变。设置效果如图 25-19 所示。

图 25-19　渐变工具设置效果

（7）在画布上由左下角到右上角画一条直线。效果显示如图 25-20 所示。

图 25-20　效果图

（8）按 Ctrl+D 组合键取消选择。

（9）设置投影效果。

在菜单栏中单击“图层”，选择“图层样式”→“投影”。设置混合模式为“正片叠底”，不透明度为“75%”，角度为“120 度”，使用全局光，距离为“5 像素”，扩展为“5%”，大小为“0 像素”，杂色“0%”，选择“图层挖空投影”。设置如图 25-21 所示。

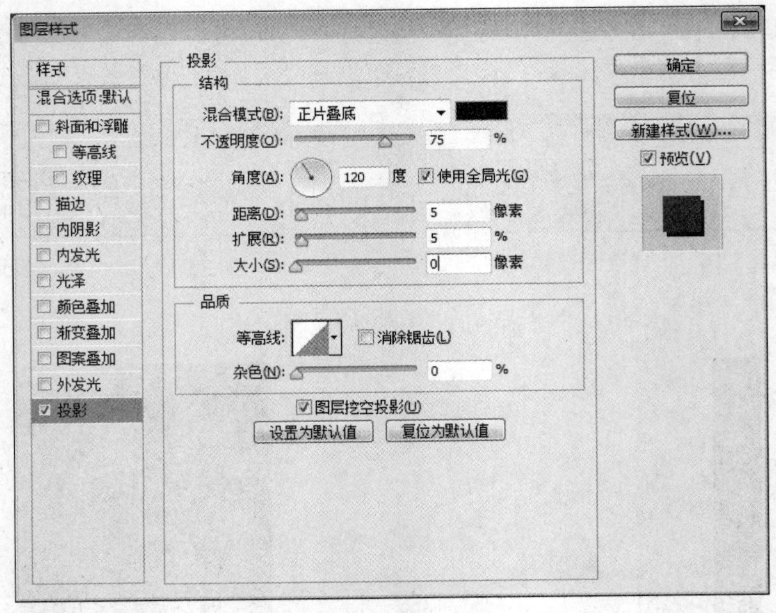

图 25-21 投影设置

（10）设置斜面和浮雕效果。

保持投影效果不动，按 Ctrl+5 组合键调出“斜面和浮雕”设置对话框。设置样式为“外斜面”，方法为“平滑”，深度为“100%”，方向为“上”，大小为“20 像素”，软化为“5 像素”，角度为“120 度”，使用全局光，高度为“30 度”，高光模式为“正常”，不透明度为“75%”，阴影模式为“正片叠底”，不透明度为“75%”。设置如图 25-22 所示。

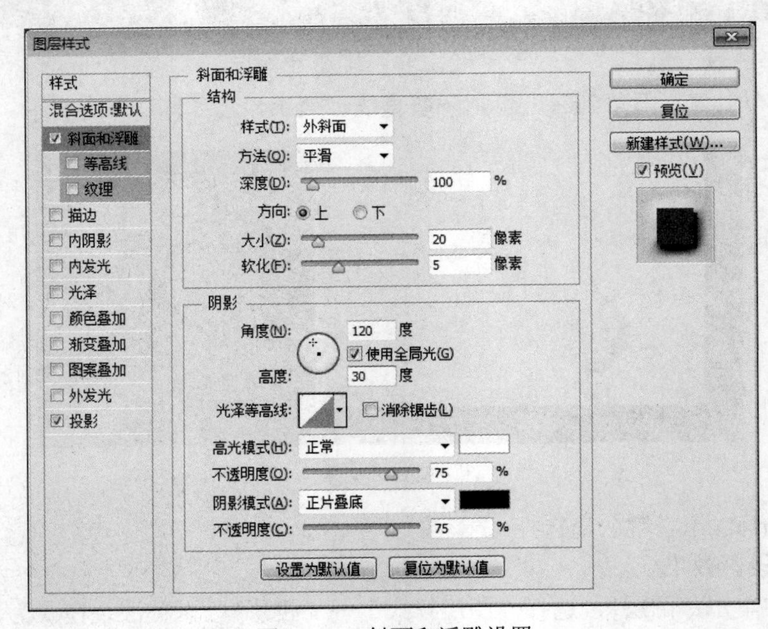

图 25-22 斜面和浮雕设置

效果显示如图 25-23 所示。

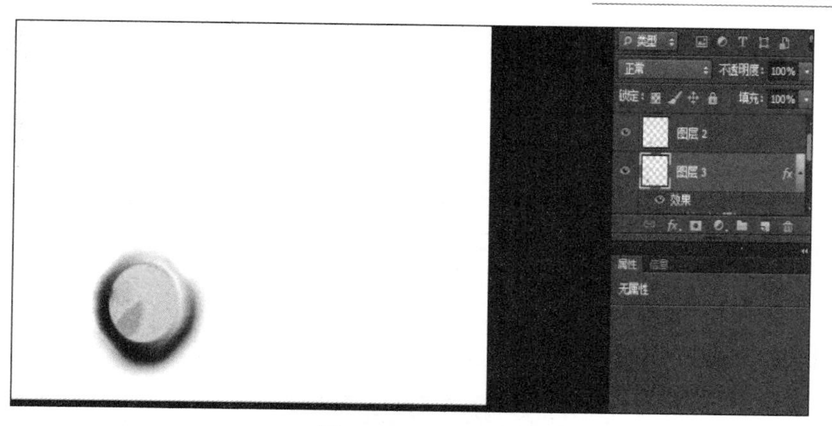

图 25-23　效果图

第 7 步：制作放大镜把手。

（1）在菜单栏中单击“图层”，选择“新建”→“图层”，新建图层 4，如图 25-24 所示。

图 25-24　新建图层 4

（2）选择矩形选框工具，在画布上画一个“矩形”。效果如图 25-25 所示。

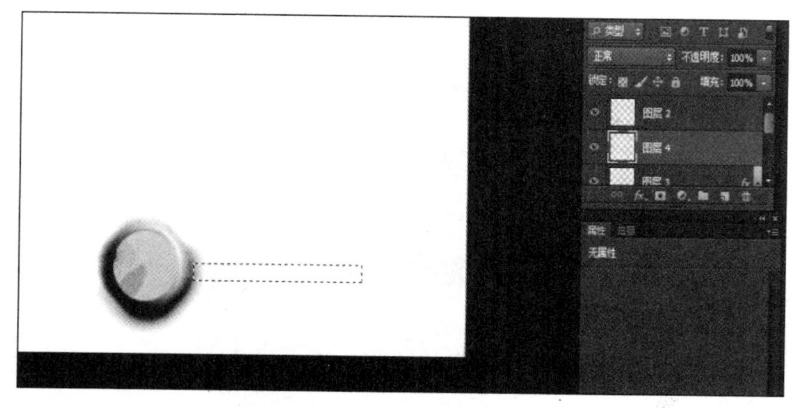

图 25-25　效果图

（3）选择“对称渐变”工具，选择“反相”，按 D 键，恢复系统设置，选择“前景到背景渐变”。设置如图 25-26 所示。

图 25-26　渐变工具设置

（4）在画布上的矩形中从其中心向下画一条直线，同时按 Shift 键，可以快速生成。效果如图 25-27 所示。

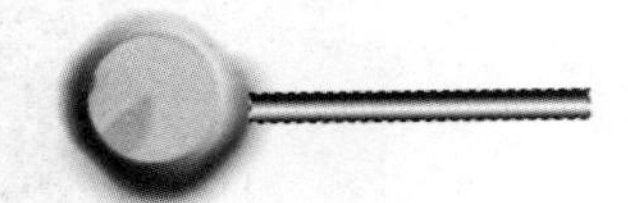

图 25-27　制作放大镜手把

（5）在图层控制面板，调整不透明度为“50%”。效果如图 25-28 所示。

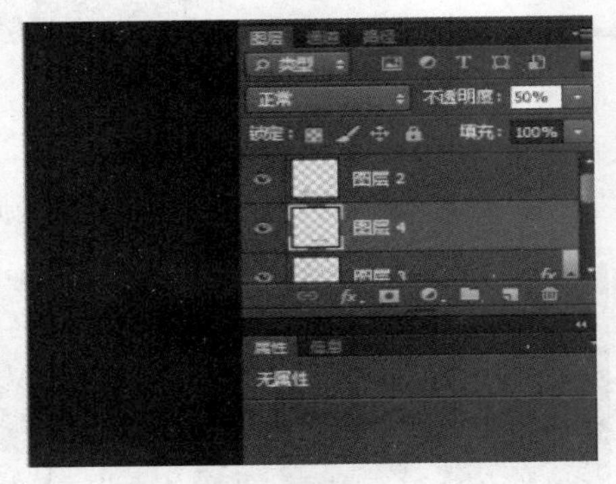

图 25-28　设置透明度

（6）在菜单栏中单击“编辑”，选择“变换”→“旋转”，调整把手的方向。效果如图 25-29 所示。

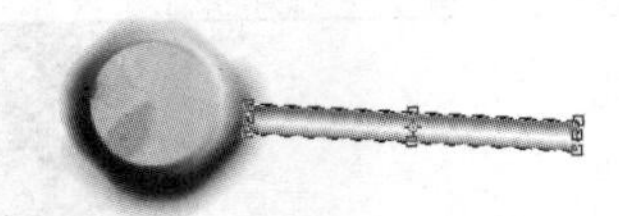

图 25-29　调整放大镜手把方向

（7）按回车键确定，按 Ctrl+D 组合键取消选择。效果如图 25-30 所示。

图 25-30　效果图

第 8 步：合并图层，将制作文件存盘。

选择菜单栏中的“图层”，选择“合并可见图层”；在菜单栏中单击“文件”，选择“存储”。设置文件类型为 PSD 或 JPEG 格式，效果如图 25-31 所示。

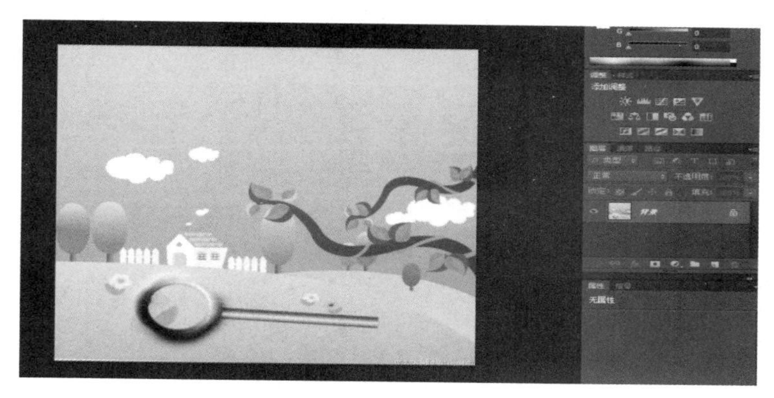

图 25-31　效果图

案例小结

本案例主要应用了文件的创建方法、文字工具的使用方法、缩放工具的使用、扭曲工具的使用、椭圆选区的使用、直线渐变的使用、扩展及边界的使用，投影和浮雕效果的使用、拼合图层等。

案例 26　橡皮图章

案例目标

使学生熟悉 Photoshop CS6.0 基本操作界面，掌握文件的创建方法、橡皮图章的使用、拼合图层等。

案例效果

本案例最终效果如图 26-1 所示。

图 26-1　效果图

案例步骤

第 1 步：在菜单栏中单击”文件”，选择“新建”，打开“新建”对话框。设置名称为“效果 05 橡皮图章”，预设为“自定”，宽度为“20 厘米”，高度为“20 厘米”，分辨率为“72 像素/英寸”，颜色模式为“RGB 颜色 8 位”，背景内容为“白色”。设置效果如图 26-2 所示。

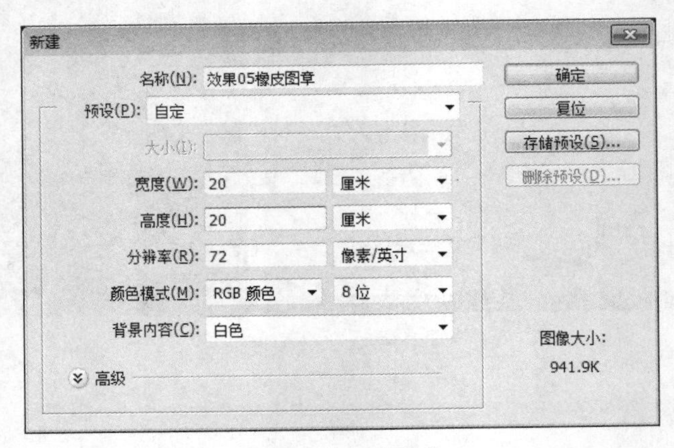

图 26-2　新建文件

第 2 步：新建图层 1。

在菜单栏中单击“图层”，选择“新建”→“图层”。设置如图 26-3 所示，效果如图 26-4 所示。

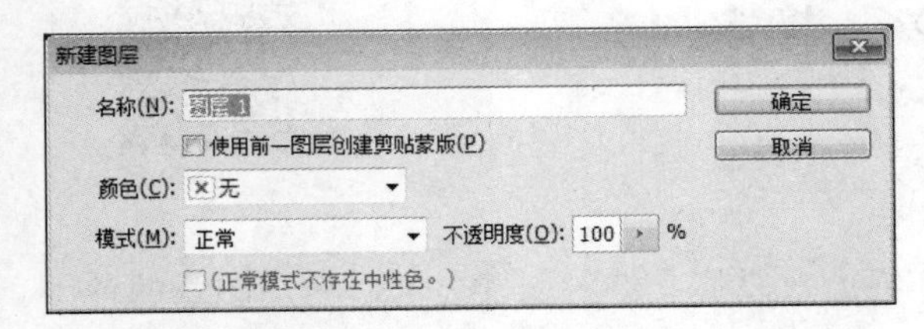

图 26-3　新建图层 1

图 26-4　效果图

第 3 步：复制“016.jpg”图片到图层 1 中。

（1）在菜单栏中单击“文件”，选择“打开”，找到 016.jpg 图片。打开之后效果如图 26-5 所示。

图 26-5　打开文件

（2）按 Ctrl+A 组合键选中图片，如图 26-6 所示。

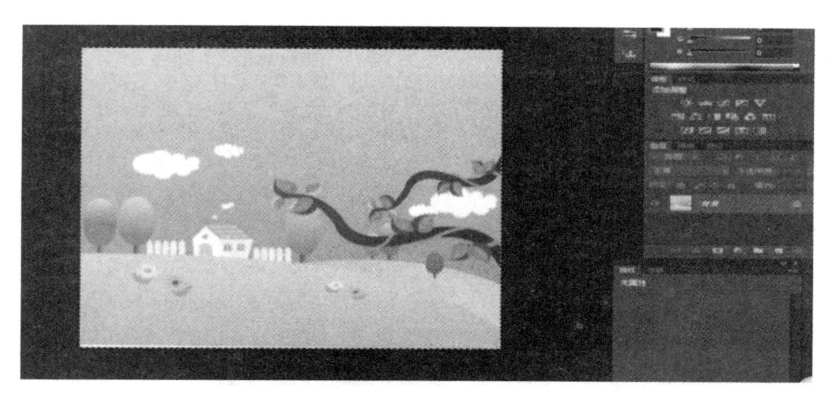

图 26-6　全部选中图片

（3）在菜单栏中单击“编辑”，选择“拷贝”，然后关闭“016.jpg”图片。返回到“效果05 橡皮图章”文件中，在菜单栏中单击“编辑”，选择“粘贴”。效果如图 26-7 所示。

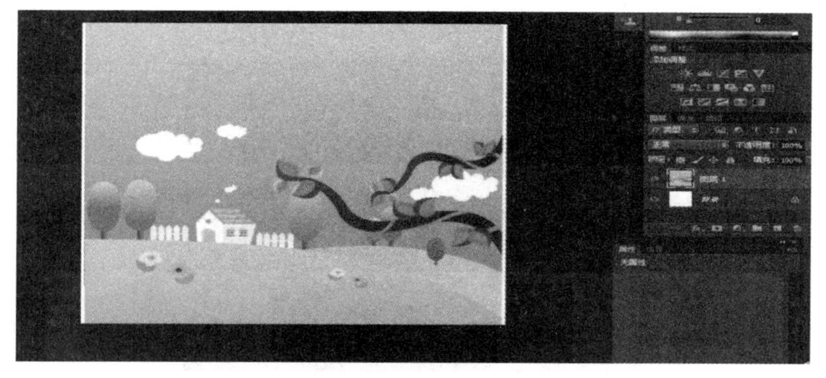

图 26-7　编辑图片

第 4 步：调整 016.jpg 图片的大小。

（1）在菜单栏中单击“选择”，选择“载入选区”，如图 26-8 所示。

图 26-8　载入选区效果

（2）在菜单栏中单击“编辑”，选择“变换”→“缩放”。调整大小如图 26-9 所示。

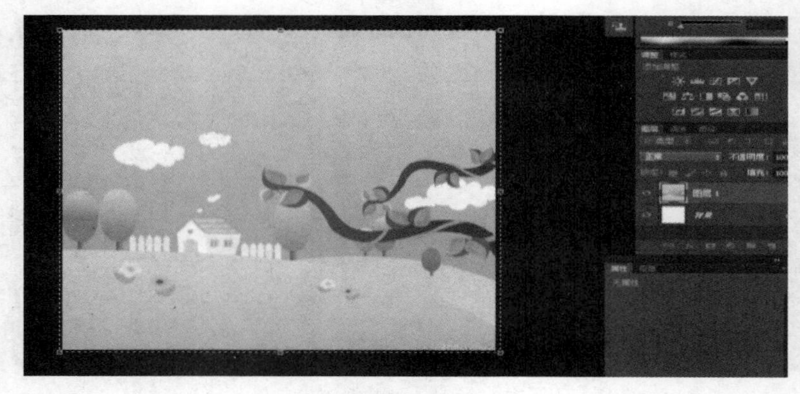

图 26-9　调整大小

（3）按回车键确定，按 Ctrl+D 组合键取消选择。

第 5 步：利用图章工具，复制图像内容。

（1）选择“橡皮图章”工具。设置效果如图 26-10 所示。

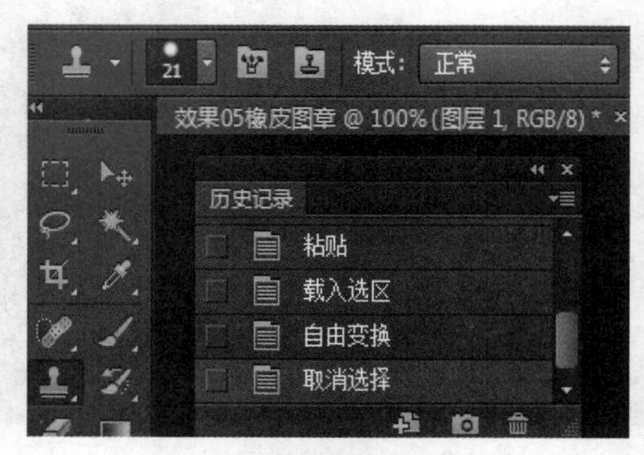

图 26-10　制作橡皮图章

（2）选择“粉色小花”，按 Alt+←组合键，如图 26-11 所示。

图 26-11　制作图章工具

（3）移动鼠标到其他位置，按左键即可复制选中的图片内容。

（4）同理再复制其他“小花”。效果如图 26-12 所示。

图 26-12　效果图

第 6 步：合并图层，将制作文件存盘。

选择菜单栏中的“图层”，选择“合并可见图层”；在菜单栏中单击“文件”选择“存储”。设置文件类型为 PSD 或 JPEG 格式。效果如图 26-13 所示。

图 26-13　效果图

案例小结

本案例主要应用了文件的创建方法、橡皮图章的使用、拼合图层等。

案例 27　艺术相框

案例目标

使学生熟悉 Photoshop CS6.0 基本操作界面，掌握文件的创建方法、文字工具的使用方法、缩放工具的使用、扭曲工具的使用、矩形选区的使用、通道的使用、扩展及边界的使用、波纹滤镜的使用、拼合图层等。

案例效果

本案例最终效果如图 27-1 所示。

图 27-1　效果图

案例步骤

第 1 步：在菜单栏中单击“文件”，选择“新建”。设置名称为“效果 06 艺术相框”，预设为“自定”，宽度为“20 厘米”，高度为“20 厘米”，分辨率为“72 像素/英寸”，颜色模式为“RGB 颜色 8 位”，背景内容为“白色”，如图 27-2 所示。

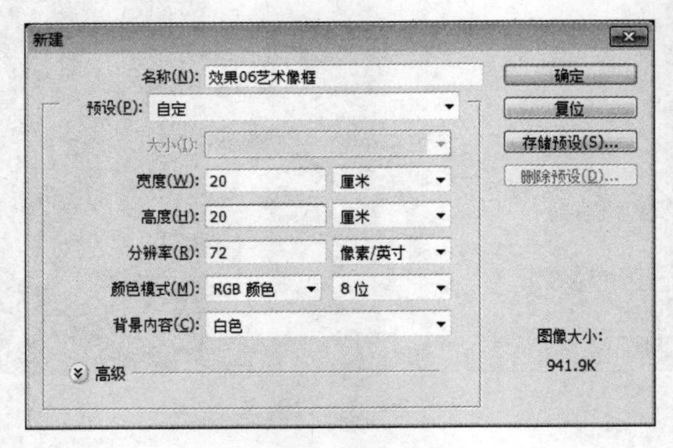

图 27-2　新建文件

第 2 步：新建图层 1。

在菜单栏中单击“图层”，选择“新建”→“图层”。设置如图 27-3 所示，效果如图 27-4 所示。

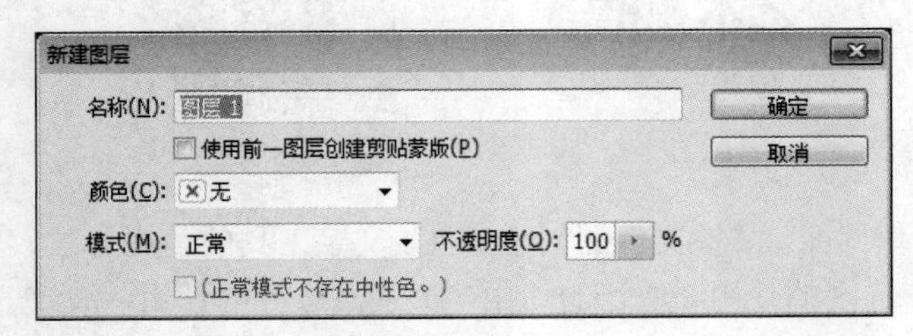

图 27-3　新建图层 1

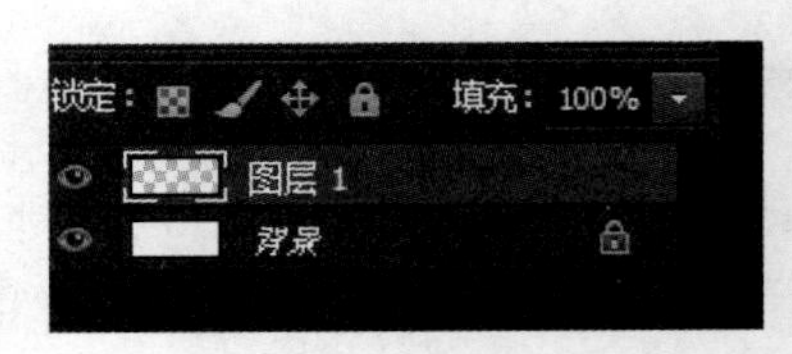

图 27-4　图层 1 效果

第 3 步：复制“019.jpg”图片到图层 1 中。

（1）在菜单栏中单击“文件”→“打开”，选择“019.jpg”图片，如图 27-5 所示。

图 27-5　打开 019.jpg 文件

（2）按 Ctrl+A 组合键选中图片，如图 27-6 所示。

图 27-6　选中图片

（3）在菜单栏中单击“编辑”，选择“拷贝”，之后关闭“019.jpg”图片。返回到“效果 06 艺术相框”文件中，选择图层 1，在菜单栏中单击“编辑”，选择“粘贴”。效果如图 27-7 所示。

图 27-7　编辑图片

第 4 步：调整图片的大小。

（1）在菜单栏中单击“选择”，选择“载入选区”。

（2）在菜单栏中单击“编辑”，选择“变换”→“缩放”。双击内部调整大小，效果如图 27-8 所示。

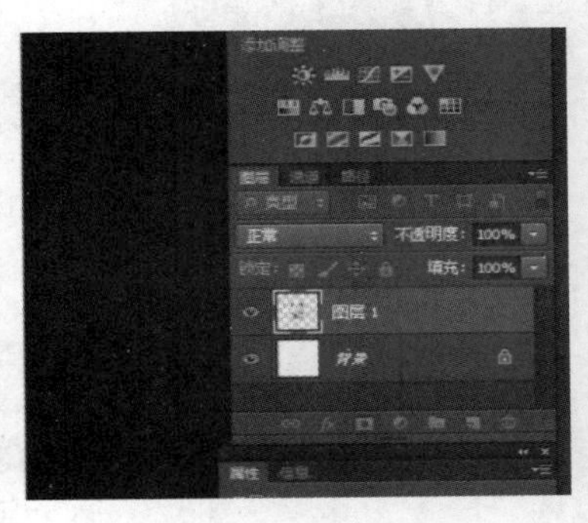

图 27-8　调整图层 1

（3）按 Ctrl+D 组合键取消选择。

第 5 步：制作艺术相框效果。

（1）选择“通道”控制面板，单击“新建通道”，名称为 Alpha 1，单击“确定”。设置名称为 Alpha 1，色彩指示为“被蒙版区域”，不透明度为“50%”。设置如图 27-9 所示，效果如图 27-10 所示。

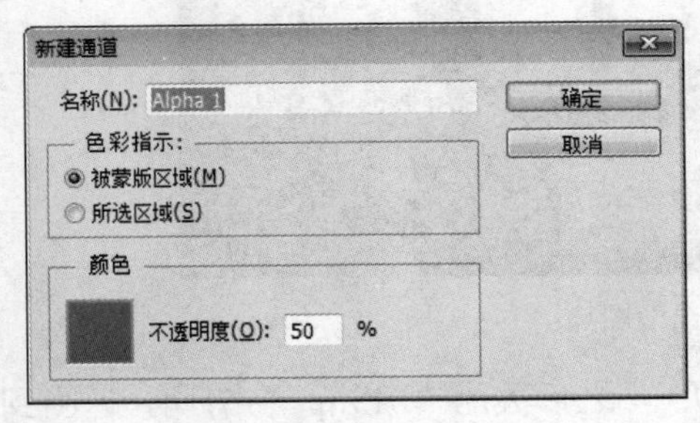

图 27-9　通道设置

图 27-10　效果图

（2）选择“图层”控制面板，选择“矩形”选区，在画布上画一个与图片类似的“矩形”。效果如图 27-11 所示。

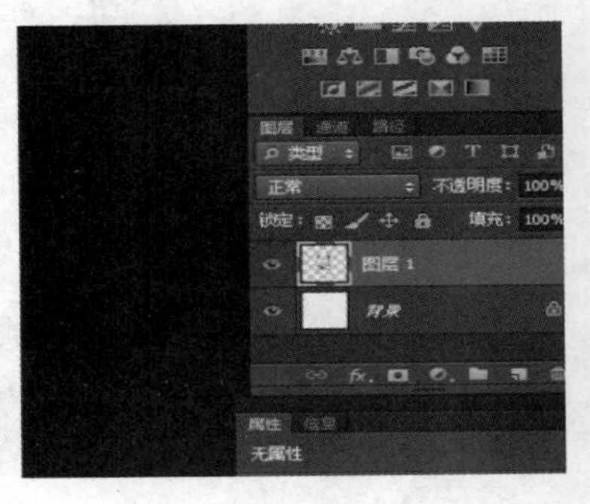

图 27-11　矩形选区效果

（3）回到“通道”控制面板，选中 Alpha 1 通道，如图 27-12 所示。

图 27-12　效果图

（4）设置前景色为“白色”，按 Alt+Delete 组合键填充。效果如图 27-13 所示。

图 27-13　填充效果

（5）在菜单栏中单击“选择”，选择“修改”→“边界”，宽度设置为“20 像素”。设置如图 27-14 所示，效果如图 27-15 所示。

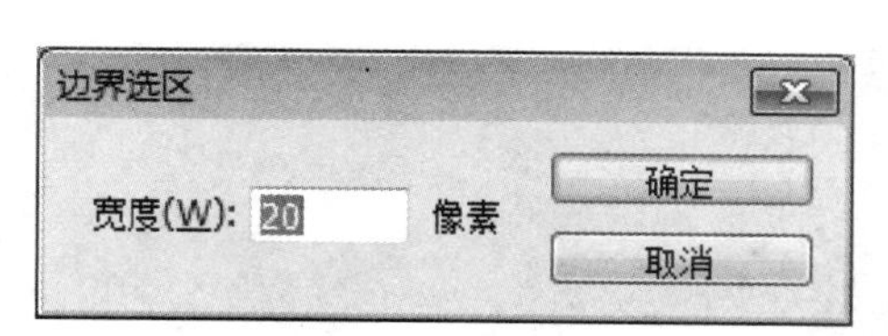

图 27-14　边界选区设置

图 27-15　效果图

（6）在菜单栏中单击“滤镜”，选择“扭曲”→“波纹”。设置数量为 999%，大小为“中”。设置如图 27-16 所示，效果如图 27-17 所示。

（7）按 Ctrl+D 组合键取消选择。

第 6 步：制作背景艺术框效果。

（1）选择“图层”控制面板，选择“背景层”，将前景设置为“粉色”，按 Alt+Delete 组合键填充。效果如图 27-18 所示。

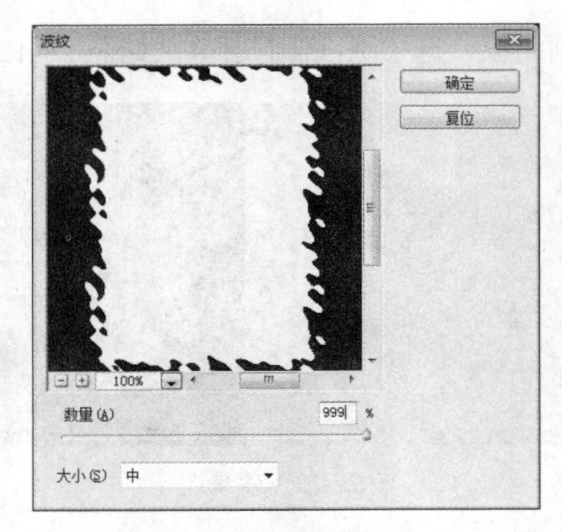

图 27-16　波纹设置

图 27-17　效果图

图 27-18　填充效果

（2）在菜单栏中单击“选择”，选择“载入选区”。选择“反相”，设置文档为“效果 06 艺术相框”，通道 Alpha 1，操作为“新建选区”。设置如图 27-19 所示，效果如图 27-20 所示。

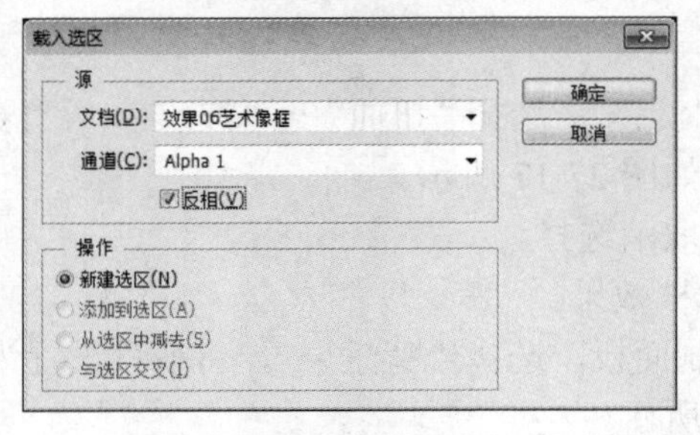

图 27-19　载入选区设置

图 27-20　效果图

（3）按 Delete 键删除周围的“粉色”。效果如图 27-21 所示。

图 27-21　效果图

（4）按 Ctrl+D 组合键取消选择。

第 7 步：合并图层，将制作文件存盘。

选择菜单栏中的“图层”，选择“合并可见图层”；在菜单栏中单击“文件”，选择“存储”。设置文件类型为 PSD 或 JPEG 格式。效果如图 27-22 所示。

图 27-22　最终效果图

案例小结

本案例主要应用了文件的创建方法、文字工具的使用方法、缩放工具的使用、扭曲工具的使用、矩形选区的使用、通道的使用、扩展及边界的使用、波纹滤镜的使用、拼合图层等。

案例 28　世界末日

案例目标

使学生熟悉 Photoshop CS6.0 基本操作界面，掌握文件的创建方法、文字工具的使用方法、云彩工具的使用、镜头光晕工具的使用、涂抹工具的使用、套索工具的使用、拼合图层等。

案例效果

本案例最终效果如图 28-1 所示。

图 28-1　效果图

案例步骤

第 1 步：在菜单栏中单击“文件”，选择“新建”。设置名称为“效果 07 世界末日”，预设为“自定”，宽度为“20 厘米”，高度为“20 厘米”，分辨率为“72 像素/英寸”，颜色模式为“RGB 颜色 8 位”，背景内容为“白色”。设置如图 28-2 所示。

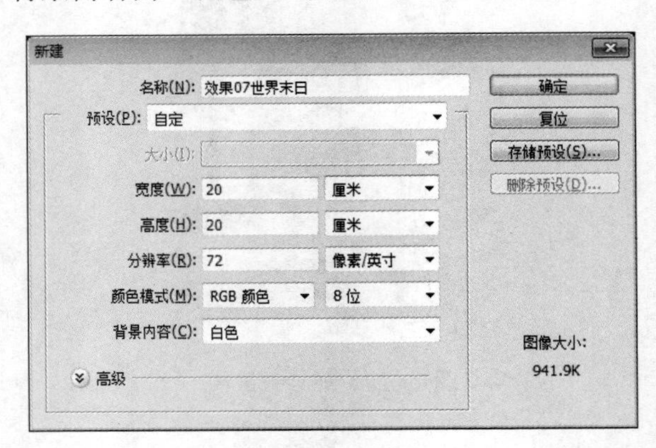

图 28-2　新建文件

第 2 步：新建图层 1。

在菜单栏中单击“图层”，选择“新建”→“图层”。设置如图 28-3 所示，效果如图 28-4 所示。

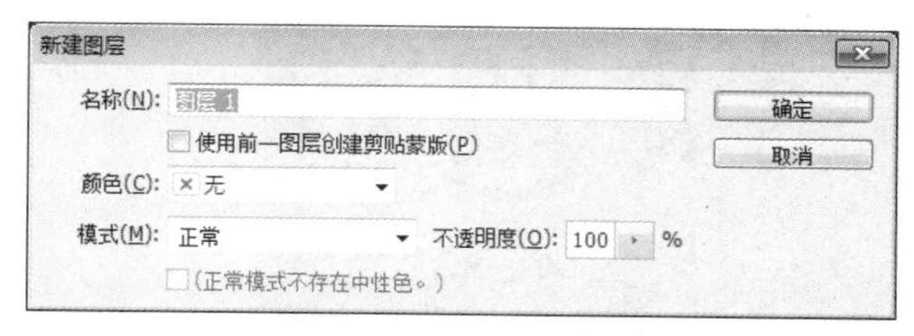

图 28-3　新建图层 1

图 28-4　新建图层 1

第 3 步：设置前景为蓝色，生成云彩效果。

（1）设置前景色为“蓝色”，如图 28-5 所示。

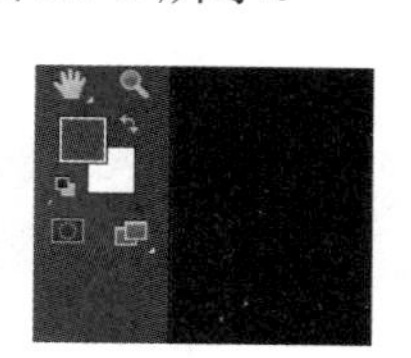

图 28-5　设置前景色

（2）在菜单栏中单击“滤镜”，选择“渲染”→“云彩”，如图 28-6 所示。

图 28-6　云彩效果

（3）在菜单栏中单击“滤镜”，选择“渲染”→“镜头光晕”。设置亮度为 180%；镜头类型为“35 毫米聚焦”。设置如图 28-7 所示，效果如图 28-8 所示。

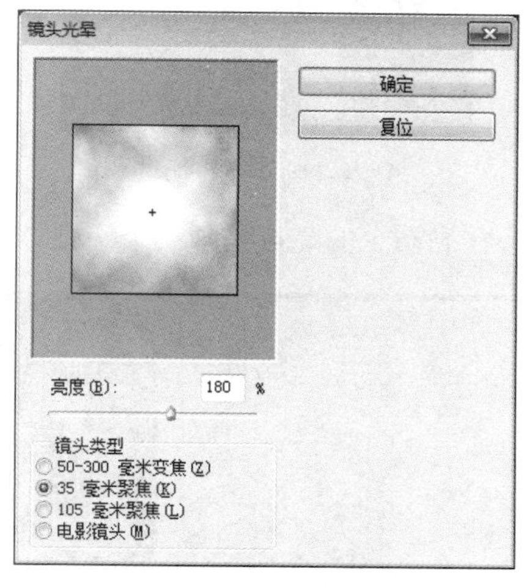

图 28-7　设置镜头光晕

图 28-8 效果图

第 4 步：生成爆炸的效果。

（1）选择“涂抹”工具，设置如图 28-9 所示。

图 28-9 爆炸效果

（2）在画布上以亮点为中心向外拖，生成爆炸的效果。效果如图 28-10 所示。

图 28-10 爆炸效果

第 5 步：制作爆炸的地球效果。

（1）新建图层 2。在图层控制面板单击“创建新图层”，如图 28-11 所示。

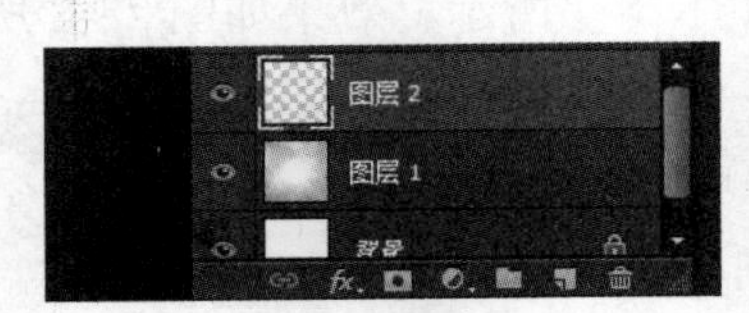

图 28-11 新建图层 2

（2）选择椭圆选框工具，在画布上的亮点处画一个椭圆。效果如图 28-12 所示。

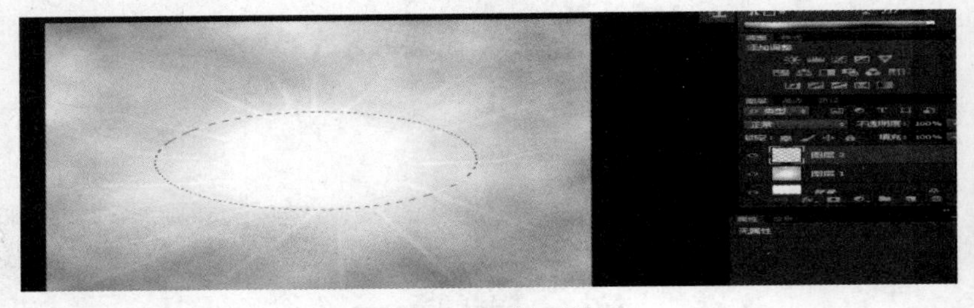

图 28-12 画椭圆效果

（3）在菜单栏中单击“滤镜”，选择“渲染”→“云彩”。效果如图 28-13 所示。

图 28-13　云彩效果

（4）按 Ctrl+D 组合键取消选择。效果如图 28-14 所示。

图 28-14　取消选择效果

（5）选择“自由套索”工具，按住 Alt 键，在画布上画分界区，如图 28-15 所示，效果如图 28-16 所示。

图 28-15　选择套索工具

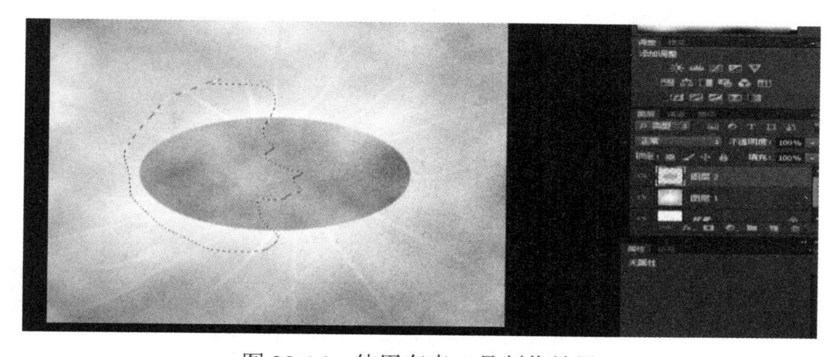

图 28-16　使用套索工具制作效果

（6）选择“移动”工具，在画布上按左键拖动鼠标，将分界区分成两部分。效果如图 28-17 所示。

图 28-17 移动效果图

（7）按 Ctrl+D 组合键取消选择。效果如图 28-18 所示。

图 28-18 取消选择效果图

第 6 步：设置光照效果。

（1）在菜单栏中单击“滤镜”，选择“渲染”→“镜头光晕”。设置亮度为 100%；镜头类型为“50-300 毫米变焦”，如图 28-19 所示。

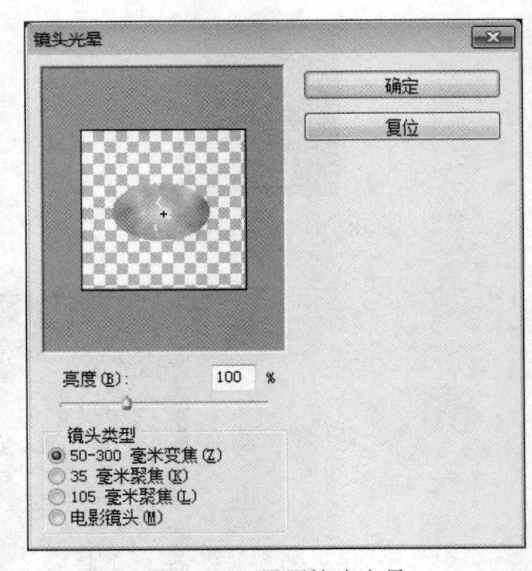

图 28-19 设置镜头光晕

（2）选择“文字”工具，输入“世界末日”，如图 28-20 所示。

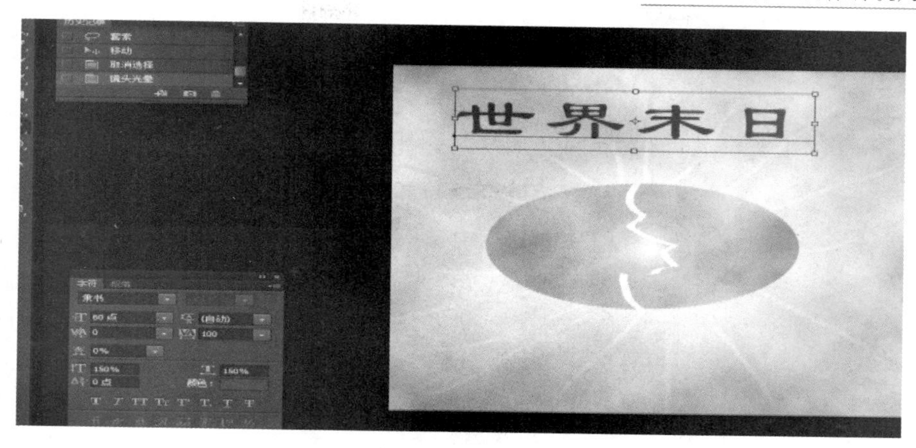

图 28-20　输入文字

第 7 步：合并图层，将制作文件存盘。

选择菜单栏中的“图层”，选择“合并可见图层”；在菜单栏中单击“文件”，选择“存储”。设置文件类型为 PSD 或 JPEG 格式。效果如图 28-21 所示。

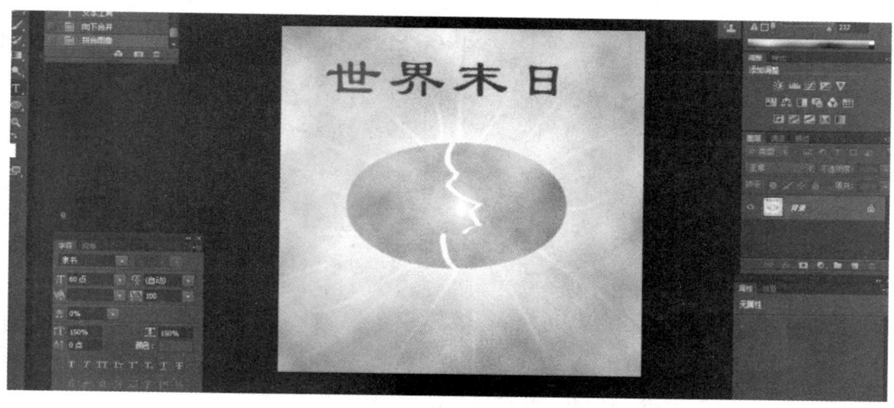

图 28-21　效果图

案例小结

本案例主要应用了文件的创建方法、文字工具的使用方法、云彩工具的使用、镜头光晕工具的使用、涂抹工具的使用、套索工具的使用、拼合图层等。

案例 29　木质相框

案例目标

使学生熟悉 Photoshop CS6.0 基本操作界面，掌握文件的创建方法、文字工具的使用方法、缩放工具的使用、矩形工具的使用、杂色工具的使用、动感模糊工具的使用、波纹滤镜的使用、拼合图层等。

案例效果

本案例最终效果如图 29-1 所示。

图 29-1　效果图

案例步骤

第 1 步：在菜单栏中单击“文件”，选择“新建”。设置名称为“效果 08 木质相框”，预设为“自定”，宽度为“20 厘米”，高度为“20 厘米”，分辨率为“72 像素/英寸”，颜色模式为“RGB 颜色 8 位”，背景内容为“白色”，如图 29-2 所示。

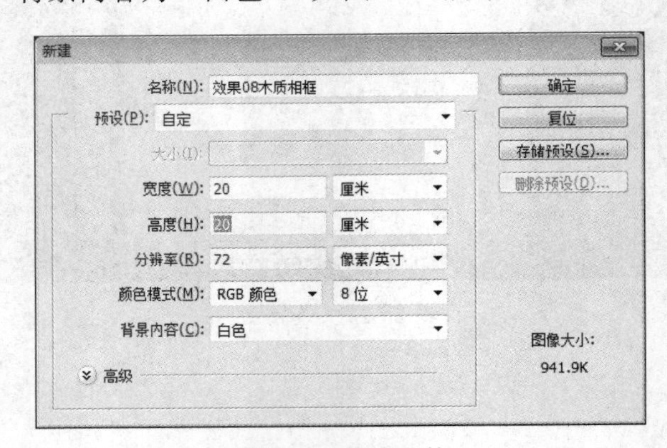

图 29-2　新建文件

第 2 步：新建图层 1。

在菜单栏中单击“图层”，选择“新建”→“图层”。设置名称为“图层 1”，颜色为“无”，模式为“正常”，不透明度为“100%”，如图 29-3 所示，效果如图 29-4 所示。

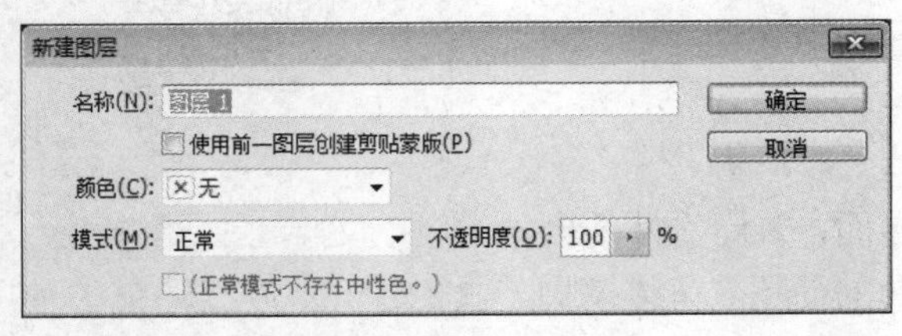

图 29-3　新建图层 1

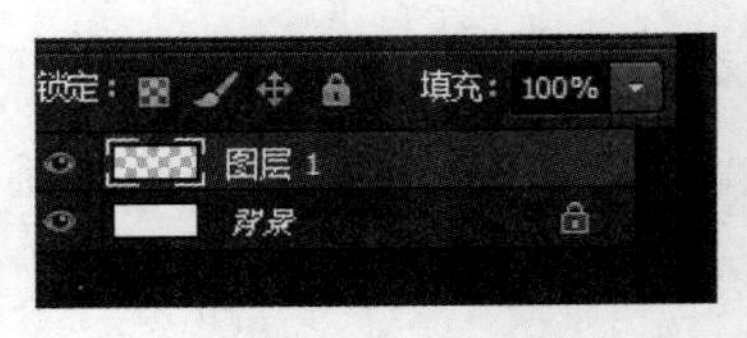

图 29-4　新建图层 1

第 3 步：复制“019.jpg”图片到图层 1 中。

（1）在菜单栏中单击“文件”→“打开”，选择“019.jpg”图片，效果如图 29-5 所示。

图 29-5　打开 019.jpg 文件

（2）按 Ctrl+A 组合键选中图片，如图 29-6 所示。

图 29-6　选中图片

（3）在菜单栏中单击“编辑”，选择“拷贝”，然后关闭“019.jpg”图片。返回到“效果 08 木质相框”文件，在菜单栏中单击“编辑”，选择“粘贴”。效果如图 29-7 所示。

图 29-7　编辑图片

第 4 步：调整图片的大小。

（1）在菜单栏中单击“选择”，选择“载入选区”。

（2）在菜单栏中单击“编辑”，选择“变换”→“缩放”。调整大小如图 29-8 所示。

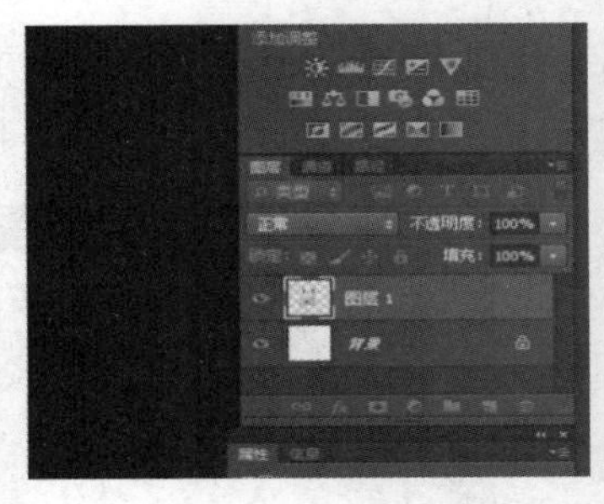

图 29-8　调整图片大小

（3）双击内部确定调整效果。按 Ctrl+D 组合键取消选择。

第 5 步：制作木质相框效果。

（1）选择“矩形”选区，在画布上画一个比图片稍大一些的“矩形”，如图 29-9 所示。

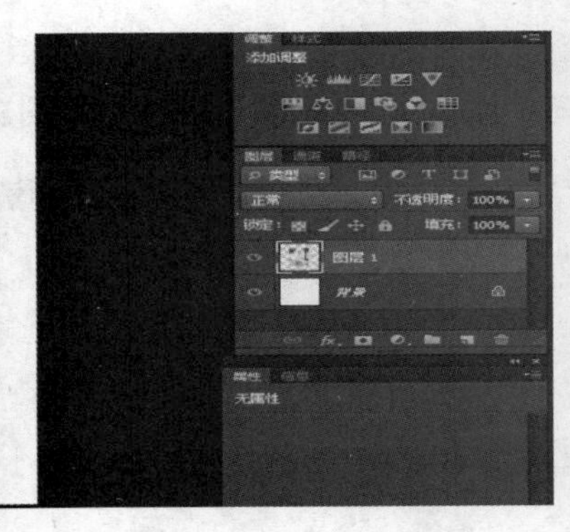

图 29-9　制作木制相框效果

（2）按住 Alt 键，再在框内从中心处向外画一个“小矩形”。效果如图 29-10 所示。

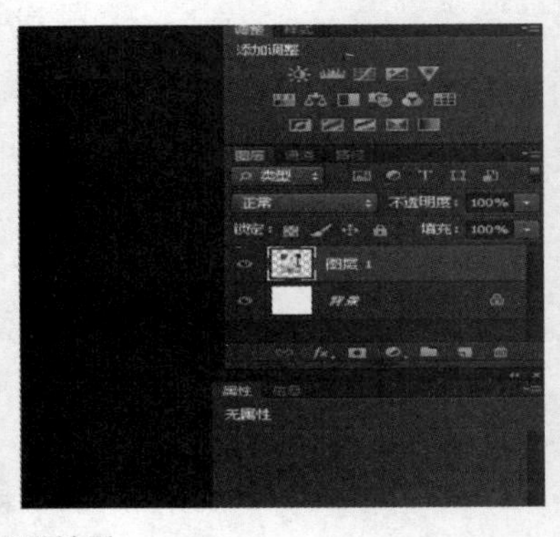

图 29-10　双矩形效果

（3）新建图层 2，设置前景色为褐色，如图 29-11 所示。

图 29-11　设置前景为褐色

（4）按 Alt+Delete 组合键填充，如图 29-12 所示。

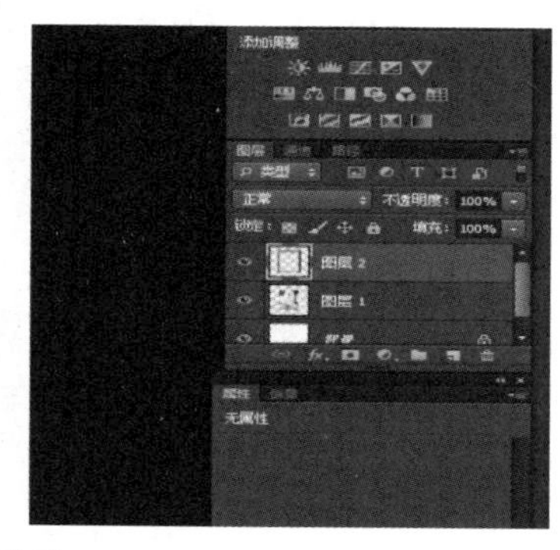

图 29-12　填充效果

（5）在菜单栏中单击“滤镜”，选择“杂色”→“添加杂色”。设置数量为 30%，分布为“高斯分布”，勾选“单色”复选框。设置如图 29-13 所示，效果如图 29-14 所示。

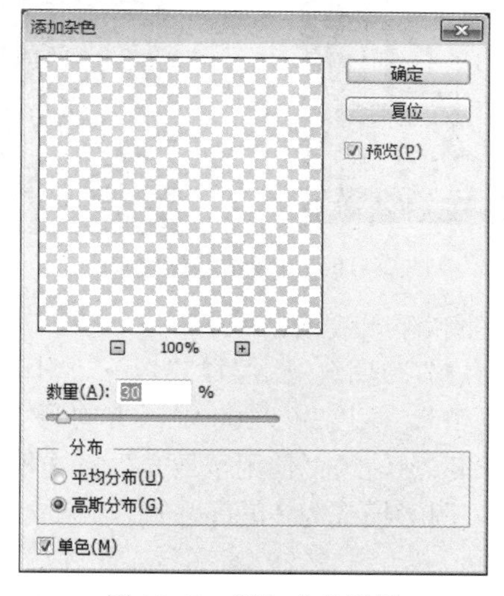

图 29-13　添加杂色设置

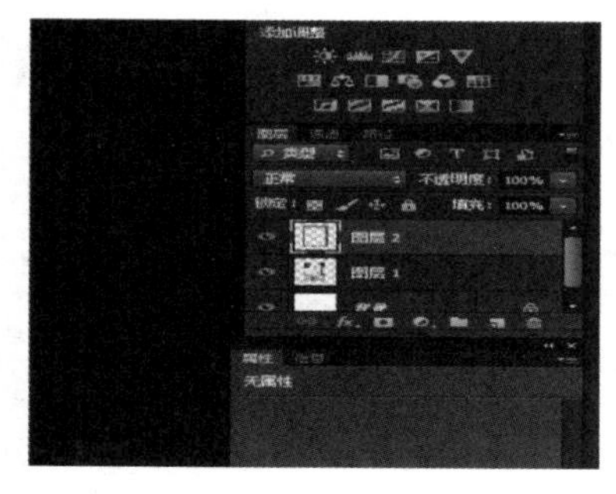

图 29-14　效果图

（6）在菜单栏中单击“滤镜”，选择“模糊”→“动感模糊”。设置角度为“0 度”，距离为“10 像素”。设置如图 29-15 所示，效果如图 29-16 所示。

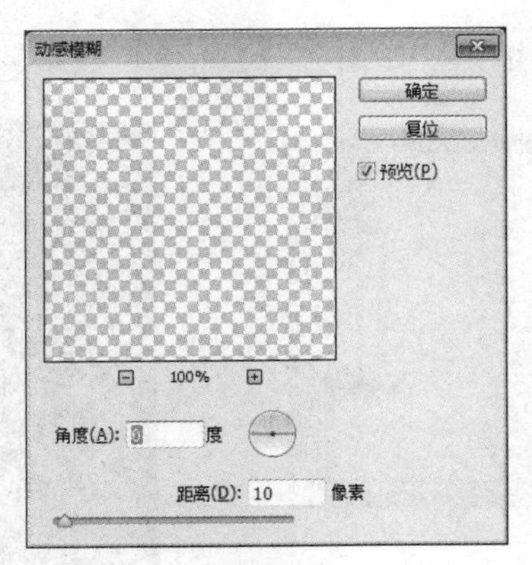

图 29-15　动感模糊设置

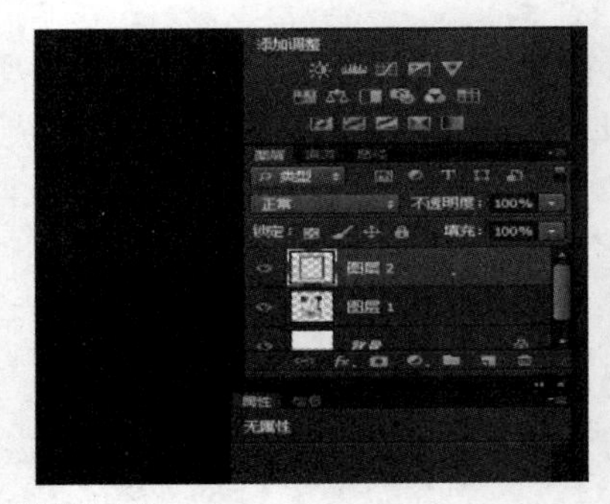

图 29-16　制作木制相框效果

第 6 步：制作木质相框斜面和浮雕效果。

（1）在菜单栏中单击“图层”，选择“图层样式”→“斜面和浮雕”。设置斜面和浮雕，样式为“内斜面”，方法为“平滑”，深度为“100%”，方向为“上”，大小为“15 像素”，软化为“10 像素”，角度为“120 度”，勾选“使用全局光”复选框，高度为“30 度”，高光模式为“正常”，不透明度为“75%”，阴影模式为“正片叠底”，不透明度为“75%”。设置如图 29-17 所示，效果如图 29-18 所示。

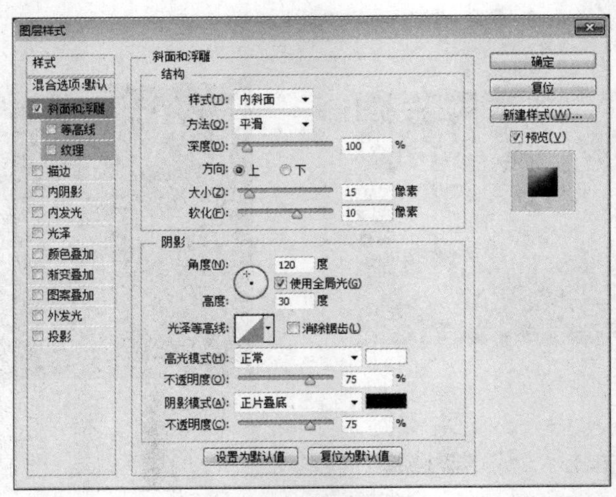

图 29-17　斜面和浮雕设置

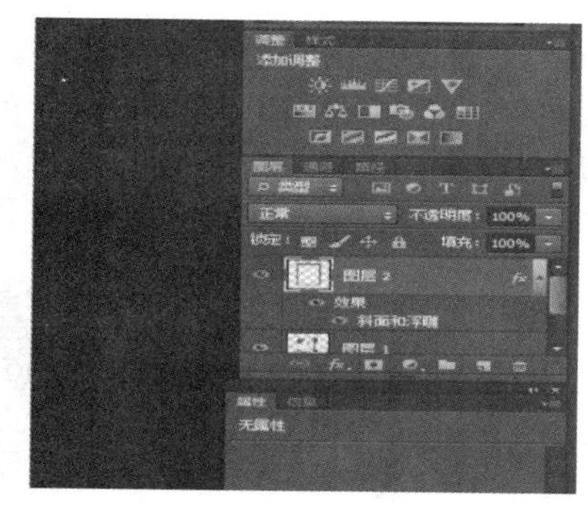

图 29-18　效果图

（2）按 Ctrl+D 组合键取消选择。

第 7 步：制作图片的内阴影样式效果。

选择“图层 1”，在菜单栏中单击“图层”，选择“图层样式”，勾选“内阴影”复选框。设置混合模式为“正片叠底”，不透明度为“45%”，角度为“-45”，勾选“使用全局光”复选框，距离为“13 像素”，阻塞为“30%”，大小为“0 像素”，杂色为“0%”。设置如图 29-19 所示，效果如图 29-20 所示。

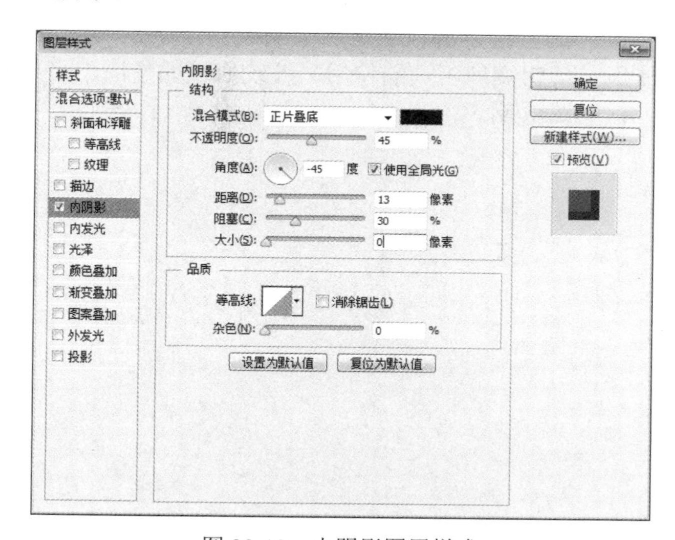

图 29-19　内阴影图层样式

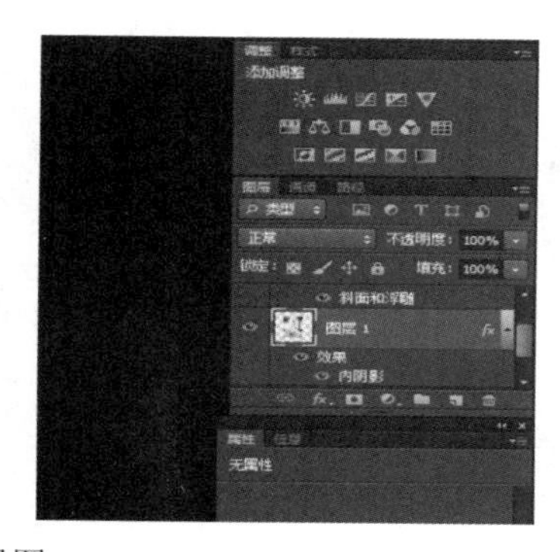

图 29-20　效果图

第 8 步：合并图层，将制作文件存盘。

选择菜单栏中的“图层”，选择“合并可见图层”；在菜单栏中单击“文件”，选择“存储”。设置文件类型为 PSD 或 JPEG 格式。效果如图 29-21 所示。

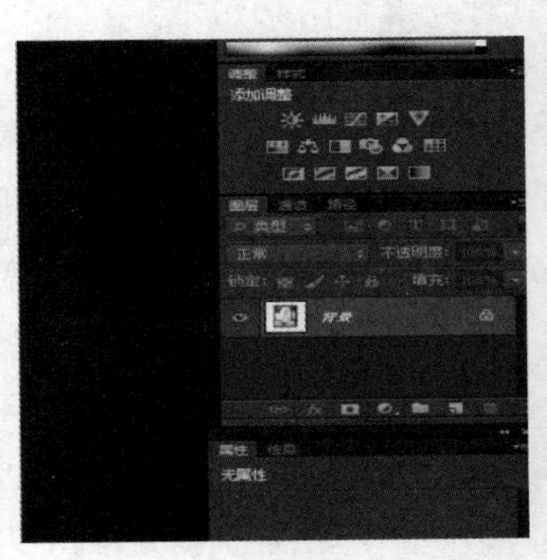

图 29-21 效果图

案例小结

本案例主要应用了文件的创建方法、文字工具的使用方法、缩放工具的使用、矩形工具的使用、杂色工具的使用、动感模糊工具的使用、波纹滤镜的使用、拼合图层等。

第 3 部分　手工绘图

案例 30　宇宙天空效果

案例目标

使学生熟悉 Photoshop CS6.0 基本操作界面，掌握文件的创建方法、文字工具的使用方法、Ctrl+T 缩放工具的使用、椭圆工具的使用、渐变工具的使用、羽化工具的使用、色阶的使用、模糊工具的使用、拼合图层等。

案例效果

本案例最终效果如图 23-1 所示。

图 30-1　效果图

案例步骤

第 1 步：新建文件。

在菜单栏中单击“文件”，选择“新建”。设置名称为“01 效果宇宙天空”，预设为“自定”，宽度为 20 厘米，高度为 15 厘米，分辨率为“72 像素/英寸”，颜色模式为“RGB 颜色 8 位”，背景内容为“白色”，如图 30-2 所示。

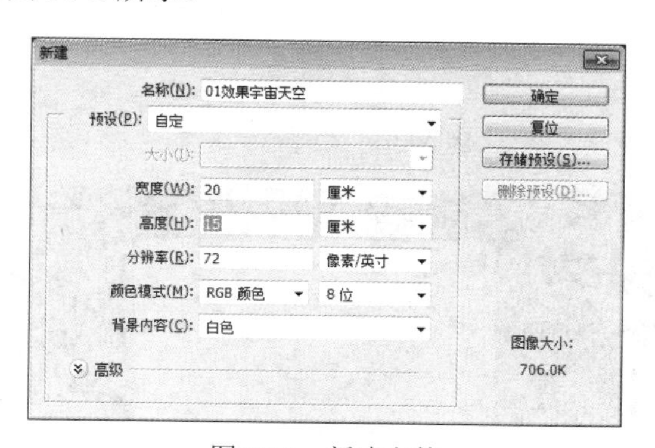

图 30-2　新建文件

第 2 步：新建图层 1。

在菜单栏中单击“图层”，选择“新建”→“图层”。设置名称为“图层 1”，颜色为“无”，模式为“正常”，不透明度为“100%”。设置如图 30-3 所示，效果如图 30-4 所示。

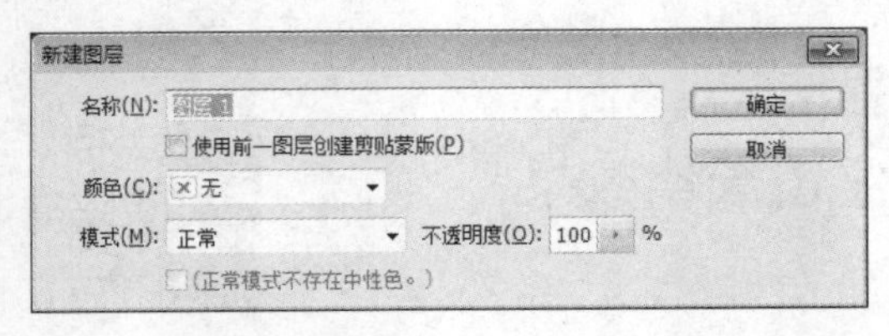

图 30-3　新建图层 1

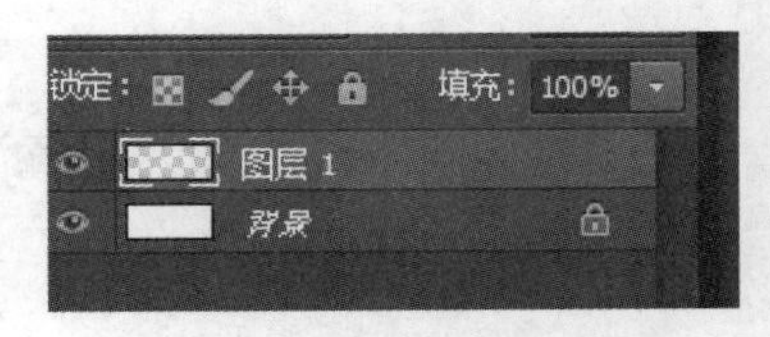

图 30-4　新建图层 1

第 3 步：制作宇宙天空。

（1）选择“椭圆”工具，在画布上画一个椭圆，设置前景色为“蓝色”，背景色为“白色”。生成云彩效果，在菜单栏中单击“滤镜”，选择“渲染”→“云彩”，如图 30-5 所示。

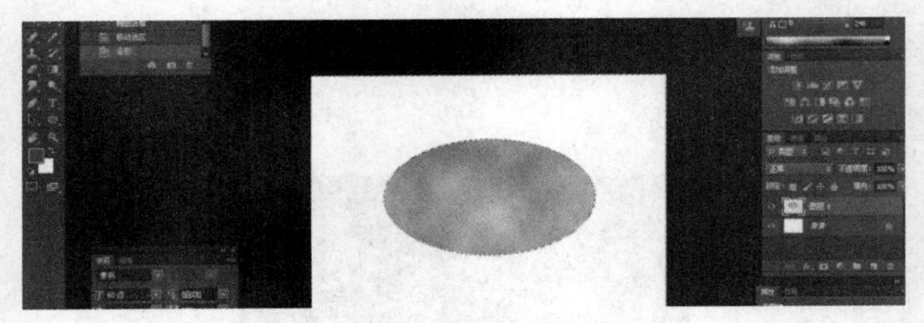

图 30-5　云彩效果图

（2）在菜单栏中单击“滤镜”，选择“扭曲”→“旋转扭曲”。设置角度为 280，设置如图 30-6 所示，效果如图 30-7 所示。

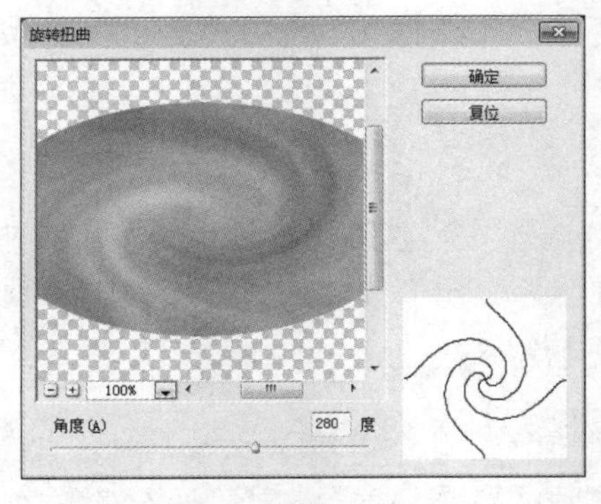

图 30-6　设置旋转扭曲

图 30-7　效果图

（3）在菜单栏中单击“编辑”，选择“自由变换”，在图片上“压扁”椭圆，双击确定，按 Ctrl+D 组合键，如图 30-8 所示。

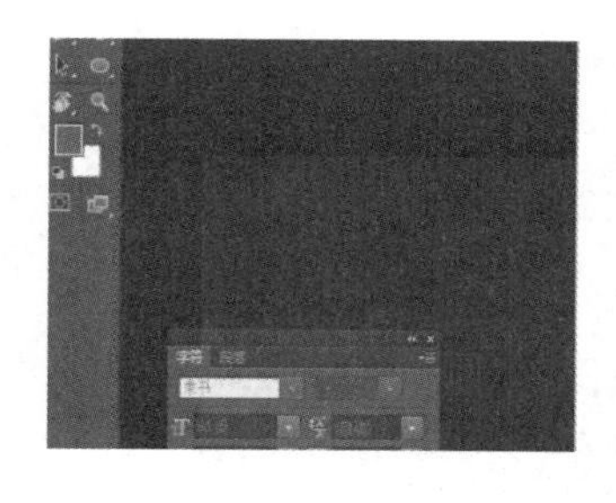
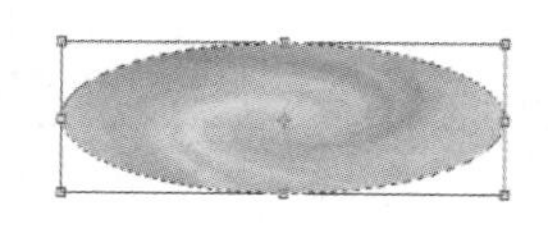
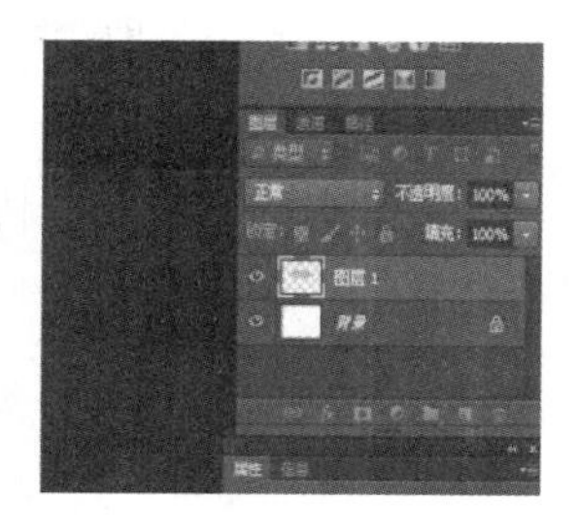

图 30-8　自由变换效果图

第 4 步：制作背景图片。

（1）选择图层控制面板，单击“创建新图层”按钮，新建图层 2，如图 30-9 所示。

（2）交换图层 1 与图层 2 的位置，如图 30-10 所示。

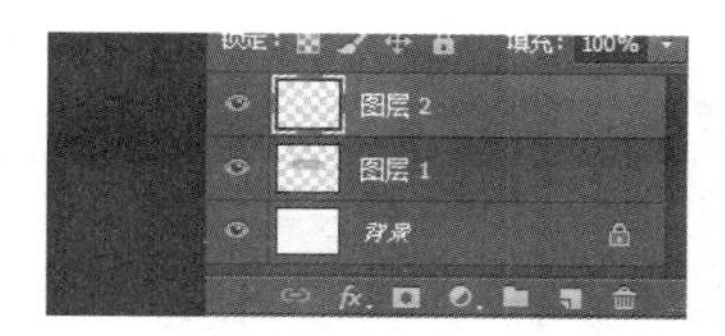

图 30-9　新建图层 2

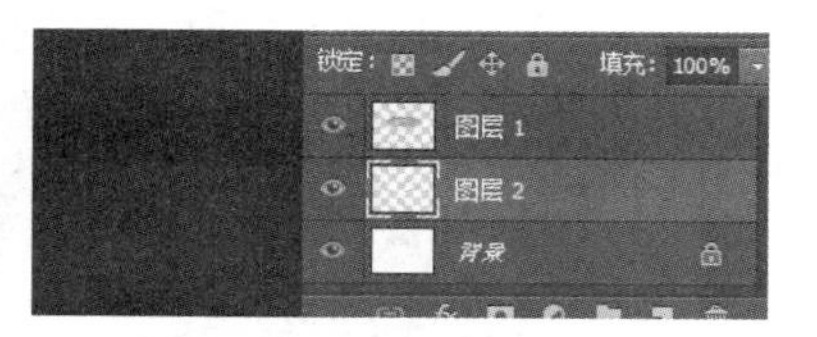

图 30-10　交换图层

（3）设置前景色为“深蓝色”，在菜单栏中单击“编辑”，选择“填充”，选择使用“前景色”，或按 Alt+Delete 组合键。填充效果如图 30-11 所示。

图 30-11　填充效果图

第 5 步：制作图层 1 宇宙天空的羽化效果。

（1）选择“图层 1”，在菜单栏中单击“选择”，选择“载入选区”，如图 30-12 所示。

图 30-12　载入选区效果

（2）在菜单栏中单击“选择”，选择“修改”→“羽化”，设置羽化半径为“20 像素”。设置如图 30-13 所示，效果如图 30-14 所示。

图 30-13 设置羽化选区

图 30-14 制作羽化效果

（3）在菜单栏中单击“选择”，选择“反向”，如图 30-15 所示。

图 30-15 反向效果

（4）按 Delete 键“淡化”色彩，如图 30-16 所示。

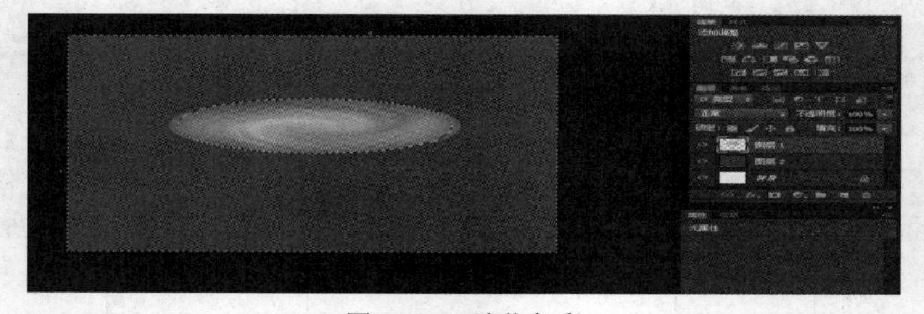

图 30-16 淡化色彩

（5）按 Ctrl+D 组合键取消选择，如图 30-17 所示。

图 30-17 取消选择

（6）选择“涂抹”工具，设置如图 30-18 所示。

图 30-18　涂抹工具设置

（7）在画布上，拖动鼠标左键在椭圆的边缘融合，如图 30-19 所示。

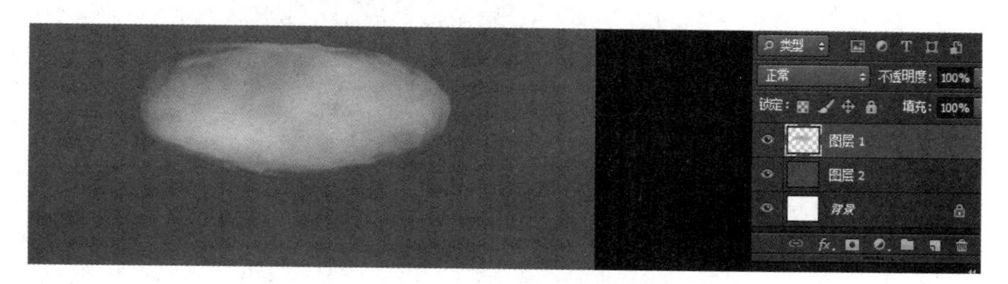

图 30-19　融合效果

（8）调整色阶。

在菜单栏中单击“图像”，选择“调整”→“色阶”。设置预设为“自定”，通道为 RGB，输入色阶为“0，1.60，230”，输出色阶为“0，255”，如图 30-20 所示，效果如图 30-21 所示。

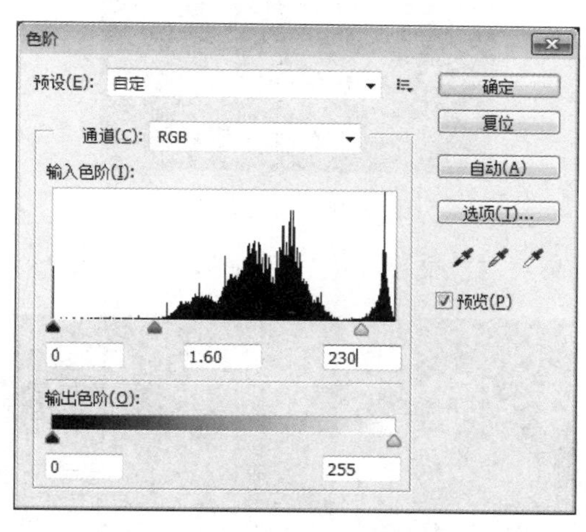

图 30-20　设置色阶

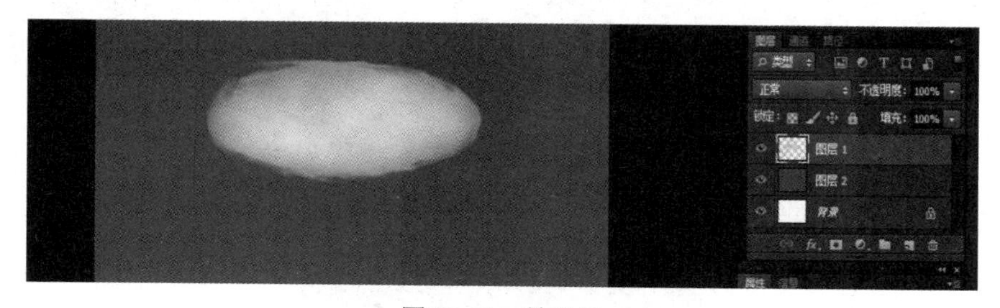

图 30-21　效果图

第 6 步：制作星星效果。

（1）选择“画笔”工具。设置如图 30-22 所示。

图 30-22　画笔工具设置

（2）设置前景色为白色，选择不同笔头，制作星星，如图 30-23 所示。

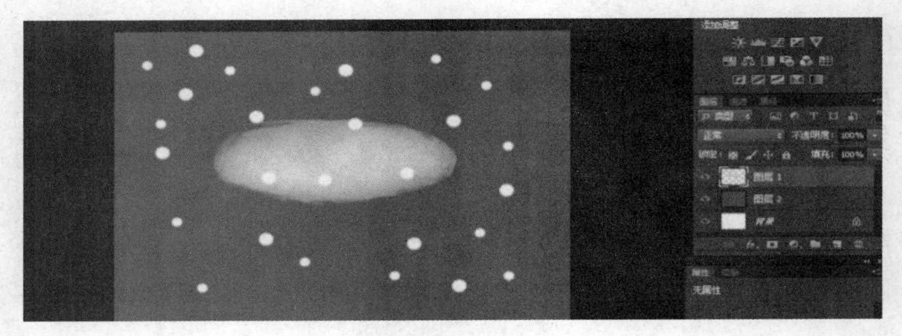

图 30-23　制作星星

第 7 步：制作文字效果。

（1）新建图层 3，如图 30-24 所示。

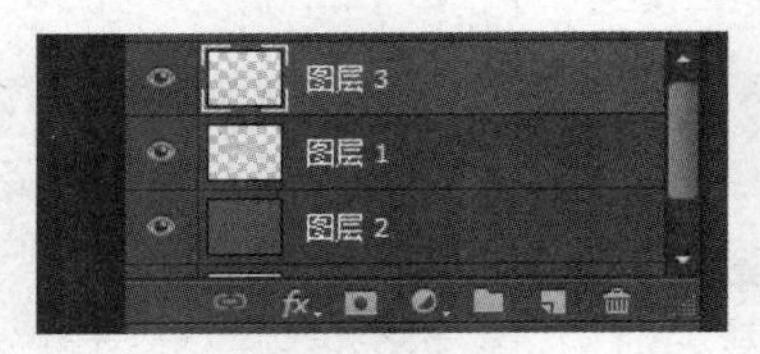

图 30-24　新建图层 3

（2）选择文字工具，输入白色文字“宇宙天空”，如图 30-25 所示。

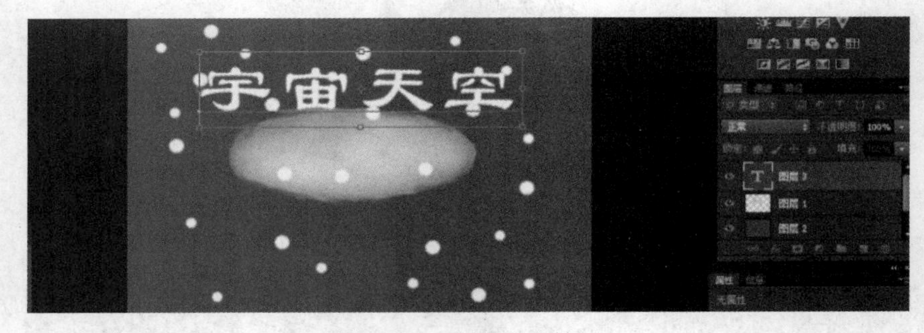

图 30-25　制作文字效果

（3）在菜单栏中单击“图层”，选择“栅格化”，如图 30-26 所示。

图 30-26　栅格化文字效果

（4）在菜单栏中单击“选择”，选择“载入选区”，如图 30-27 所示。

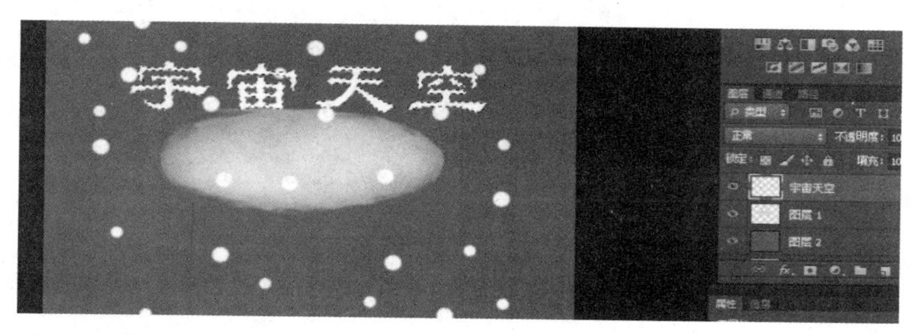

图 30-27　载入选区效果

（5）选择“直线渐变”工具，设前景色为“蓝色”，背景色“白色”，如图 30-28 所示。

图 30-28　直线渐变工具设置

（6）在画布上从左上到右下画一条直线，如图 30-29 所示。

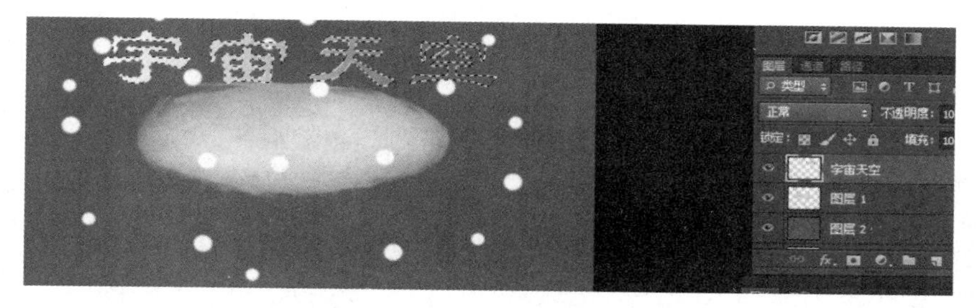

图 30-29　制作文字效果

（7）设前景为白色，执行“编辑”→“描边”命令，设置参数宽度为 3 像素，颜色为白色，位置为居中，模式为正常，不透明度为“100%”，如图 30-30 所示，效果如图 30-31 所示。

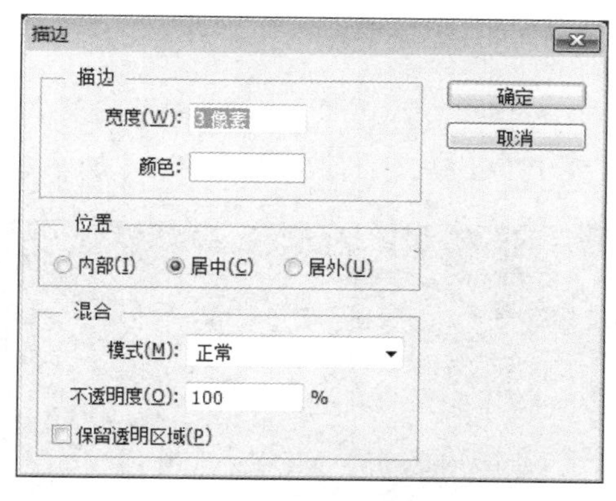

图 30-30　描边设置

（8）调整文字高度的效果。

选择“移动”工具，按 Alt+→组合键三次和 Alt+↑组合键一次，如图 30-32 所示。

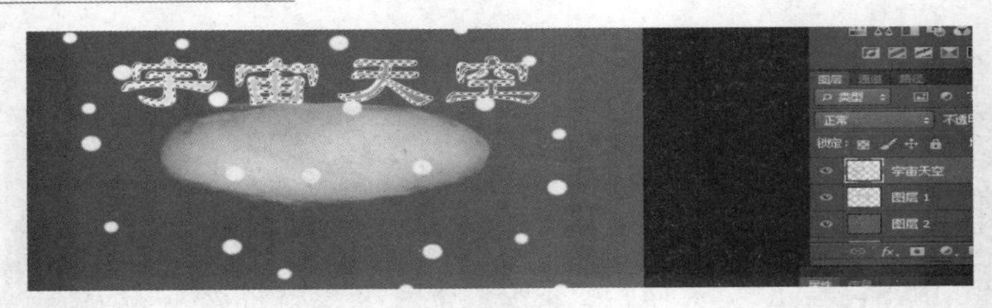

图 30-31　制作文字效果

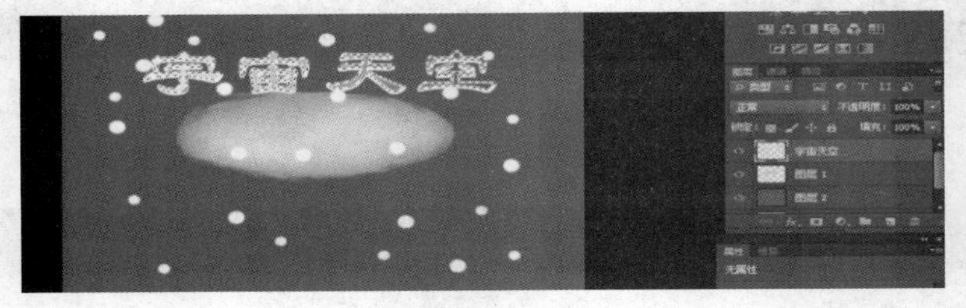

图 30-32　文字高度设置

（9）调整文字透视效果。

在菜单栏中单击“编辑”，选择“变换”→“扭曲”，在画布中调整文字“近大远小”的透视效果，如图 30-33 所示。

图 30-33　透视效果

第 8 步：合并图层，将制作文件存盘。

选择菜单栏中的“图层”，选择“合并可见图层”；选择菜单栏中的“文件”，选择“存储”选项。设置文件类型为 PSD 或 JPEG 格式。效果如图 30-34 所示。

图 30-34　合并图层

案例小结

本案例主要应用了文件的创建方法、文字工具的使用方法、缩放工具的使用、椭圆工具的使用、渐变工具的使用、羽化工具的使用、色阶的使用、模糊工具的使用、拼合图层等。

案例 31　指纹效果

案例目标

使学生熟悉 Photoshop CS6.0 基本操作界面，掌握文件的创建方法、模糊工具的使用方法、画笔工具的使用、钢笔工具的使用、路径工具的使用、羽化工具的使用、存储选区的使用、载入选区工具的使用、投影效果、拼合图层等。

案例效果

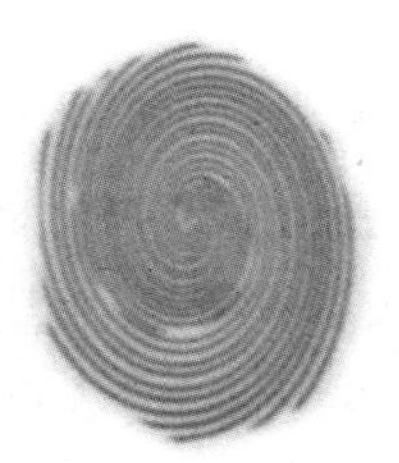

图 31-1　效果图

案例步骤

第 1 步：在菜单栏中单击“文件”，选择“新建”。设置名称为“02 效果指纹制作”，预设为“自定”，宽度为 10 厘米，高度为 10 厘米，分辨率为“72 像素/英寸”，颜色模式为“RGB 颜色 8 位”，背景内容为“白色”，如图 31-2 所示。

图 31-2　新建文件

第 2 步：新建图层 1。

在菜单栏中单击“图层”，选择“新建图层”。设置名称为“图层 1”；颜色为“无”；模式为“正常”；不透明度为“100%”。设置如图 31-3 所示，效果如图 31-4 所示。

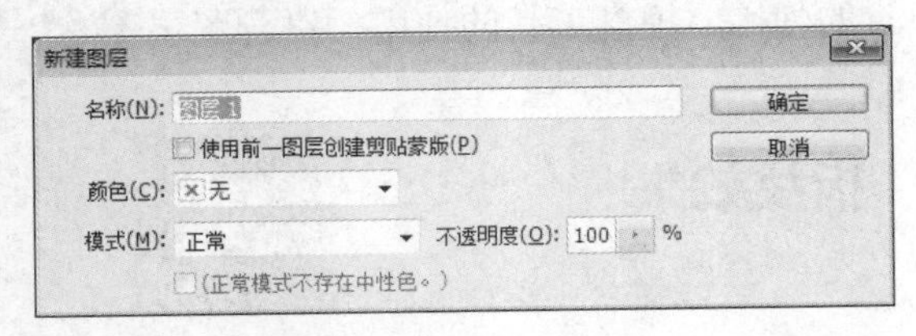

图 31-3　新建图层 1

图 31-4　新建图层 1

第 3 步：制作指纹图。

（1）设置前景色为“红色”，选择“画笔”工具。设置如图 31-5 所示。

图 31-5　画笔工具设置

（2）按 Shift 键，成 45° 角画直线，效果如图 31-6 所示。

图 31-6　制作指纹图

（3）在菜单栏中单击“滤镜”，选择“扭曲”→“极坐标”，选择“平面坐标到极坐标”。设置如图 31-7 所示，效果如图 31-8 所示。

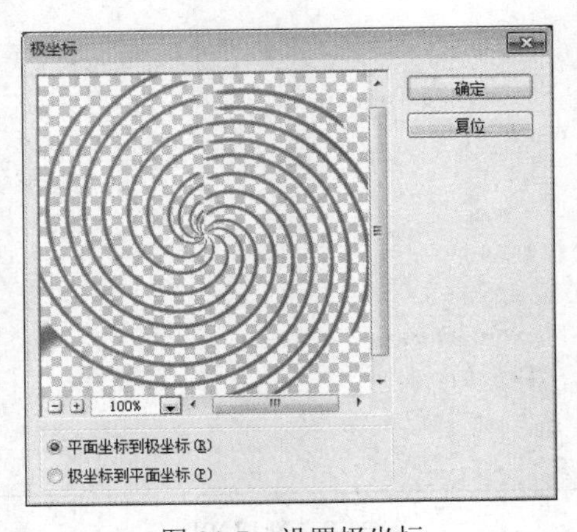

图 31-7　设置极坐标

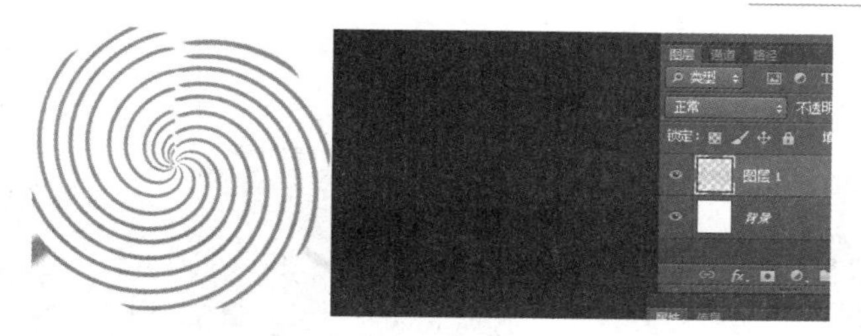

图 31-8　制作指纹图

（4）在菜单栏中单击“滤镜”，选择“扭曲”→“旋转扭曲”。角度设置为-500，如图 31-9 所示。

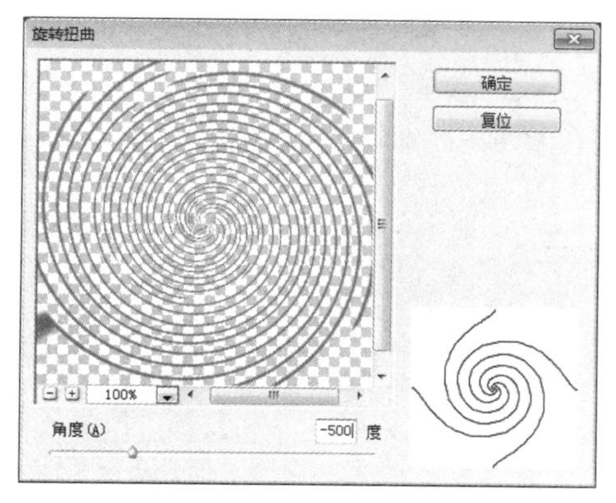

图 31-9　设置旋转扭曲

（5）在菜单栏中单击“编辑”，选择“自由变换”，在画布上压扁图形，如图 31-10 所示。

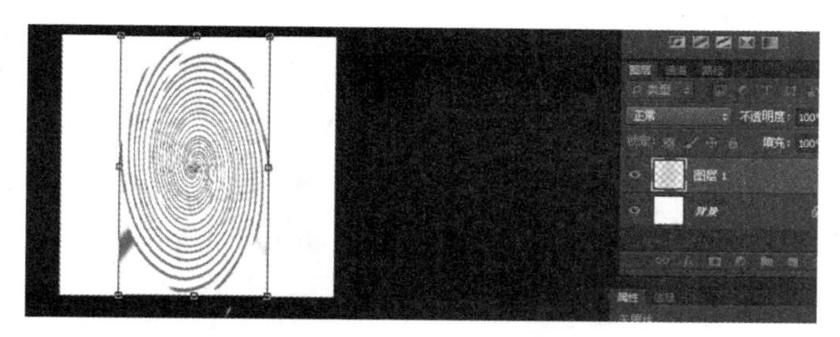

图 31-10　自由变换调整

（6）按回车键或双击左键确定。效果如图 31-11 所示。

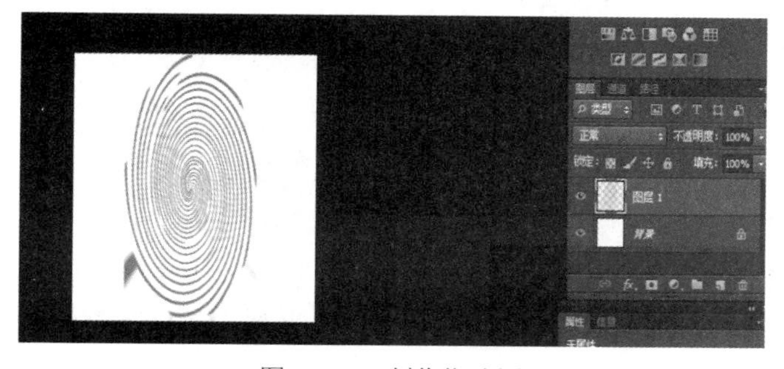

图 31-11　制作指纹图

第 4 步：用钢笔建立指纹选区。

（1）选择“钢笔工具”，在画布上画出指纹边缘，勾勒出拇指的外形，如图 31-12 所示。

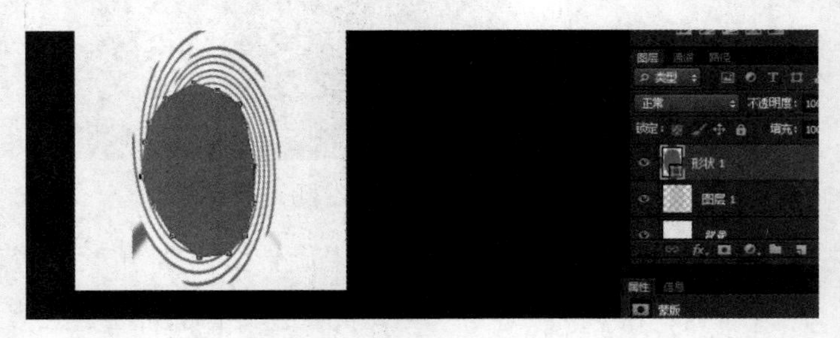

图 31-12　建立指纹选区

（2）选择“路径”控制面板，选择“建立选区”。如图 31-13 所示。

（3）设置羽化半径为“0 像素”，勾选“消除锯齿”复选框，操作为“新建选区”，如图 31-14 所示。

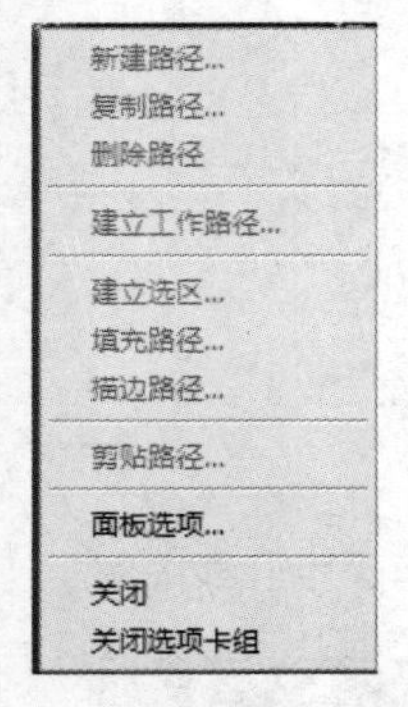

图 31-13　用钢笔建立指纹选区

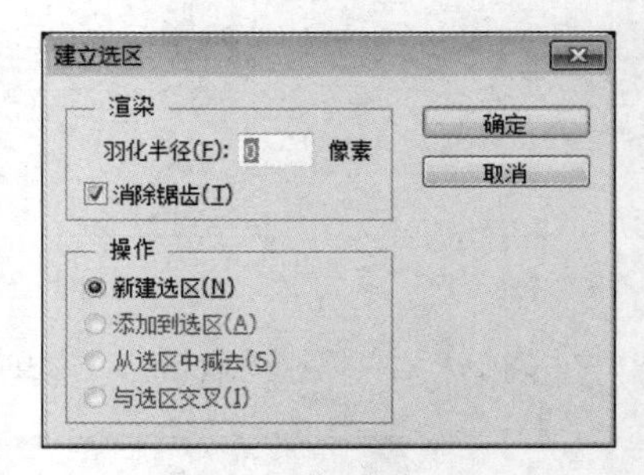

图 31-14　建立指纹选区

（4）存储选区。

在菜单栏中单击“选择”，选择“存储选区”，设置文档为“02 效果指纹制作 2.psd”，通道为“新建”，名称为 alpha1，操作为“新建通道”，如图 31-15 所示。

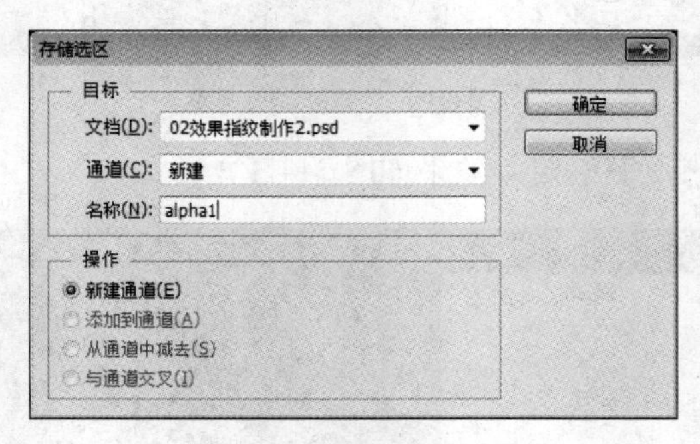

图 31-15　存储选区设置

第 5 步：生成拇指指纹效果。

（1）选择“图层”控制面板，选择“图层 1”，关闭“形状 1”前的小眼睛图标，如图 31-16 所示。

图 31-16　图层 1 效果

（2）在菜单栏中单击“选择”，选择“载入选区”。设置文档为“02 效果指纹制作 2.psd”，通道为 alpha1，勾选“反相”复选框，操作为“新建选区”。设置如图 31-17 所示，效果如图 31-18 所示。

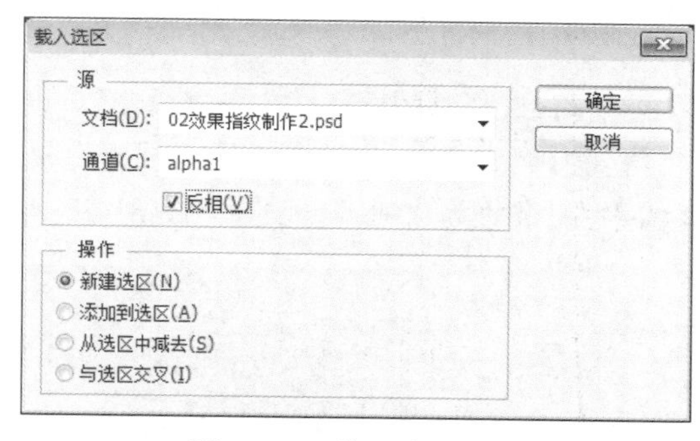

图 31-17　载入选区设置

图 31-18　效果图

（3）按 Delete 键删除多余的部分，生成拇指指纹，如图 31-19 所示。

图 31-19　生成拇指指纹

（4）Ctrl+D 组合键取消选择，如图 31-20 所示。

图 31-20　取消选择

（5）设置模糊效果。

在菜单栏中单击“滤镜”，选择“模糊”→“高斯模糊”，设置半径为“1.0 像素”，如图 31-21 所示。

（6）在菜单栏中单击“图层”，选择“图层样式”→“投影”。设置混合模式为“正片叠底”黑色，不透明度为“75%”，角度为“0 度”，勾选“使用全局光”复选框，距离为“0 像素”，扩展为“0%”，大小为“14 像素”，杂色为“0%”。设置如图 31-22 所示，效果如图 31-23 所示。

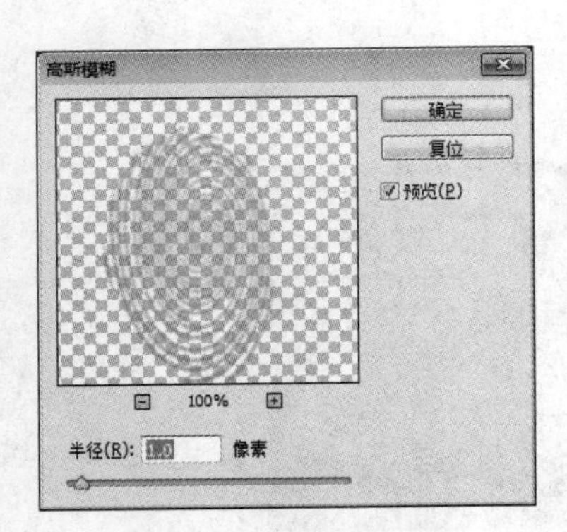

图 31-21　高斯模糊设置

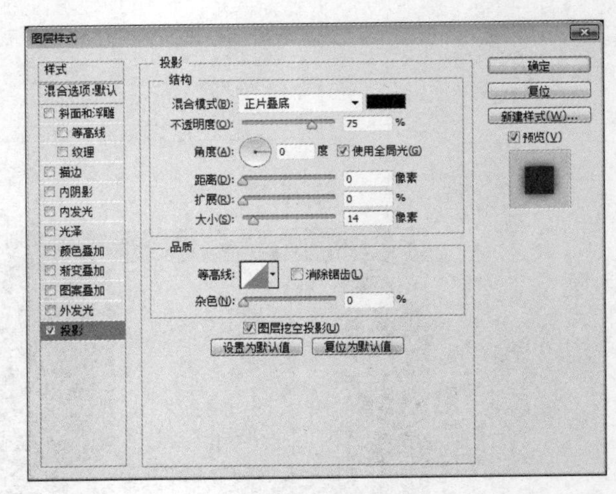

图 31-22　投影设置

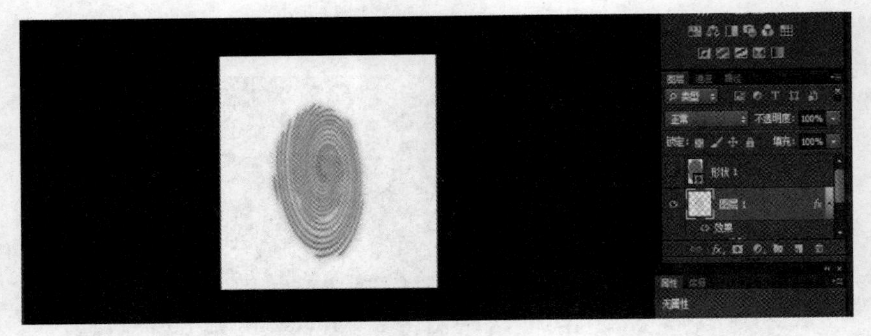

图 31-23　效果图

第 6 步：合并图层，将制作文件存盘。

选择菜单栏中的“图层”，选择“合并可见图层”；选择菜单栏中的“文件”，选择“存储”选项。设置文件类型为 PSD 或 JPEG 格式。效果如图 31-24 所示。

图 31-24　合并图层

案例小结

本案例主要应用了文件的创建方法、模糊工具的使用方法、画笔工具的使用、钢笔工具的使用、路径工具的使用、羽化工具的使用、存储选区的使用、载入选区工具的使用、投影效果、拼合图层等。

案例 32　圆锥体

案例目标

使学生熟悉 Photoshop CS6.0 基本操作界面，掌握文件的创建方法、图层工具的使用方法、渐变工具的使用、选区工具的使用、路径工具的使用、Alt+选区工具的使用、存储选区的使用、载入选区工具的使用、拼合图层等。

案例效果

本案例最终效果如图 32-1 所示。

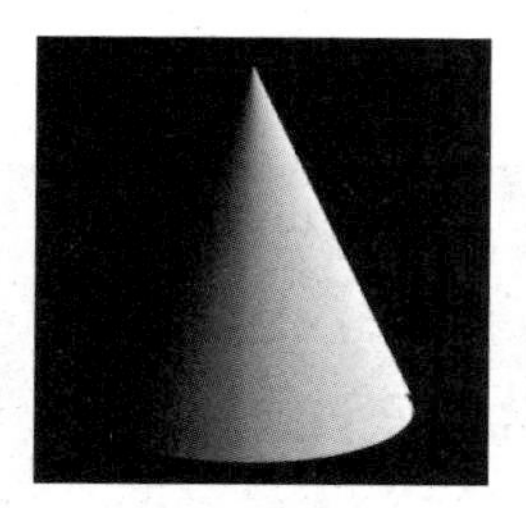

图 32-1　效果图

案例步骤

第 1 步：在菜单栏中单击“文件”，选择“新建”。设置名称为“03 效果圆锥体”，预设为

“自定”，宽度为“20 厘米”，高度为“20 厘米”，分辨率为“72 像素/英寸”，颜色模式为“RGB 颜色 8 位”，背景内容为“白色”，如图 32-2 所示。

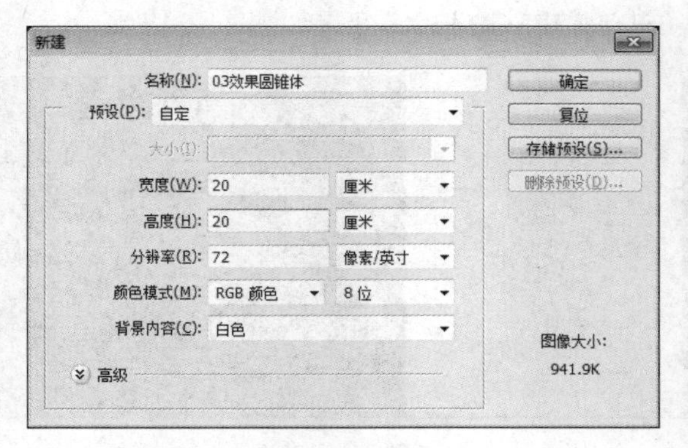

图 32-2 新建文件

第 2 步：新建图层 1，填充背景为黑色。

（1）在菜单栏中单击“图层”，选择“新建图层”。设置名称为“图层 1”，颜色为“无”，模式为“正常”，不透明度为“100%”。设置如图 32-3 所示，效果如图 32-4 所示。

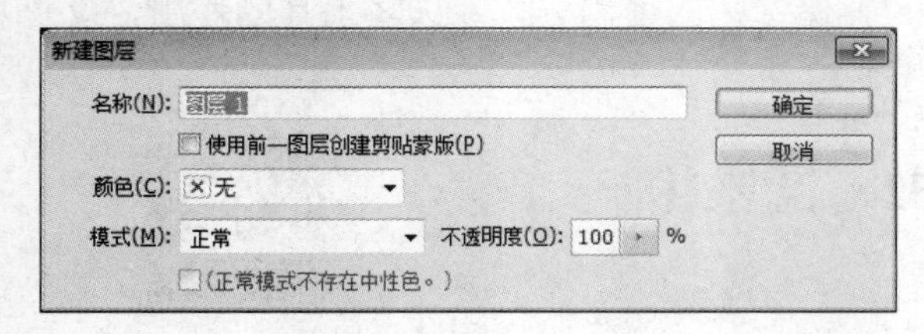

图 32-3 新建图层 1

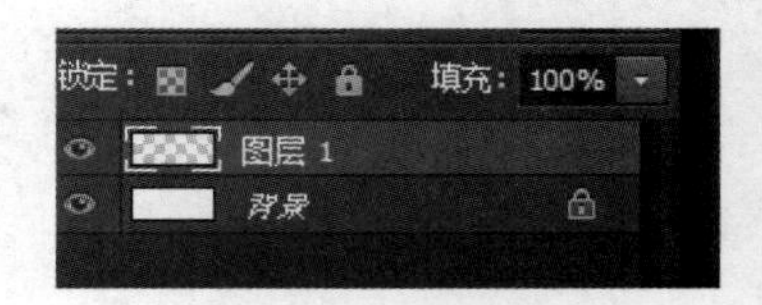

图 32-4 新建图层 1

（2）设置前景色为黑色，按 D 键，如图 32-5 所示。按 Alt+Delete 组合键，填充黑色如图 32-6 所示。

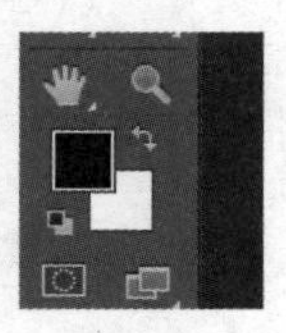

图 32-5 设置前景色为黑色

图 32-6 填充效果图

第 3 步：选择图层 1，制作三角形。

（1）选择矩形选框工具，在画布上画一个矩形，如图 32-7 所示。

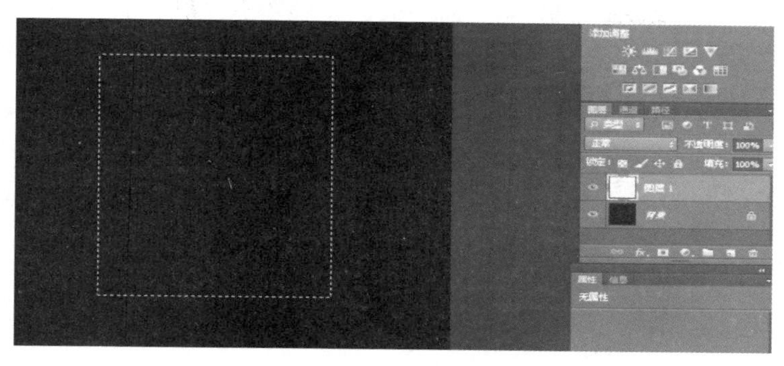

图 32-7　制作矩形

（2）选择“径向渐变”工具，如图 32-8 所示。

图 32-8　径向渐变工具设置

（3）在画布上按住 Shift 键，由左到右画一条直线。渐变效果如图 32-9 所示。

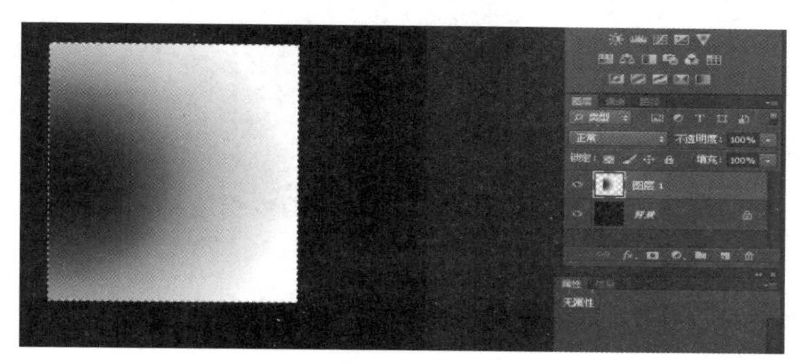

图 32-9　径向渐变效果

（4）在菜单栏中单击“编辑”，选择“变换”→“扭曲”，在画布上将矩形调整成三角形，按回车键或双击左键确认。效果如图 32-10 所示。

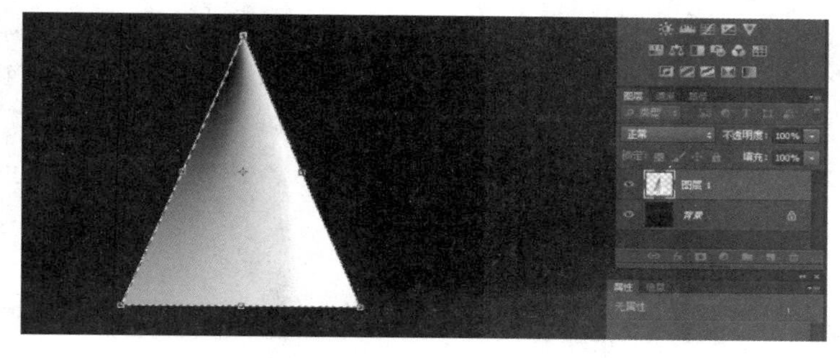

图 32-10　制作三角形效果

第 4 步：制作圆锥体。

（1）在菜单栏中单击“选择”，选择“存储选区”。设置文档为“03 效果圆锥体”；通道为“新建”，名称为 alpha1，操作为“新建通道”。设置如图 32-11 所示。

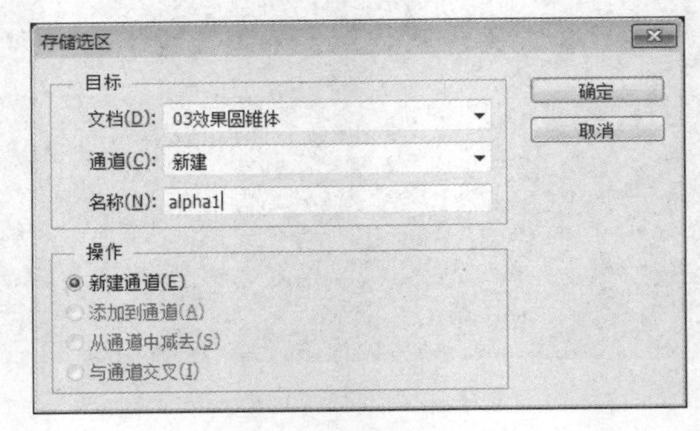

图 32-11　新建通道设置

（2）选择“通道”控制面板，选择通道 alpha1。效果如图 32-12 所示。

图 32-12　选择通道

（3）选择椭圆选框工具，按 Alt 键，在画布中的三角形内画一个椭圆，与三角形三边均相切。效果如图 32-13 所示。

（4）选择矩形选框工具，按 Alt 键，在画布中以椭圆中心为底边向上画一个矩形，选择其下多余的部分，来填充“黑色”。效果如图 32-14 所示。

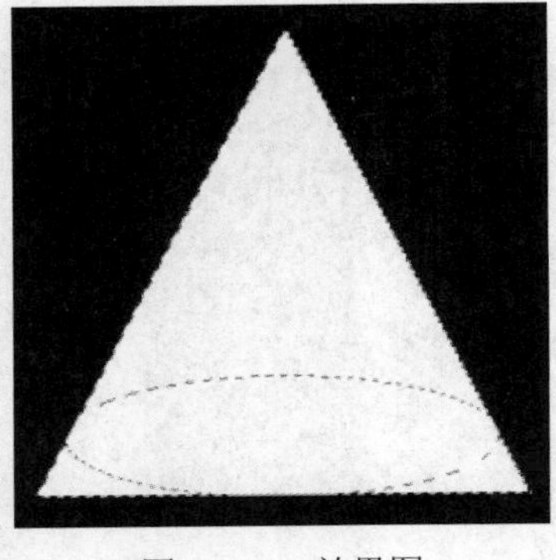

图 32-13　效果图

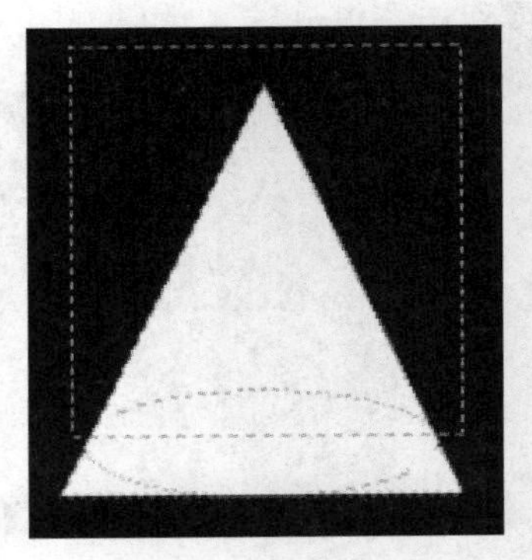

图 32-14　画矩形效果

松开鼠标后显示效果，如图 32-15 所示。

（5）按 D 键，设置前景色为黑色。按 Alt+Delete 组合键用前景色填充，如图 32-16 所示。

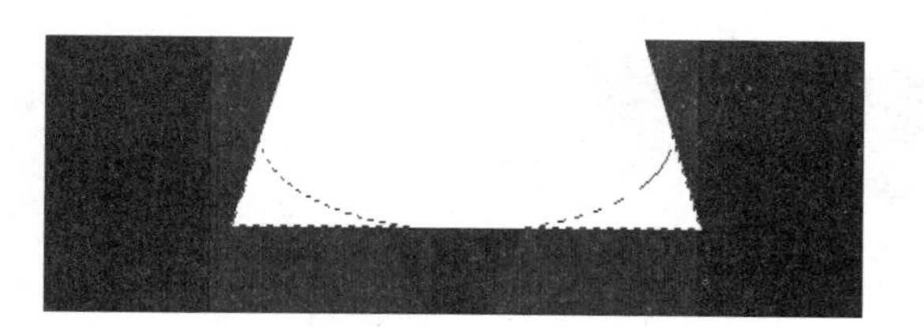

图 32-15　圆锥体底部效果

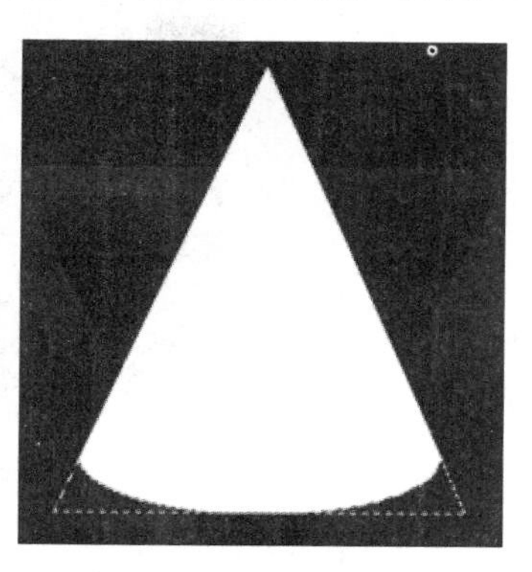

图 32-16　填充效果图

第 5 步：在图层控制面板，生成圆锥体效果。

（1）按 Ctrl+D 组合键取消选择，如图 32-17 所示。

图 32-17　圆锥体效果

（2）回到图层控制面板。在菜单栏中单击“选择”，选择“载入选区”，设置文档为“03 效果圆锥体”，通道为 alpha1，勾选“反相”复选框，操作为“新建选区”。设置如图 32-18 所示。

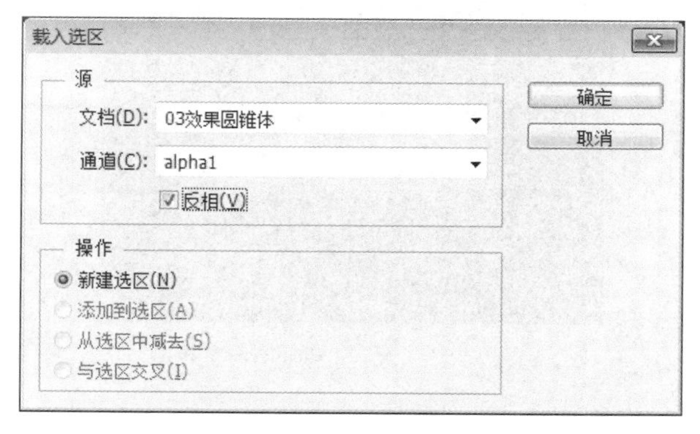

图 32-18　载入选区效果

（3）按 Delete 键删除多余的部分，生成锥体，如图 32-19 所示。

图 32-19　圆锥体效果

（4）按 Ctrl+D 组合键取消选择。图层控制面板应为“图层 1”，如图 32-20 所示。

图 32-20　圆锥体效果

通道控制面板，必须是如图 32-21 所示状态，否则不能填充。

图 32-21　通道控制面板效果

第 6 步：合并图层，将制作文件存盘。

选择菜单栏中的“图层”，选择“合并可见图层”；选择菜单栏中的“文件”，选择“存储”选项。设置文件类型为 PSD 或 JPEG 格式。效果如图 32-22 所示。

图 32-22　合并图层

案例小结

本案例主要应用了文件的创建方法、图层工具的使用方法、渐变工具的使用、选区工具的使用、路径工具的使用、选区工具的使用、存储选区的使用、载入选区工具的使用、拼合图层等。

案例 33　分子球体

案例目标

使学生熟悉 Photoshop CS6.0 基本操作界面，掌握文件的创建方法、图层工具的使用方法、渐变工具的使用、选区工具的使用、文字工具、拼合图层等。

案例效果

本案例最终效果如图 33-1 所示。

图 33-1　效果图

案例步骤

第 1 步：在菜单栏中单击“文件”，选择“新建”。设置名称为“04 效果分子球体”，预设为“自定”，宽度为“20 厘米”，高度为“20 厘米”，分辨率为“72 像素/英寸”，颜色模式为

"RGB 颜色 8 位"，背景内容为"白色"，如图 33-2 所示。

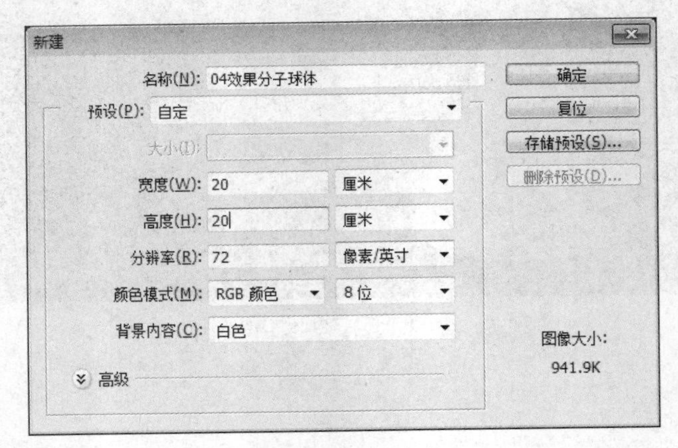

图 33-2 新建文件

第 2 步：新建图层，填充背景为黑色。

（1）在菜单栏中单击"图层"，选择"新建图层"。设置名称为"图层 1"，颜色为"无"，模式为"正常"，不透明度为"100%"。设置如图 33-3 所示，效果如图 33-4 所示。

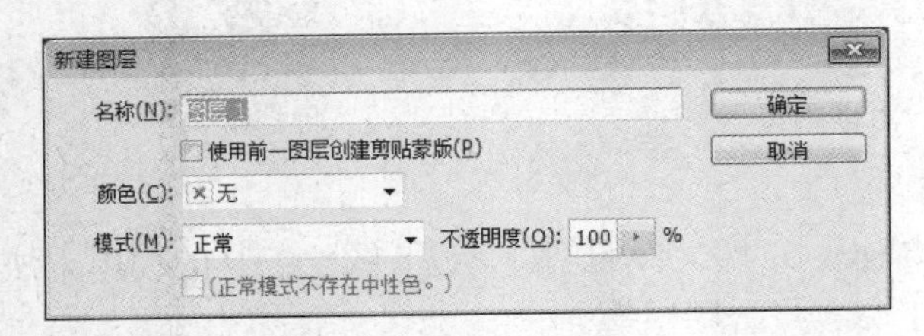

图 33-3 新建图层 1

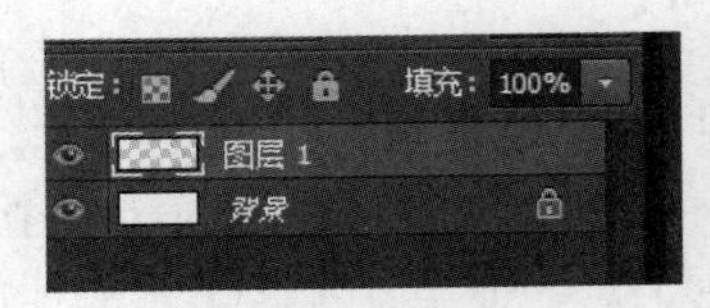

图 33-4 新建图层 1

（2）按 D 键，设置前景色为黑色，如图 33-5 所示。按 Alt+Delete 组合键填充背景为黑色，效果如图 33-6 所示。

图 33-5 设置前景色为黑色

图 33-6 效果图

第 3 步：选择图层 1，制作红色分子球体。

（1）选择椭圆选框工具，在画布上画一个圆形，如图 33-7 所示。

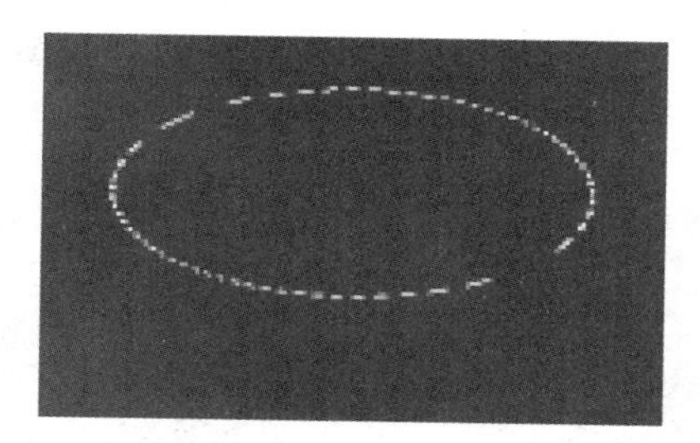

图 33-7　制作红色分子球体

（2）设置前景为红色，选择“直线渐变”工具，设置如图 33-8 所示。

图 33-8　渐变工具设置

（3）在画布上从左上到右下画一条直线。效果如图 33-9 所示，渐变效果如图 33-10 所示。

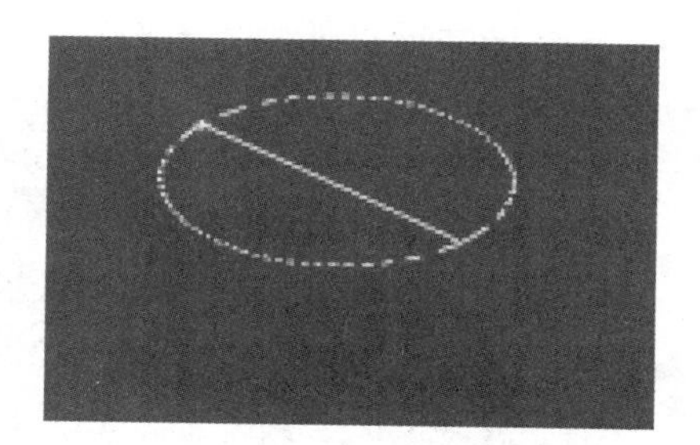

图 33-9　画直线渐变效果

图 33-10　渐变红色分子球体效果

本操作应该在“图层 1”上完成，按 Ctrl+D 组合键取消选择。

第 4 步：新建图层 2，制作绿色分子球体。

（1）在图层控制面板，单击“新建”按钮，新建图层 2，如图 33-11 所示。

（2）选择椭圆选框工具，在画布上画一个圆形，如图 33-12 所示。

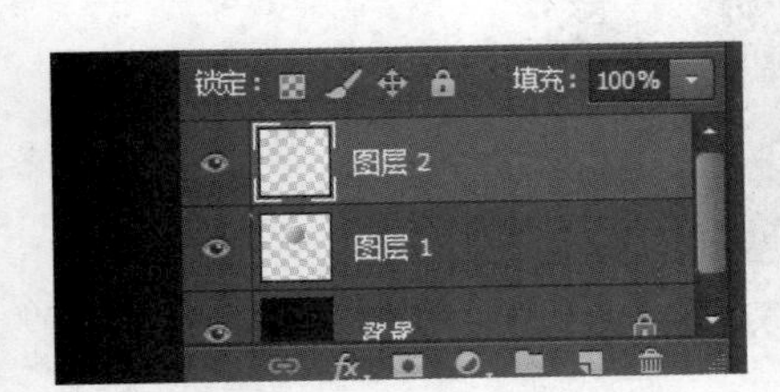

图 33-11　新建图层 2

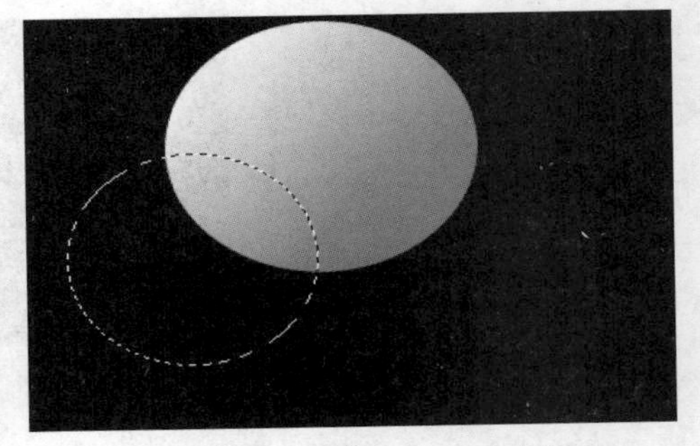

图 33-12　制作绿色分子球体

（3）设置前景色为绿色，选择“直线渐变”工具，设置如图 33-13 所示。

图 33-13　渐变工具设置

（4）在画布上从左上到右下画一条直线，如图 33-14 所示。

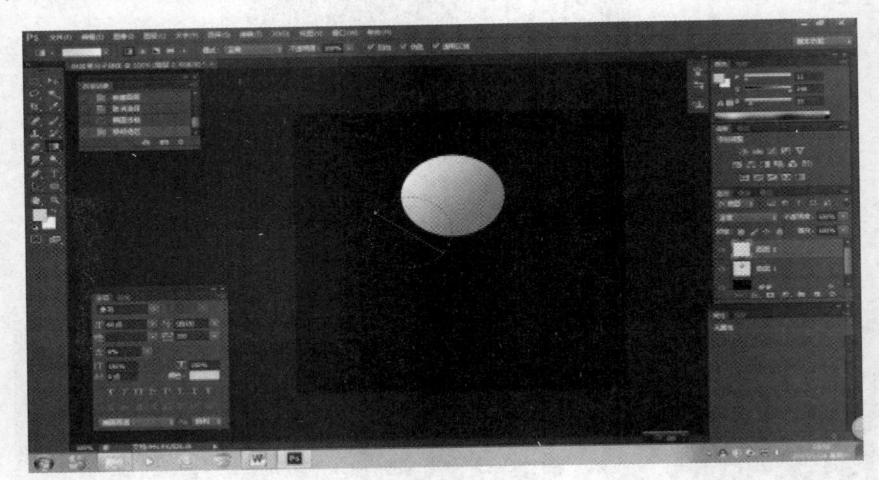

图 33-14　画一条直线

效果如图 33-15 所示。

图 33-15　制作绿色分子球体效果

本操作应该在“图层 2”上完成，按 Ctrl+D 组合键取消选择。

第 5 步：新建图层 3，制作黄色分子球体。

（1）在图层控制面板，单击“创建新图层”按钮，新建图层 3，如图 33-16 所示。

图 33-16　新建图层 3

（2）选择椭圆选框工具，在画布上画一个圆形，如图 33-17 所示。

图 33-17　画椭圆效果

（3）设置前景色为黄色，选择“直线渐变”工具，设置如图 33-18 所示。

图 33-18　直线渐变工具设置

（4）在画布上从左上到右下画一条直线，如图 33-19 所示。

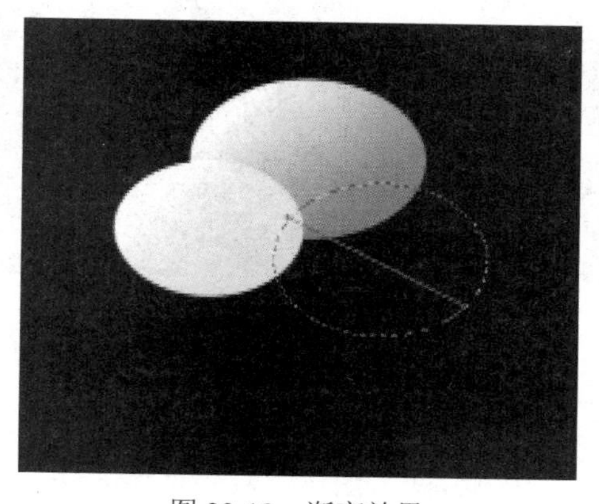

图 33-19　渐变效果

效果如图 33-20 所示。

图 33-20　制作黄色分子球体效果

本操作应该在“图层 3”上完成，按 Ctrl+D 组合键取消选择。

（5）选择文字工具输入“分子球体”。效果如图 33-21 所示。

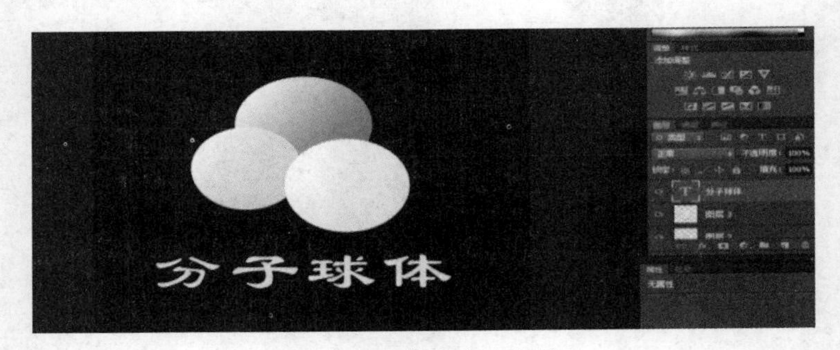

图 33-21　输入文字效果

第 6 步：合并图层，将制作文件存盘。

选择菜单栏中的“图层”，选择“合并可见图层”；选择菜单栏中的“文件”，选择“存储”选项。设置文件类型为 PSD 或 JPEG 格式。效果如图 33-22 所示。

图 33-22　合并存盘

案例小结

本案例主要应用了文件的创建方法、图层工具的使用方法、渐变工具的使用、选区工具的使用、文字工具、拼合图层等。

案例 34　WEB 按钮

案例目标

使学生熟悉 Photoshop CS6.0 基本操作界面，掌握文件的创建方法、图层工具的使用方法、渐变工具的使用、选区工具的使用、Shift+圆形工具的使用、存储选区的使用、斜面和浮雕工具的使用、高斯模糊工具、拼合图层等。

案例效果

本案例最终效果如图 34-1 所示。

图 34-1　效果图

案例步骤

第 1 步：在菜单栏单击“文件”，选择“新建”。设置名称为“05 效果 WEB 按钮”，预设为“自定”，宽度为“20 厘米”，高度为“20 厘米”，分辨率为“72 像素/英寸”，颜色模式为“RGB 颜色 8 位”，背景内容为“白色”，如图 34-2 所示。

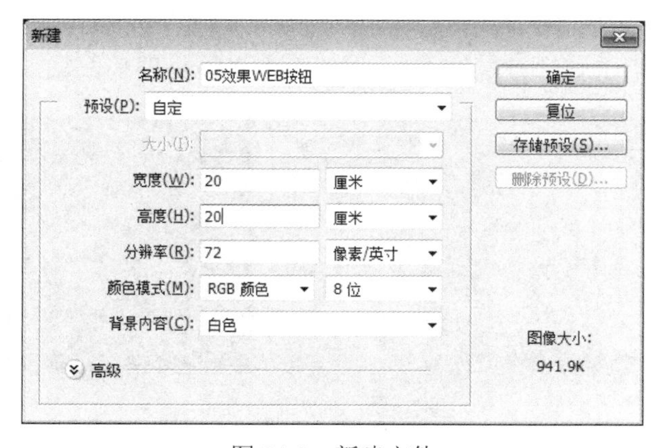

图 34-2　新建文件

第 2 步：新建图层 1，填充背景为灰色。

（1）在菜单栏单击“图层”，选择“新建”→“图层”。设置名称为“图层 1”，颜色为“无”，模式为“正常”，不透明度为“100%”。设置如图 34-3 所示，效果如图 34-4 所示。

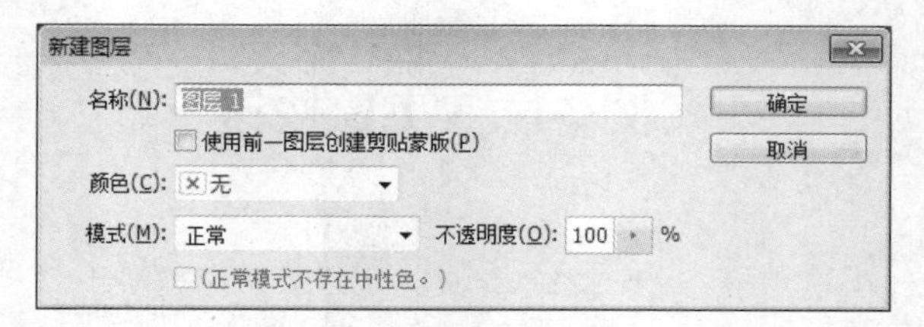

图 34-3 新建图层 1

（2）设置前景色为“灰色”，按 Alt+Delete 组合键使用前景色，将背景图片填充为灰色。前景色如图 34-5 所示，填充效果如图 34-6 所示。

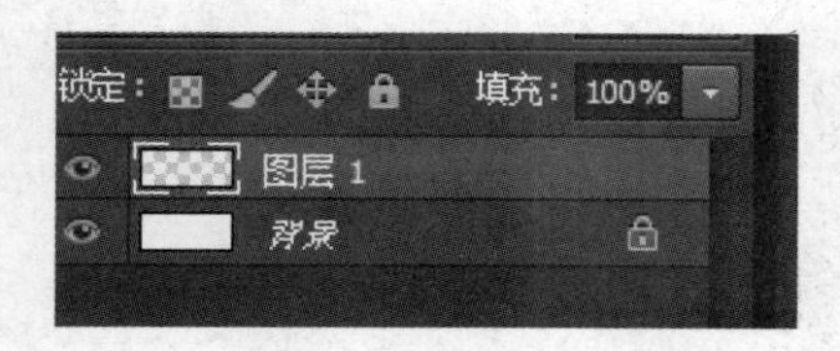

图 34-4 新建图层 1

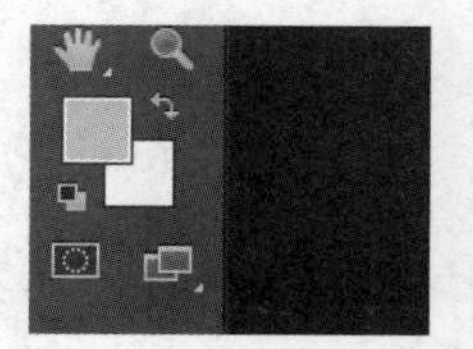

图 34-5 设置前景色

图 34-6 填充灰色效果

第 3 步：选择图层 1，制作 WEB 按钮内圆形。

（1）选择椭圆选框工具，按 Shift 键，在画布上画一个圆形，如图 34-7 所示。

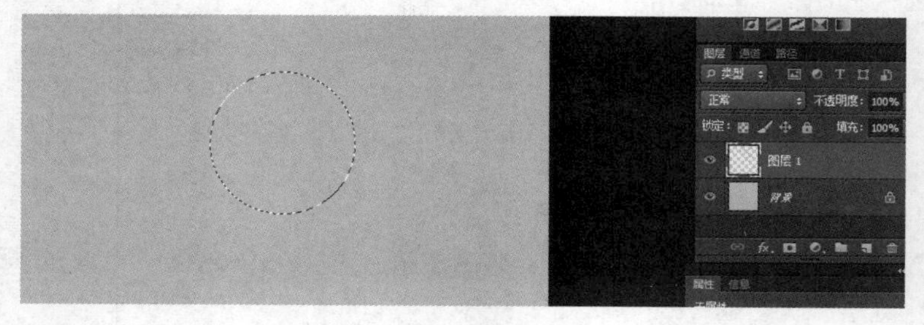

图 34-7 画圆形效果

（2）设置前景色为蓝色，选择径向渐变工具如图 34-8 所示设置。

图 34-8 径向渐变工具设置

（3）在画布上按住 Shift 键由左下到右上画一条直线，如图 34-9 所示。

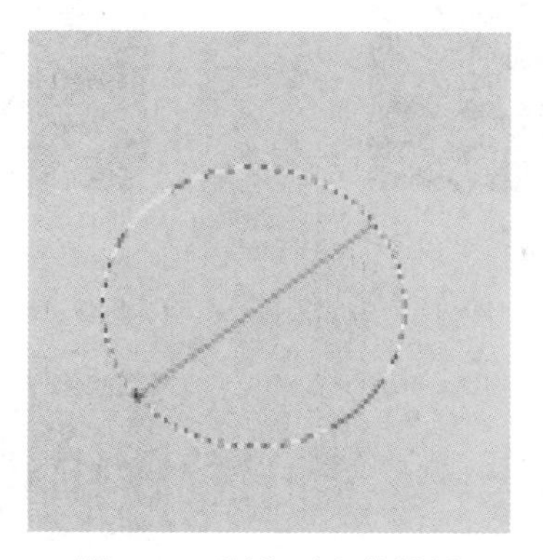

图 34-9　渐变画直线效果

渐变效果如图 34-10 所示。

图 34-10　制作 WEB 按钮内圆形效果

（4）按 Ctrl+D 组合键取消选择。效果如图 34-11 所示。

图 34-11　效果图

第 4 步：新建图层 2，制作 WEB 按钮外圆。

（1）在图层控制面板，单击“创建新图层”按钮，新建图层 2。效果如图 34-12 所示。

（2）按住左键，将图层 2 拖到图层 1 下方，交换图层 1 与图层 2 的位置。效果如图 34-13 所示。

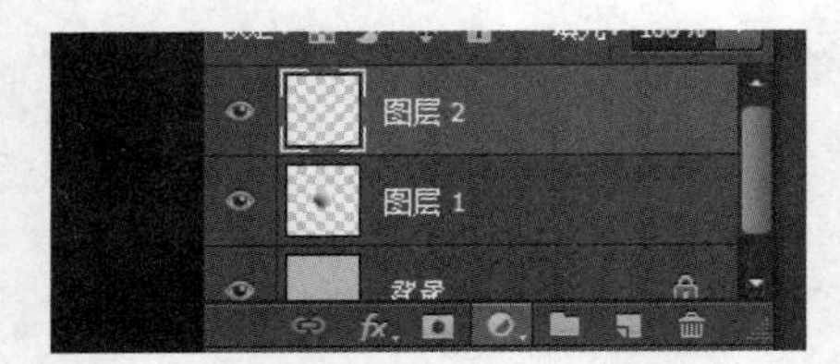

图 34-12 新建图层 2

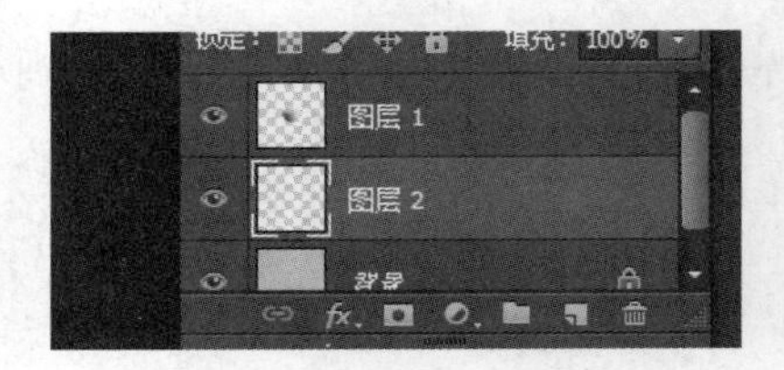

图 34-13 交换图层

（3）选择“图层 2”，使用“椭圆”工具按 Shift 键，画一个大圆。效果如图 34-14 所示。

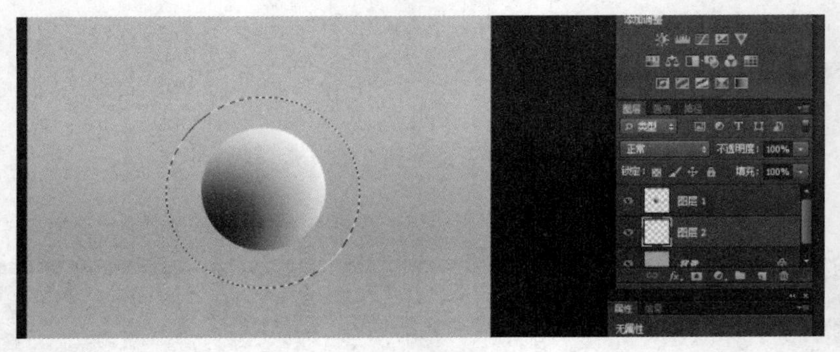

图 34-14 画一个大圆

（4）在画布上从右上到左下画一条直线，如图 34-15 所示。渐变效果如图 34-16 所示。

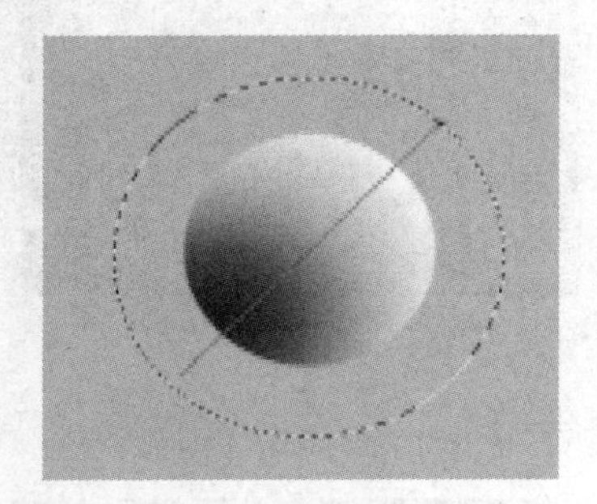

图 34-15 画一条直线

图 34-16 渐变

（5）按 Ctrl+D 组合键取消选择，效果如图 34-17 所示。

图 34-17 取消选择

第 5 步：制作图层 2 的样式效果。

（1）在菜单栏单击“图层”，选择“图层样式”，勾选“斜面和浮雕”复选框。设置样式为“内斜面”，方法为“平滑”，深度为“100%”，方向为“上”，大小为“0 像素”，软化为“8 像素”，角度为“58 度”，勾选“使用全局光”复选框，高度为“20”，高光模式为“正常”，不透明度为“75%”，阴影模式为“正片叠底”“黑色”，不透明度为“80%”。设置如图 34-18 所示。

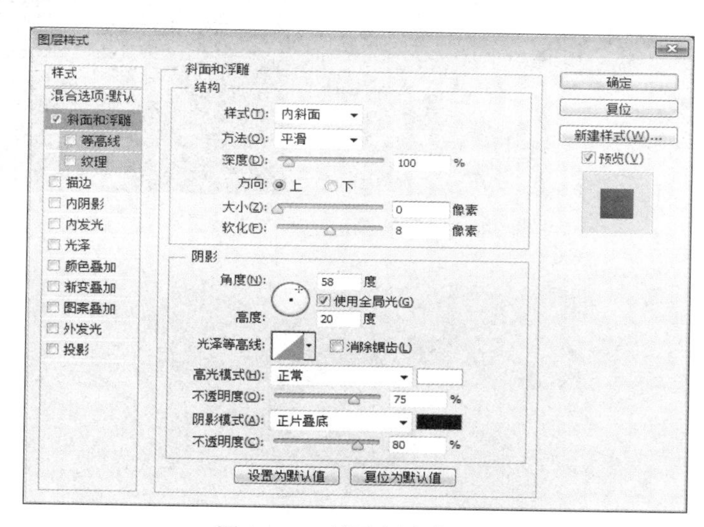

图 34-18　斜面和浮雕设置

（2）单击“确定”，显示如图 34-19 所示。

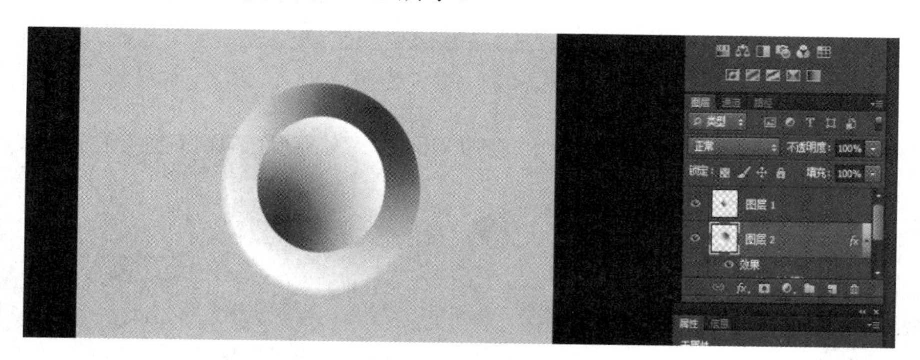

图 34-19　效果图

第 6 步：制作图层 1 的样式效果。

（1）选择“图层 1”，在菜单栏单击“滤镜”，选择“模糊”→“高斯模糊”。设置半径为“1.5 像素”，如图 34-20 所示。

（2）单击“确定”，显示如图 34-21 所示。

第 7 步：选择文字工具，输入“WEB 按钮”，如图 34-22 所示。

第 8 步：合并图层，将制作文件存盘。

选择菜单栏中的“图层”，选择“合并可见图层”；选择菜单栏中的“文件”，选择“存储”选项。设置文件类型为 PSD 或 JPEG 格式。效果如图 34-23 所示。

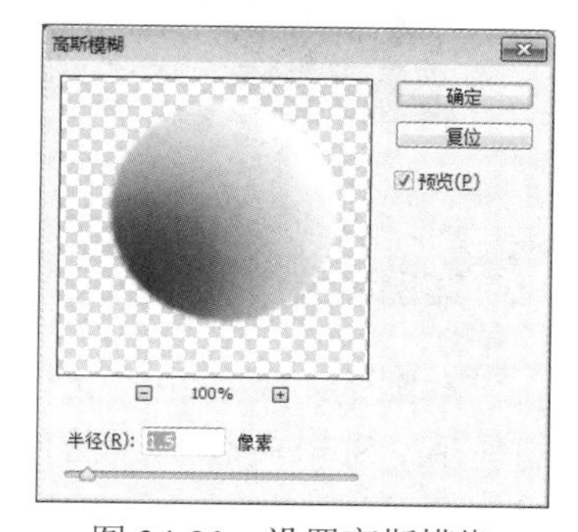

图 34-20　设置高斯模糊

图 34-21　制作图层 1 的样式效果

图 34-22　输入文字

图 34-23　合并图层

案例小结

本案例主要应用了文件的创建方法、图层工具的使用方法、渐变工具的使用、选区工具的使用、Shift+圆形工具的使用、存储选区的使用、斜面和浮雕工具的使用、高斯模糊工具、拼合图层等。

案例 35　禁止吸烟广告

案例目标

使学生熟悉 Photoshop CS6.0 基本操作界面，掌握文件的创建方法、图层工具的使用方法、渐变工具的使用、选区工具的使用、自由套索工具的使用、收缩工具的使用、杂色滤镜的使用、自由变换工具的使用、画笔工具的使用、文字工具的使用、拼合图层等。

案例效果

本案例最终效果如图 35-1 所示。

图 35-1　效果图

案例步骤

第 1 步：在菜单栏单击“文件”，选择“新建”。设置名称为“06 效果吸烟广告”，预设为“自定”，宽度为“20 厘米”，高度为“20 厘米”，分辨率为“72 像素/英寸”，颜色模式为“RGB 颜色 8 位”，背景内容为“白色”，如图 35-2 所示。

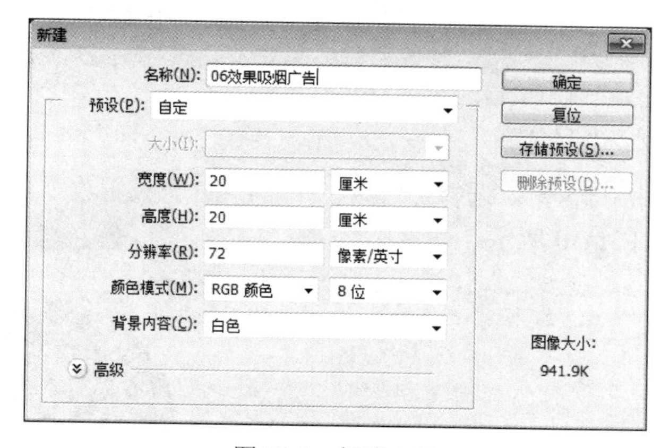

图 35-2　新建文件

第 2 步：新建图层 1。

在菜单栏单击“图层”，选择“新建图层”。设置名称为“图层 1”，颜色为“无”，模式为“正常”，不透明度为“100%”。设置如图 35-3 所示，效果如图 35-4 所示。

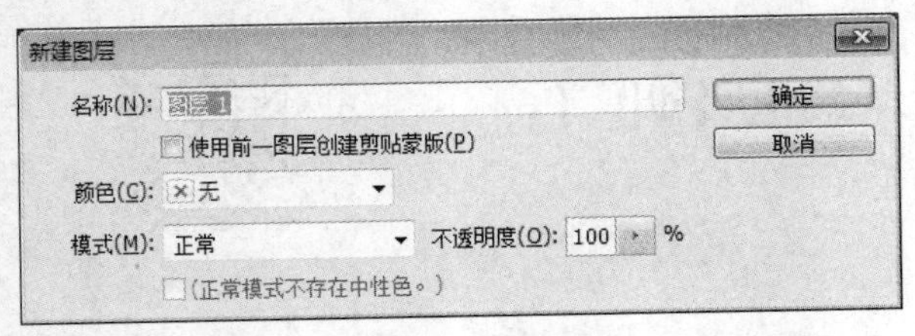

图 35-3　新建图层 1

图 35-4　新建图层 1

第 3 步：选择图层 1，制作禁止吸烟广告的外环形。

（1）选择“椭圆”工具，同时按 Shift 键，在画布上画一圆形，如图 35-5 所示。

（2）设置前景色为“红色”，按 Alt+Delete 组合键填充，如图 35-6 所示。

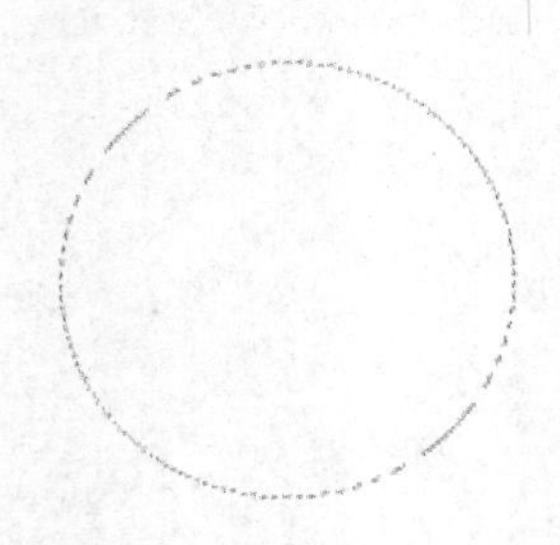

图 35-5　画圆形效果

图 35-6　填充效果

（3）在菜单栏单击“选择”，选择“修改”→“收缩”。设置收缩量为“16 像素”。设置如图 35-7 所示，效果如图 35-8 所示。

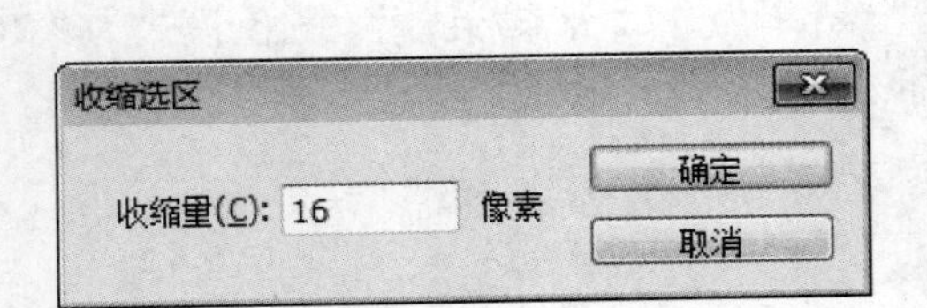

图 35-7　收缩选区设置

图 35-8　效果图

（4）在菜单栏单击“选择”，选择“修改”→“收缩”。设置收缩量为“5 像素”。设置如图 35-9 所示，效果如图 35-10 所示。

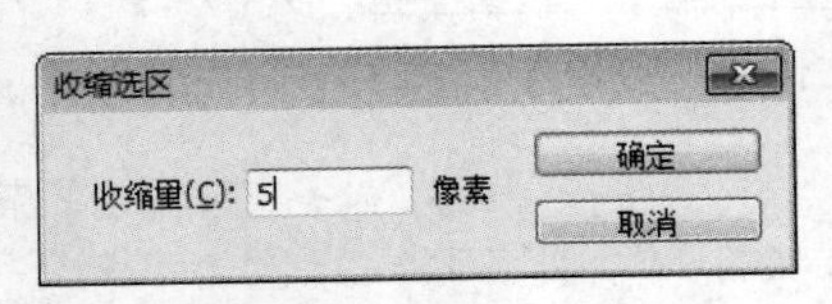

图 35-9　收缩选区设置

图 35-10　再次收缩效果图

（5）按 Delete 键删除内部，形成圆环效果，如图 35-11 所示。

第 4 步：新建图层 2，制作香烟效果。

（1）按 Ctrl+D 组合键取消选择。在图层控制面板单击“创建新图层”按钮，新建图层 2，如图 35-12 所示。

图 35-11　广告的外环形效果

图 35-12　新建图层 2

（2）设置前景色为“土黄色”，选择“矩形”工具，在画布上的左侧画一个矩形，制作香烟的“过滤嘴”，按 Alt+Delete 组合键填充，如图 35-13 所示。

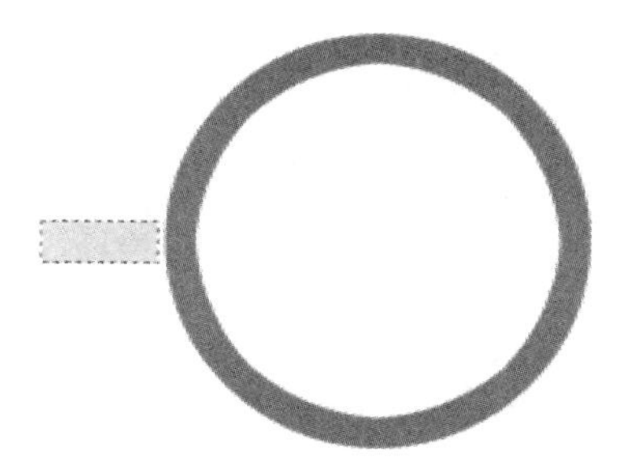

图 35-13　制作香烟过滤嘴

（3）在菜单栏单击“滤镜”，选择“杂色”→“添加杂色”。设置数量为 20%，分布为“高斯”，勾选“单色”复选框。设置如图 35-14 所示，效果如图 35-15 所示。

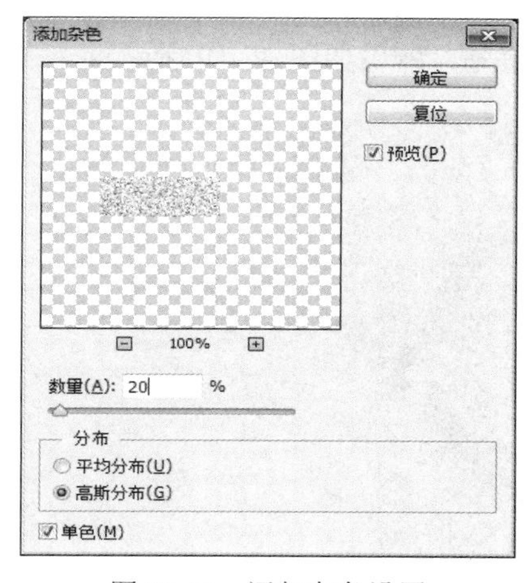

图 35-14　添加杂色设置

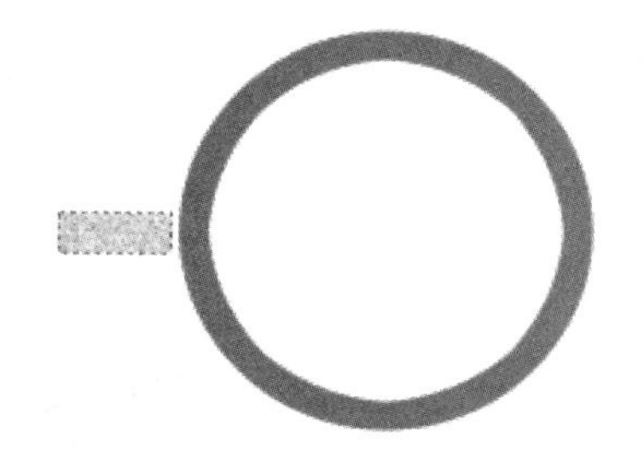

图 35-15　效果图

（4）设置前景色为“白色”，选择“矩形”工具，在画布的“中间”画一个矩形，制作香烟的“烟体”，按 Alt+Delete 组合键填充，如图 35-16 所示。

（5）在菜单栏单击“编辑”，选择“描边”。设置宽度为“2 像素”，颜色为“白色”，位置为“内部”，模式为“正常”，不透明度为“100%”，如图 35-17 所示。

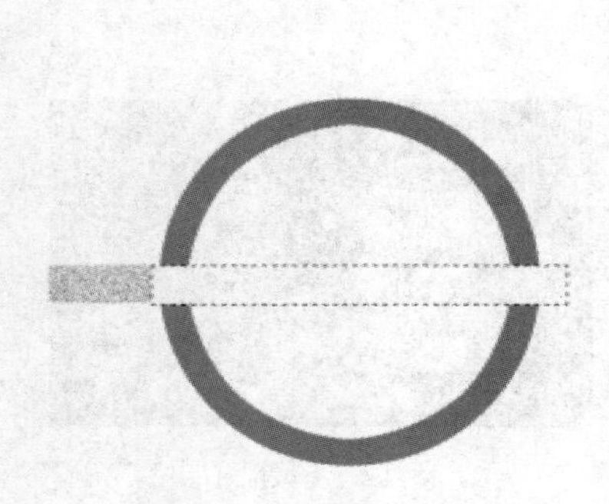

图 35-16　制作香烟体

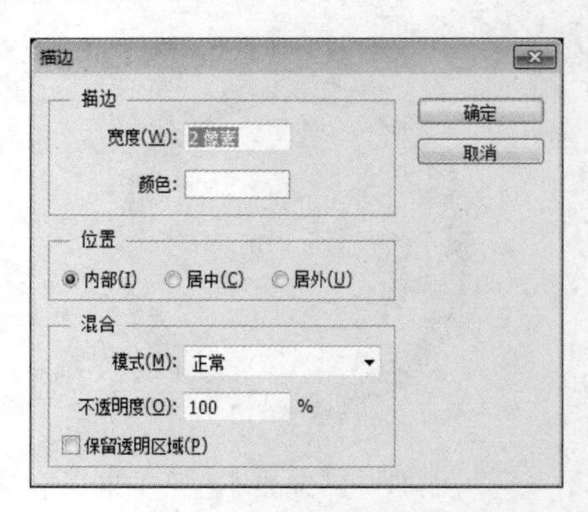

图 35-17　描边设置

（6）选择自由套索工具，按 Ctrl+D 组合键取消选择。在画布中的烟的前部圈出一处不规则区域，制作“烟头”。如图 35-18 所示。

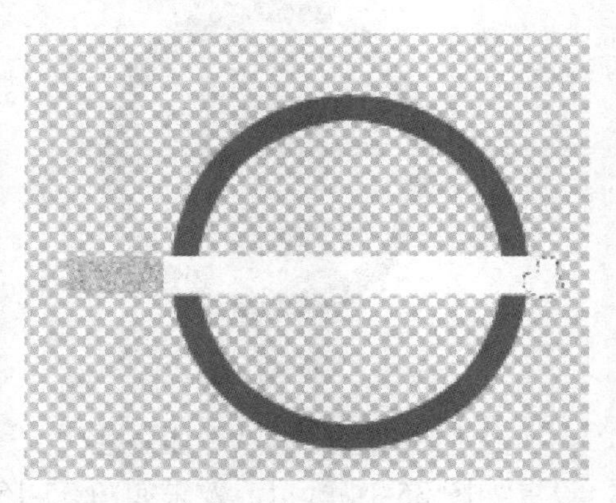

图 35-18　制作香烟头

（7）设置前景色为黑色，按 Alt+Delete 组合键填充。效果如图 35-19 所示。

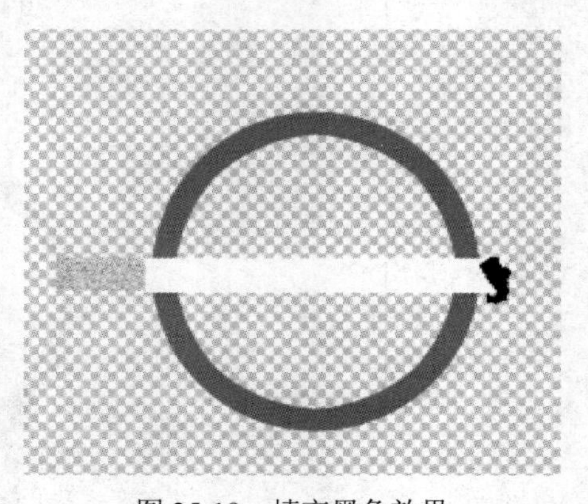

图 35-19　填充黑色效果

（8）在菜单栏单击“滤镜”，选择“杂色”→“添加杂色”。设置数量为“400%”，分布为“高斯分布”，勾选“单色”复选框。设置如图 35-20 所示，效果如图 35-21 所示。

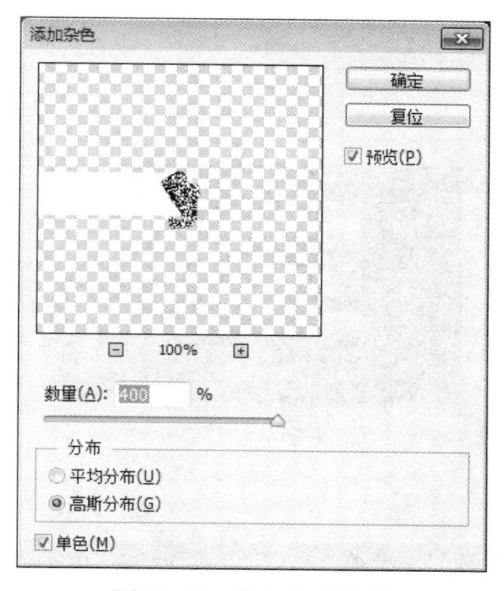

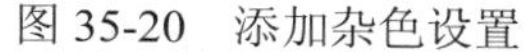

图 35-20　添加杂色设置

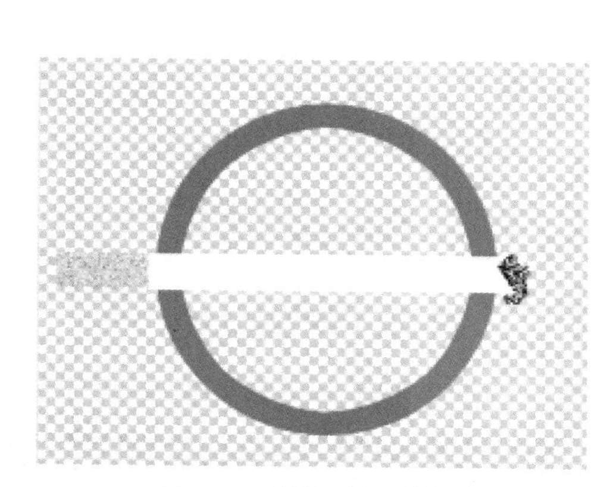

图 35-21　制作香烟头效果

（9）选择“矩形”工具，选择整体“烟身”，选择“对称渐变”工具。设置如图 35-22 所示。

图 35-22　对称渐变工具设置

在画布上按住 Shift 键，从矩形的中心向下画一条直线，如图 35-23 所示。

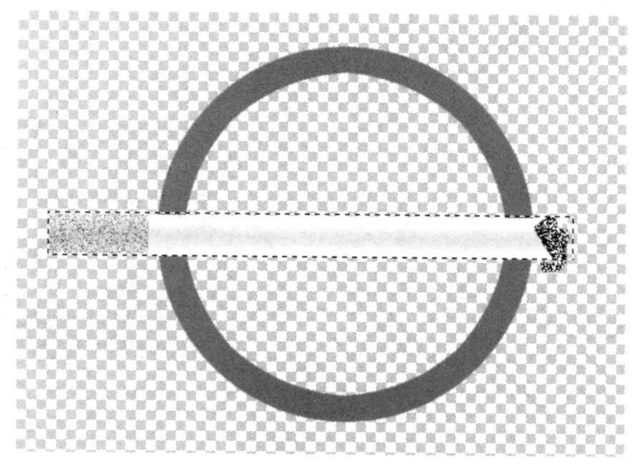

图 35-23　渐变效果图

（10）调整香烟位置。

在菜单栏单击“编辑”，选择“自由变换”，在画布上旋转烟体到合适位置，按回车键确认，按 Ctrl+D 组合键取消选择。如图 35-24 所示。

第 5 步：新建图层 3，制作红色直线效果。

（1）在图层控制面板，单击“新建”按钮，新建图层 3，如图 35-25 所示。

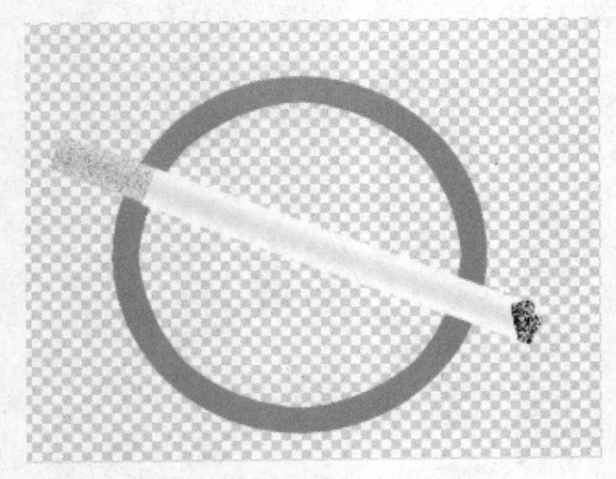

图 35-24　调整香烟位置效果

图 35-25　新建图层 3

（2）选择“画笔”工具。设置如图 35-26 所示。

图 35-26　画笔工具设置

（3）前景色设置为“红色”，按 Shift 键，从右上到左下，在圈中画一条粗线，如图 35-27 所示。

第 6 步：新建图层 4，制作烟雾效果。

（1）在图层控制面板中单击“新建”按钮，新建图层 4，如图 35-28 所示。

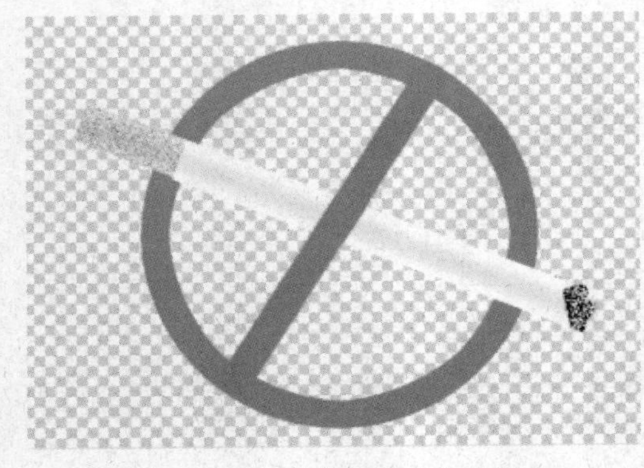

图 35-27　制作红色直线效果

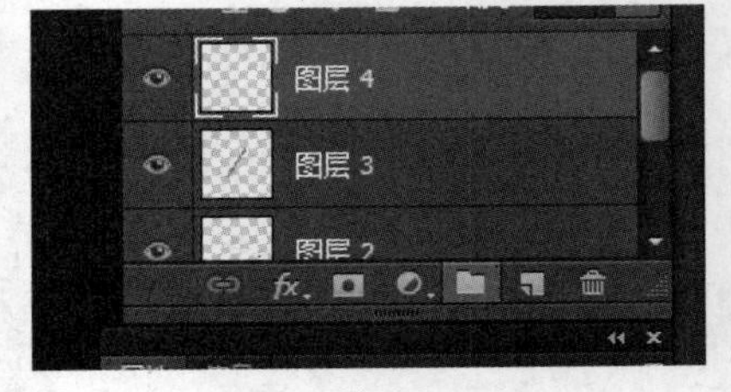

图 35-28　新建图层 4

（2）选择“画笔”工具，设置如图 35-29 所示。

图 35-29　画笔工具设置

（3）设置前景色为“黑色”，在画布上画“烟雾”效果，如图 35-30 所示。

第 7 步：选择文字工具，输入“禁止吸烟”，如图 35-31 所示。

图 35-30　图层 4 制作烟雾效果

图 35-31　文字工具

第 8 步：合并图层，将制作文件存盘。

选择菜单栏中的“图层”，选择“合并可见图层”；选择菜单栏中的“文件”，选择“存储”选项。设置文件类型为 PSD 或 JPEG 格式文件，如图 35-32 所示。

图 35-32　合并图层

案例小结

本案例主要应用了文件的创建方法、图层工具的使用方法、渐变工具的使用、选区工具的使用、自由套索工具的使用、收缩工具的使用、杂色滤镜的使用、自由变换工具的使用、画笔工具的使用、文字工具的使用、拼合图层等。

案例 36　药品广告

案例目标

使学生熟悉 Photoshop CS6.0 基本操作界面，掌握文件的创建方法、图层工具的使用方法、色阶工具的使用、选区工具的使用、自由变换工具的使用、画笔工具的使用、文字工具的使用、斜面和浮雕、拼合图层等。

案例效果

本案例最终效果如图 36-1 所示。

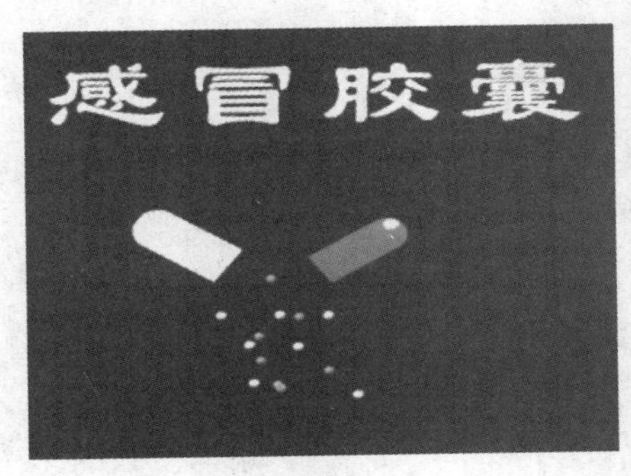

图 36-1　效果图

案例步骤

第 1 步：在菜单栏单击“文件”，选择“新建”。设置名称为“07 效果药广告”，预设为“自定”，宽度为“20 厘米”，高度为“20 厘米”，分辨率为“72 像素/英寸”，颜色模式为“RGB 颜色 8 位”，背景内容为“白色”，如图 36-2 所示。

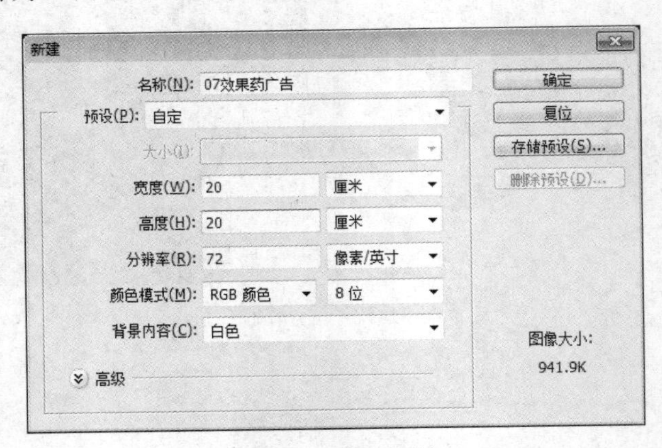

图 36-2　新建文件

第 2 步：新建图层 1。

（1）在菜单栏单击“图层”，选择“新建图层”。设置名称为“图层 1”，颜色为“无”，模式为“正常”，不透明度为“100%”。设置如图 36-3 所示，效果如图 35-4 所示。

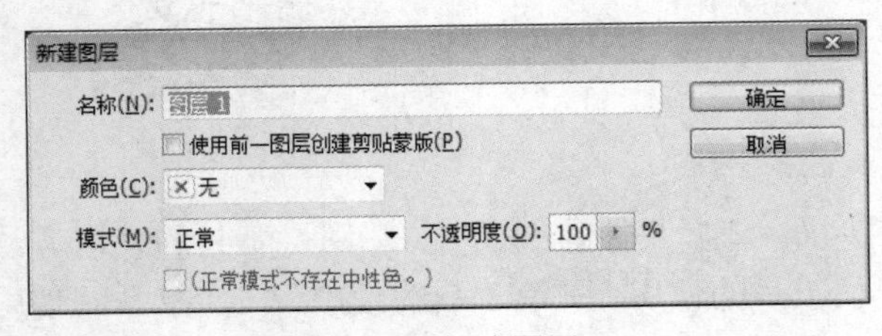

图 36-3　新建图层 1

图 36-4　图层 1 效果

（2）按 D 键，之后按 Alt+Delete 组合键使用前景色填充，将背景色填充为黑色。效果如图 36-5 所示。

图 36-5　填充效果图

第 3 步：选择图层 1，制作药品的外形。

（1）选择“椭圆”形工具，同时按 Shift 键，在画布上画一个圆形，如图 36-6 所示。

（2）设置前景色为“红色”，设置如图 36-7 所示。

图 36-6　画圆形

图 36-7　设置前景色为红色

（3）选择径向渐变，设置如图 36-8 所示。

图 36-8　径向渐变设置

（4）在画布中从右上到左下画一条直线，如图 36-9 所示。

（5）选择“移动”工具，按 Alt+右键 70 次，制作药品效果如图 36-10 所示。

图 36-9　渐变效果

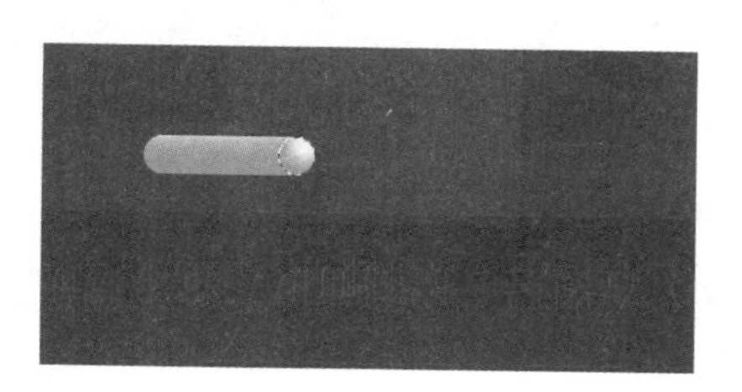

图 36-10　制作药品的外形效果

按 Ctrl+D 组合键取消选择，移动到合适位置，如图 36-11 所示。

图 36-11　效果图

第 4 步：调整颜色。

在菜单栏单击“图像”，选择“调整”→“色阶”。设置预设为“自定”，通道为“RGB”，输入色阶“190，1.00，255”，输出色阶“0，255”。设置如图 36-12 所示，效果如图 36-13 所示。

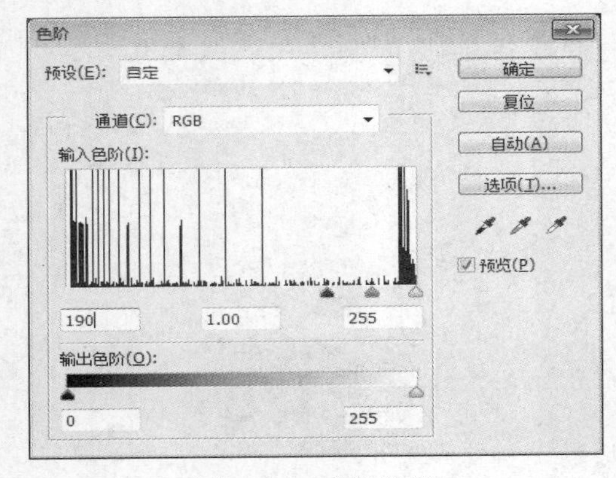

图 36-12　色阶设置

图 36-13　调整颜色

第 5 步：利用选区工具将药分成两部分。

（1）选择“椭圆”工具，在画布中从药体中心向右画一个稍大的圆，如图 36-14 所示。

（2）选择“矩形”工具，在画布上按 Shift 键，画一个矩形。效果如图 36-15 所示。

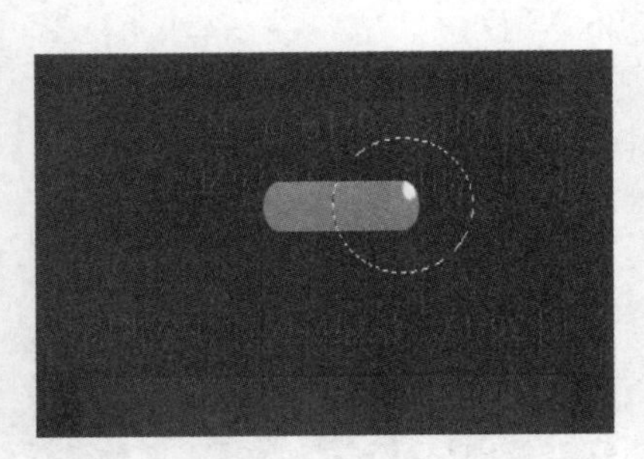

图 36-14　画圆形效果

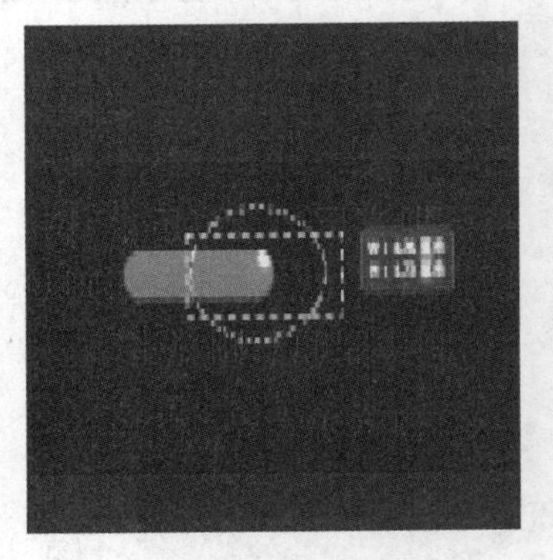

图 36-15　画矩形效果

放开鼠标后，结果显示如图 36-16 所示。

（3）选择“移动”工具将药分成两部分，如图 36-17 所示。

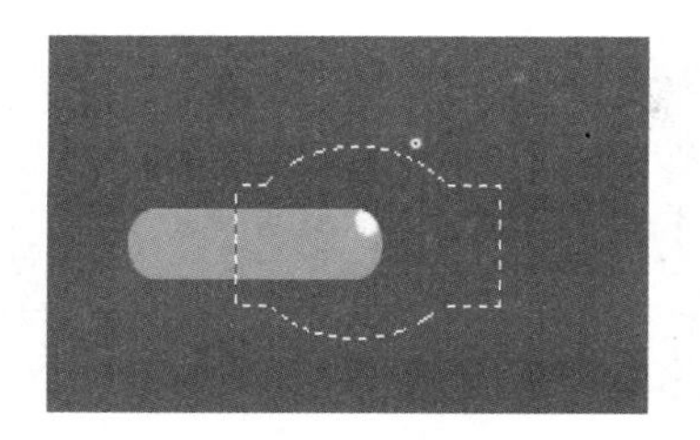

图 36-16　结果显示

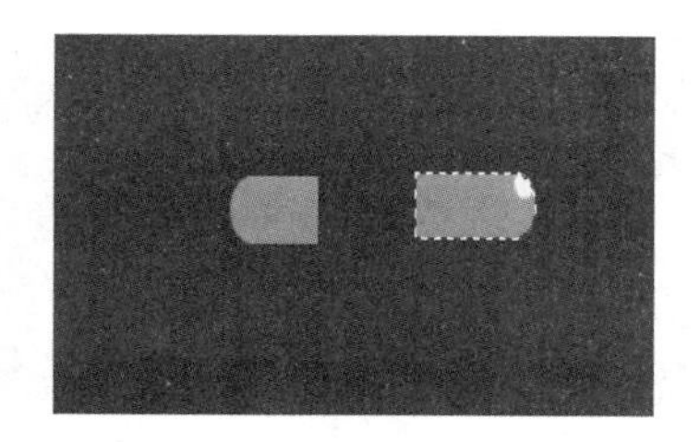

图 36-17　将药分两部分效果图

第 6 步：制作药的左侧效果。

（1）选择“魔棒”工具，在画布上选择“左半”部分，如图 36-18 所示。

（2）设置前景色为“黄色”，按 Alt+Delete 填充。效果如图 36-19 所示。

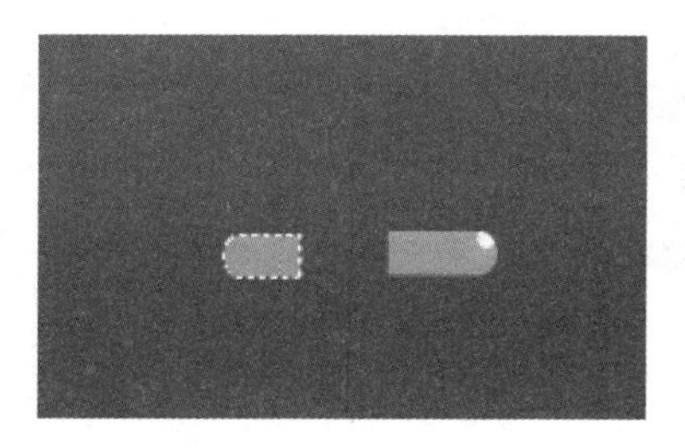

图 36-18　选择左侧效果

图 36-19　填充效果图

（3）在菜单栏单击“编辑”，选择“剪切”。在菜单栏单击“编辑”，选择“粘贴”，生成图层 2，如图 36-20 所示。

图 36-20　复制图层 2

（4）在菜单栏单击“编辑”，选择“自由变换”，调整到如图 36-21 所示效果，双击左键确定。

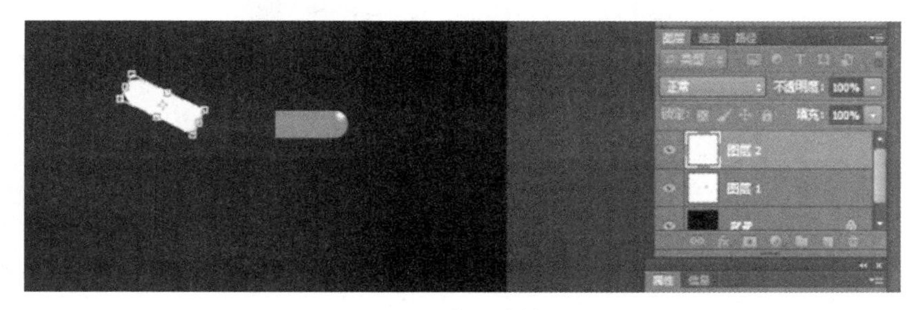

图 36-21　自由变换效果

（5）在图层 2 控制面板，将不透明度设置为“70%”，如图 36-22 所示。

图 36-22 制作药的左侧效果

第 7 步：制作药的右侧效果。

（1）选择图层 1，如图 36-23 所示。

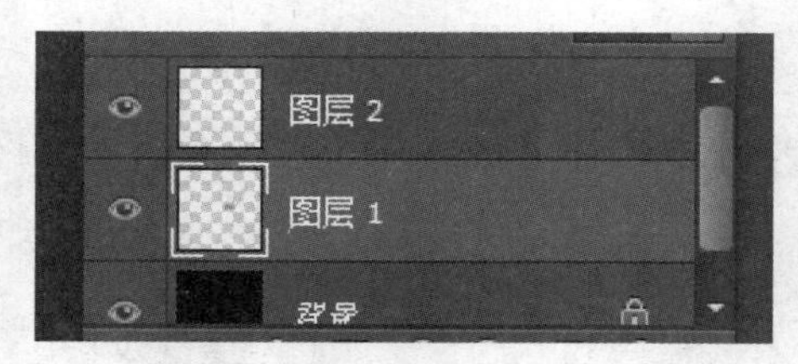

图 36-23 选择图层 1

（2）在菜单栏单击“编辑”→“自由变换”，调整到如图 36-24 所示效果，双击左键确定。

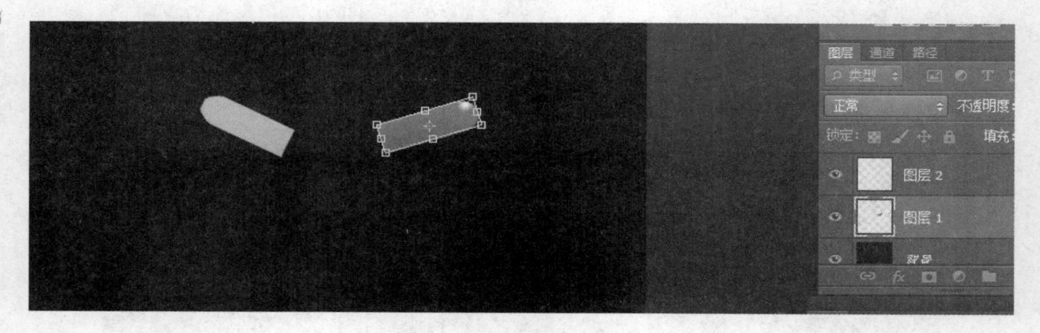

图 36-24 调整右侧效果

第 8 步：制作药颗粒效果。

（1）在图层控制面板单击“创建新图层”按钮，新建图层 3，如图 36-25 所示。

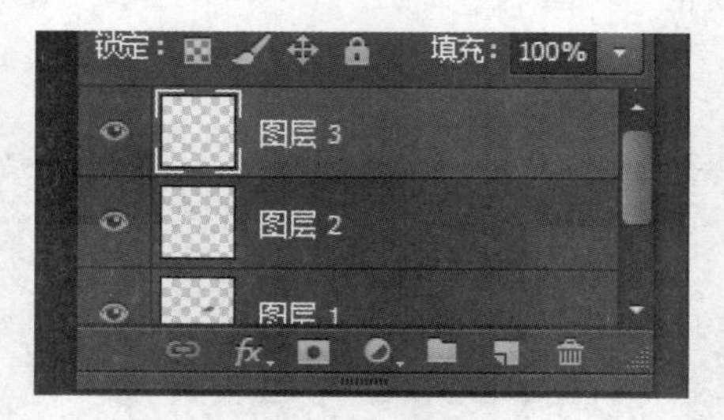

图 36-25 新建图层 3

（2）选择“画笔”工具，设置如图 36-26 所示。

图 36-26 画笔工具设置

（3）分别设置前景色为“黄色”和“红色”，效果如图 36-27 所示。

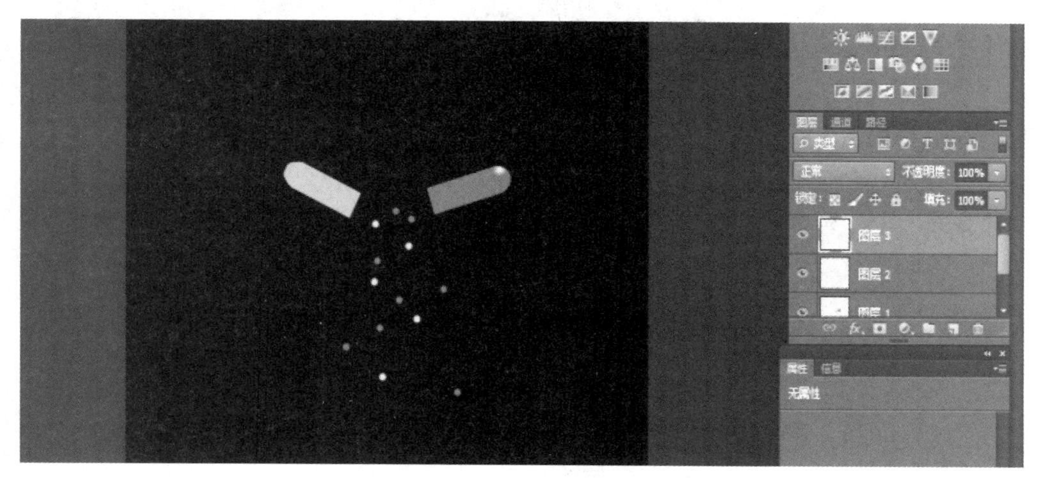

图 36-27 制作药颗粒效果

（4）在菜单栏单击“图层”，选择“图层样式”，勾选“斜面和浮雕”复选框。设置样式为“内斜面”，方法为“平滑”，深度为“100%”，方向为“上”，大小为“5 像素”，软化为“5 像素”，角度为“120 度”，选择为“使用全局光”，高度为“5 度”，高光模式为“正常”，不透明度为“75%”，阴影模式为“正片叠底”“黑色”，不透明度为“75%”，如图 36-28 所示。

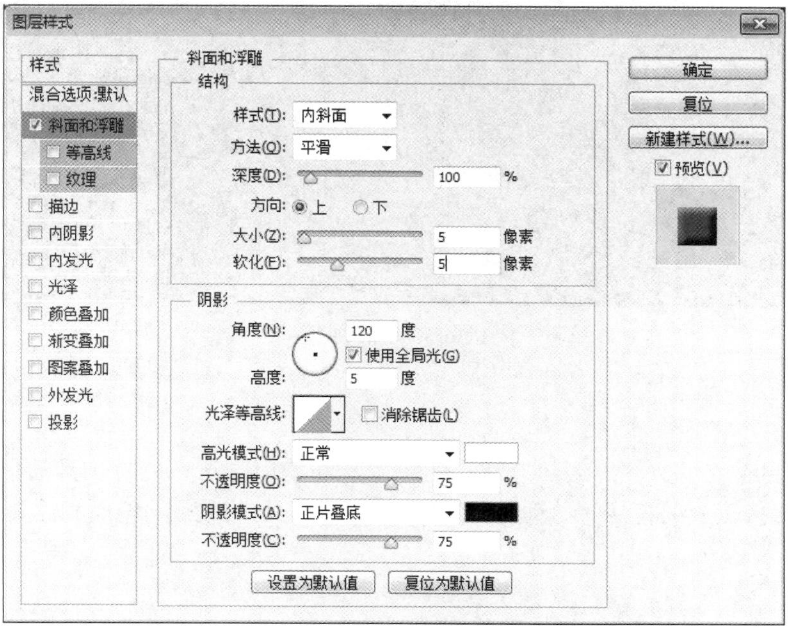

图 36-28 斜面和浮雕设置

第 9 步：选择文字工具，输入“感冒胶囊”，如图 36-29 所示。

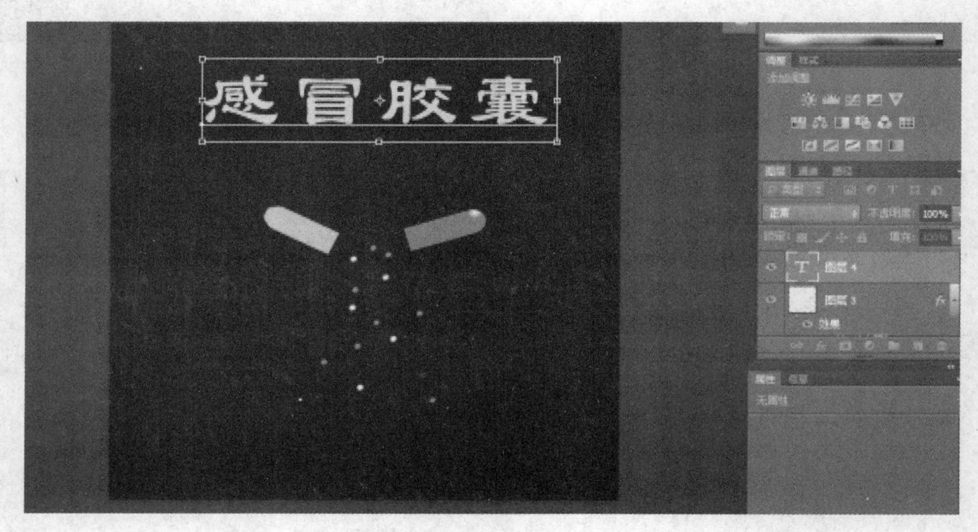

图 36-29　文字效果

第 10 步：合并图层，将制作文件存盘。

选择菜单栏中的“图层”，选择“合并可见图层”；选择菜单栏中的“文件”→“存储”选项。设置文件类型为 PSD 或 JPEG 格式。效果如图 36-30 所示。

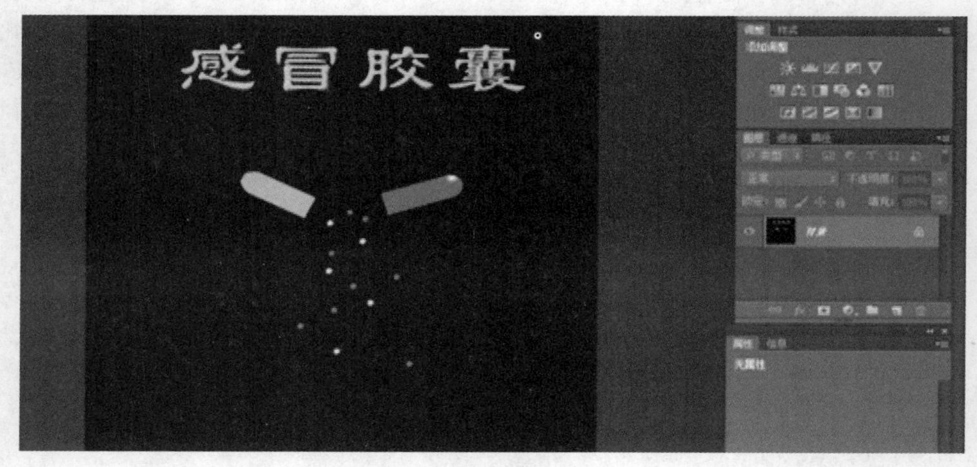

图 36-30　合并图层

案例小结

本案例主要应用了文件的创建方法、图层工具的使用方法、色阶工具的使用、选区工具的使用、自由变换工具的使用、画笔工具的使用、文字工具的使用、斜面和浮雕、拼合图层等。

第 4 部分　综合实例

案例 37　添加纹身效果

案例目标

使学生熟悉 Photoshop CS6.0 基本操作界面，掌握通过魔棒工具进行相同或相近的像素选择，即选中图案黑色背景再反向选择，然后将其移动到另一幅图片中完成合成效果。

案例效果

本案例最终效果如图 37-1 所示。

图 37-1　添加纹身效果

案例步骤

第 1 步：启动 Photoshop CS6.0，选择“文件”→“新建”，或者使用 Ctrl+N 组合键建立一个宽度为“12 厘米”，高度为“10 厘米”，分辨率为“72 像素/英寸”，颜色模式为“RGB 颜色 8 位”，背景内容为“白色”的画布。然后单击“确定”按钮，如图 37-2 所示。

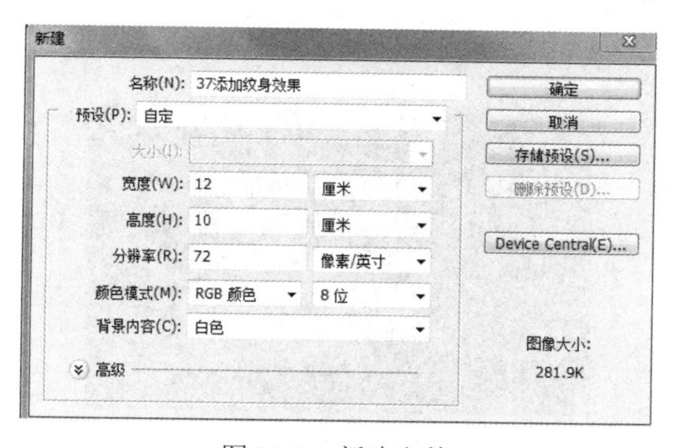

图 37-2　新建文件

第 2 步：打开素材，将“美女 3”素材移动至当前页面，选择“编辑”，选择“自由变换”命令（或使用 Ctrl+T 组合键），将图片调整到合适大小，如图 37-3 所示。

图 37-3 “美女 3”素材

第 3 步：（1）打开“图案”素材，选择“魔棒工具”，并设置容差为“50”，勾选“消除锯齿”和“连续”复选框，如图 37-4 所示。

容差: 50 ☑消除锯齿 ☑连续 ☐对所有图层取样

图 37-4 “容差”设置

（2）在“图案”素材中，选择“魔棒工具”单击黑色背景，即为黑色区域创建选区，如图 37-5 所示。

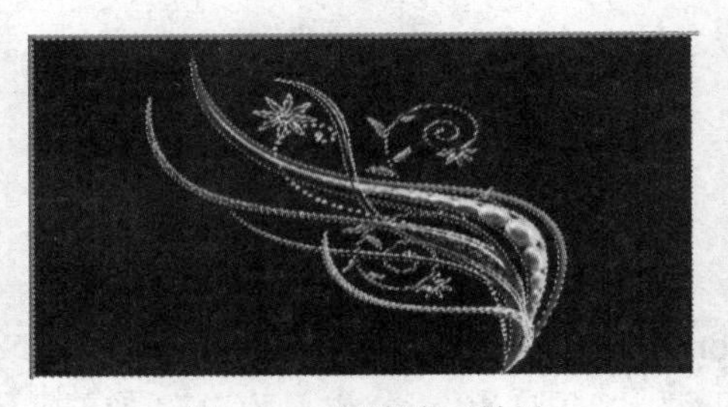

图 37-5 创建选区效果

（3）单击“选择”菜单，使用“反向”命令（或者按 Shift+Ctrl+I 组合键），执行反向选择，即可选择图案部分，如图 37-6 所示。

图 37-6 反向选择效果

第 4 步：（1）使用“移动工具”，将鼠标指针放在选区中，拖动选区内的图像移动至“美女 3”素材文件当中，自动生成图层 1，如图 37-7 所示。

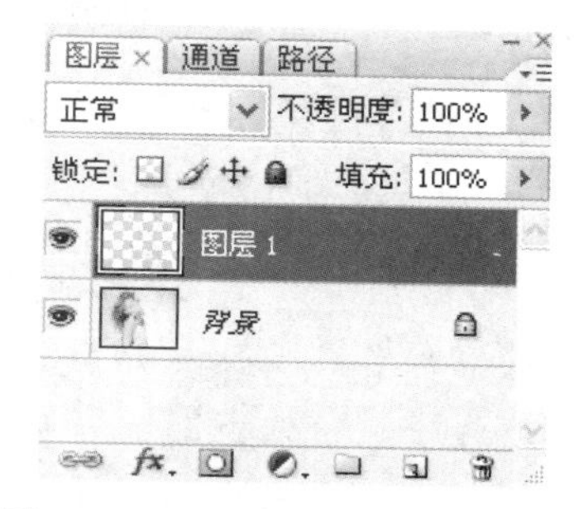

图 37-7　图层面板生成“图层 1”

（2）单击“编辑”菜单，选择“自由变换”命令（或者使用 Ctrl+T 组合键），对图案进行调整，此时图案周围出现调整框，将鼠标指针放在四个角中的任意一个控制点，配合键盘 Shift+Alt 组合键并拖动鼠标左键进行等比例缩小，调整图像大小后移动到合适的位置即可。最终完成效果如图 37-8 所示。

图 37-8　最终完成效果

第 5 步：将制作文件存盘。

选择菜单栏中的“文件”→“存储”选项。设置文件类型为 PSD 或 JPEG 格式。

案例小结

本案例主要应用了文件的新建和魔棒工具等。通过学习魔棒工具的使用，完成对图像的选取、编辑、修改，魔棒工具比较适用于颜色较为单一的图像，颜色越单一，选区的图像越精确。

案例 38　合成艺术化相片

案例目标

使学生熟悉 Photoshop CS6.0 基本操作界面，掌握使用羽化命令进行图像合成，使图像达到完美融合的效果。

案例效果

本案例最终效果如图 38-1 所示。

图 38-1 合成艺术化相片

案例步骤

第 1 步：单击“文件”→“打开”，选择“背景”素材，单击“打开”按钮，效果如图 38-2 所示。

图 38-2 “背景”素材

第 2 步：（1）选择“文件”→“打开”菜单，打开“婚纱照”素材，将“婚纱照”图像设置为当前窗口，选择椭圆选框工具，然后在主图像窗口绘制椭圆选区，框选人物上半部分图像，单击菜单“选择”→“修改”→“羽化”，设置羽化为“50 像素”，效果如图 38-3 所示。

图 38-3 选取人物上半部分图像

（2）执行“编辑”，选择“拷贝”命令（或者使用 Ctrl+C 组合键），复制选区内的婚纱人物图像，然后切换到已经打开的“背景”图像窗口，执行“编辑”→“粘贴”命令（或者使用 Ctrl+V 组合键），将婚纱人物图像复制到“背景”图像窗口中，并利用“移动工具”将其移动到合适的位置，如图 38-4 所示。

图 38-4　将选取的人物图像复制到背景图像中

（3）打开“幸福”素材，将“幸福”素材图像置于当前窗口，选择“矩形选框工具”在图像中绘制选区，如图 38-5 所示。

（4）单击“选择”→“修改”→“羽化”选项（或者使用 Shift+F6 组合键），设“羽化半径”为“50 像素”，如图 38-6 所示。单击“确定”按钮，关闭对话框。

图 38-5　选取人物图像

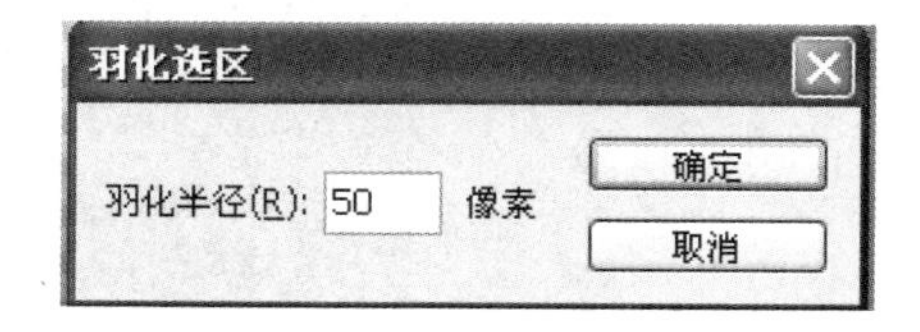

图 38-6　“羽化选区”对话框

（5）选择“编辑”→“拷贝”命令（或者使用 Ctrl+C 组合键），复制选区内的“幸福”图像，然后切换到正在编辑的“背景”图像窗口，执行“编辑”→“粘贴”命令（或者使用 Ctrl+V 组合键），将“幸福”图像复制到该窗口中，并利用移动工具将其放置于合适的位置，效果如图 38-7 所示。

第 3 步：将制作文件存盘。

选择菜单栏中的“文件”→“存储”选项。设置文件类型为 PSD 或 JPEG 格式。

图 37-7　最终完成效果

案例小结

本案例主要学习选区羽化的应用，选区的羽化是使用频率非常高的一个命令。在填充选区或复制（删除）选区图像前，应先对选区进行羽化操作，再进行填充或复制，可以得到边缘柔和且淡化的图像效果，从而方便用户合成图像。

案例 39　合成化妆品广告

案例目标

使学生熟悉 Photoshop CS6.0 基本操作界面，掌握利用羽化知识合成化妆品广告。

案例效果

本案例最终效果如图 39-1 所示。

图 39-1　合成化妆品广告

案例步骤

第 1 步：选择“文件”→“打开”菜单命令，选择“背景图”素材，单击“打开”按钮，如图 39-2 所示。

图 39-2　“背景图”素材

第 2 步：打开“滴水”素材图片，用“移动”工具拖动“滴水”图片至“背景图”当中，会自动生成图层 1，如图 39-3 所示。将“图层 1”的混合模式设置为“线性加深”，并设置该图层的填充为“60%”，得到图像效果如图 39-4 所示。

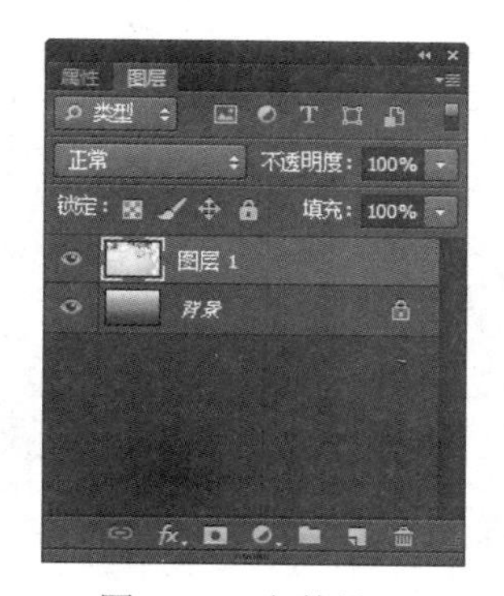

图 39-3　参数设置

图 39-4　设置后的效果

第 3 步：打开“人物”素材图片，选择工具箱中的“魔棒工具”，在“人物”素材背景区域单击鼠标左键，创建选区如图 39-5 所示。使用 Shift+Ctrl+I 组合键执行反向选择，即可选择人物部分，如图 39-6 所示。

图 39-5　选取背景

图 39-6　反选后效果

第 4 步：利用羽化命令合成化妆品广告。

（1）按 Shift+F6 组合键羽化选区，设置羽化半径为“3 像素”，如图 39-7 所示。按 Ctrl+C

组合键复制选区内的“人物”图像，然后切换到正在编辑的“背景图”图像窗口，按 Ctrl+V 组合键，将“人物”图像复制到该窗口中，并利用“移动”工具将图像放置于合适的位置，如图 39-8 所示。

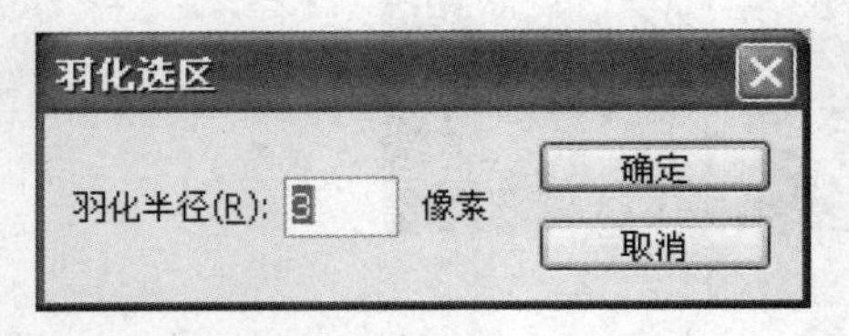

图 39-7 “羽化选区”对话框

图 39-8 将选取的图像复制到背景图像中

（2）打开“化妆品”素材图片，选择工具箱中的“魔棒工具”，在“化妆品”素材背景区域单击鼠标左键，创建选区，使用 Shift+Ctrl+I 组合键执行反向选择，即可选择化妆品部分，将“化妆品”图片移至背景图像当中，如图 39-9 所示，输入文字并进行编辑，效果如图 39-10 所示。

图 39-9 将化妆品图像复制到背景图像中

图 39-10 最终效果

第 5 步：将制作文件存盘。

选择菜单栏中的“文件”→“存储”选项。设置文件类型为 PSD 或 JPEG 格式。

案例小结

本案例主要是通过制作背景、选取图像、羽化边缘等，完成化妆品广告的制作。

案例 40 花中仙子

案例目标

使学生熟悉 Photoshop CS6.0 基本操作界面，掌握利用磁性套索工具选取图像，进行花中仙子图像的合成。

案例效果

本案例最终效果如图 40-1 所示。

图 40-1　合成花中仙子图像

案例步骤

第 1 步：单击“文件”→“打开”选项，选择“花朵”素材，单击“打开”按钮，效果如图 40-2 所示。

图 40-2　“花朵”素材

第 2 步：依次打开“蝴蝶”“小孩”素材文件，如图 40-3 所示。

图 40-3　打开素材图像

第 3 步：将“蝴蝶”图像窗口设置为当前窗口，利用“磁性套索工具”沿着“蝴蝶”边缘创建“蝴蝶”图像的选区，按 Ctrl+C 组合键，复制选区内的“蝴蝶”图像；然后切换到正在编辑的“花朵”图像窗口，按 Ctrl+V 组合键，将“蝴蝶”图像粘贴到该窗口中，并利用“移动”工具将其放置于合适的位置，如图 40-4 所示。

图 40-4　创建蝴蝶选区

第 4 步：将“小孩”图像窗口设置为当前窗口，利用“磁性套索工具”创建图像的选区。利用多边形套索工具和魔棒工具，同时选择属性栏的“从选区减去”按钮，创建新的选区，如图 40-5 和图 40-6 所示。

图 40-5　创建选区

图 40-6　从选区减去

第 5 步：按 Ctrl+C 组合键，复制选区内的“小孩”图像，然后切换到正在编辑的“花朵”图像窗口，按 Ctrl+V 组合键，将“小孩”图像复制到该窗口中，并利用移动工具将其放置于合适的位置，得到最终效果，如图 40-7 所示。

图 40-7　最终效果

第 6 步：将制作文件存盘。

选择菜单栏中的“文件”→“存储”选项。设置文件类型为 PSD 或 JPEG 格式。

案例小结

本案例主要通过制作背景、选取图像、羽化边缘等，完成化妆品广告的制作。

案例 41　制作卡通人物相框

案例目标

使学生熟悉 Photoshop CS6.0 基本操作界面，掌握使用矩形选框工具绘制一个选区，然后对矩形选区进行自由变换操作，通过收缩命令得出相框基本形状，最后再用多边形套索工具进行相架的制作。

案例效果

本案例最终效果如图 41-1 所示。

图 41-1　卡通人物相框

案例步骤

第 1 步：选择“文件”→“新建”命令或者使用 Ctrl+N 组合键建立一个宽度为“39 厘米”，高度为“25 厘米”，分辨率为“72 像素/英寸”，颜色模式为“RGB 颜色 8 位”的画布。背景内容为“白色”，然后单击“确定”按钮，如图 41-2 所示。

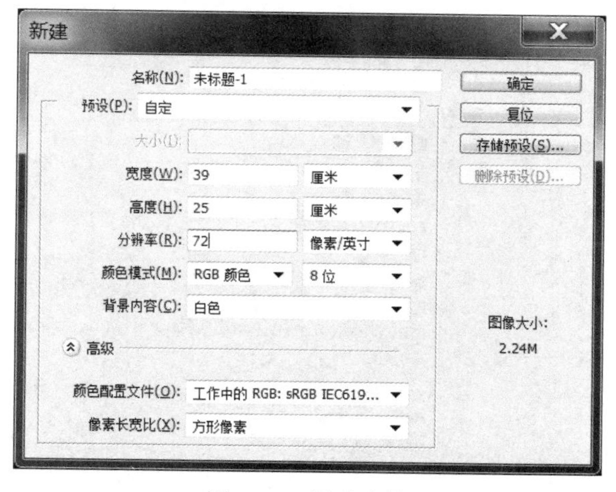

图 41-2　新建文件

第 2 步：在“图层面板”中单击“创建新图层”按钮，在背景层上新建一个名为“图层 1”的图层。在“图层 1”上，选择工具栏中的矩形选框工具，如图 41-3 和图 41-4 所示。

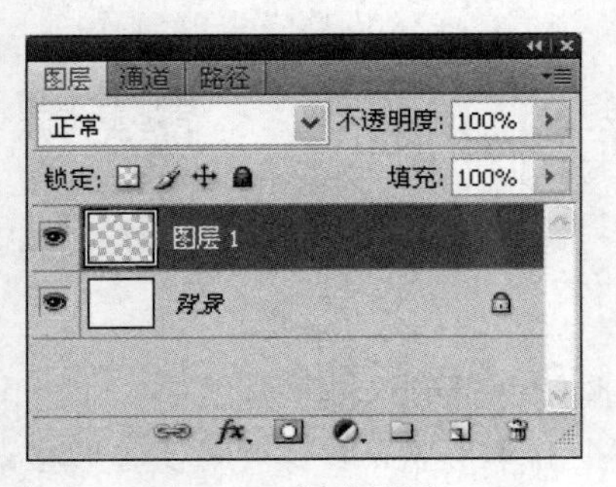

图 41-3 新建图层 1

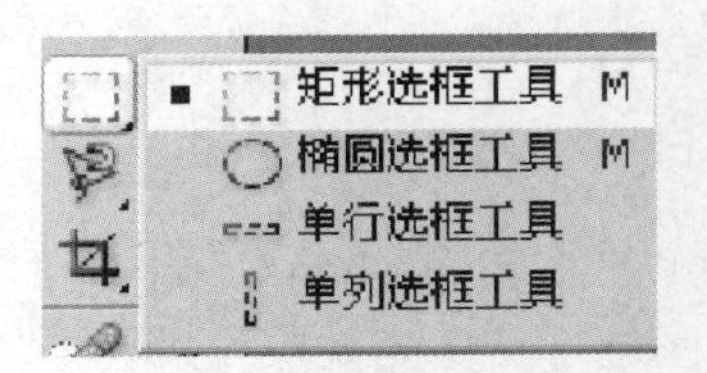

图 41-4 选取矩形选框工具

第 3 步：创建选区。

（1）在“图层 1”上绘制出一个矩形选区，如图 41-5 所示。

（2）执行“选择”，选择“变换选区”命令，如图 41-6 所示，在矩形选区中单击鼠标右键，选择“斜切”选项，如图 41-7 所示。

图 41-5 绘制矩形选区

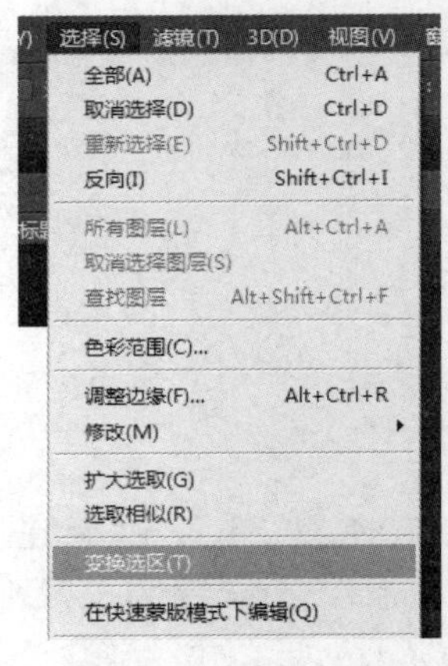

图 41-6 变换选区命令

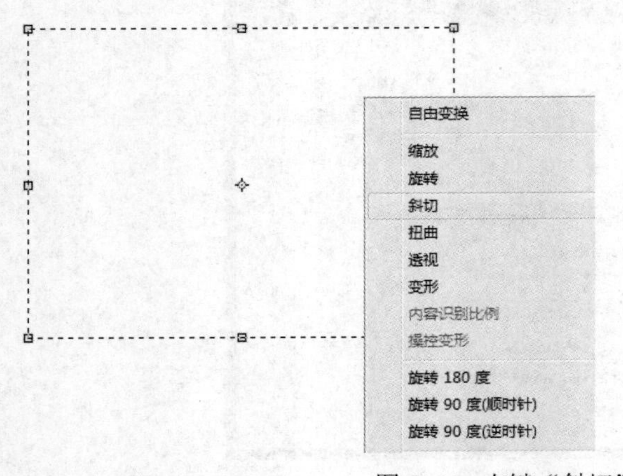

图 41-7 右键“斜切”命令

（3）将选区进行斜切操作，将矩形选框变换成平行四边形，在工具箱中单击“设置前景色”按钮，将前景色设置为深红色（#550000），然后按 Alt+Backspace 组合键直接进行前景色填充，将选区填充成深红色，效果如图 41-8 所示。

图 41-8　填充选区

第 4 步：编辑选区。

（1）执行“选择”→“修改”→“收缩”命令。在“收缩选区”对话框中设置收缩量为“40 像素”，如图 41-9 所示。

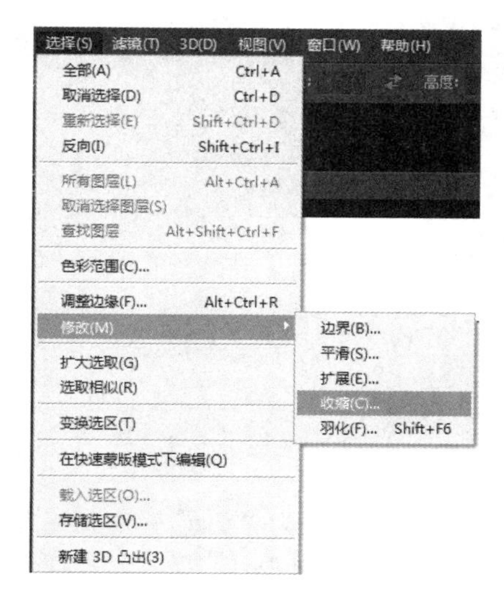

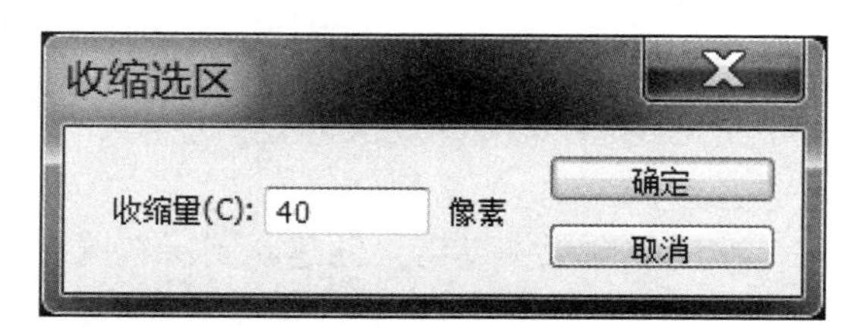

图 41-9　设置收缩量

（2）然后对收缩后的选区按 Delete 键进行删除，按 Ctrl+D 组合键取消当前选区。收缩选区后的效果，如图 41-10 所示。

图 41-10　收缩后的选区

第 5 步：绘制相框。

（1）单击“文件”，选择“打开”选项，打开名称为“卡通人物”的素材图片，然后用移动工具将图片拖到“卡通人物相框”中，如图 41-11 所示。

图 41-11 移动素材图片

（2）按 Ctrl+T 组合键对卡通人物进行“自由变换”命令，单击鼠标右键选择“斜切”命令将图片进行倾斜调整，在图层面板将图层 1 移动到图层 2 上面，如图 41-12 所示，并将图片调整到适当大小。

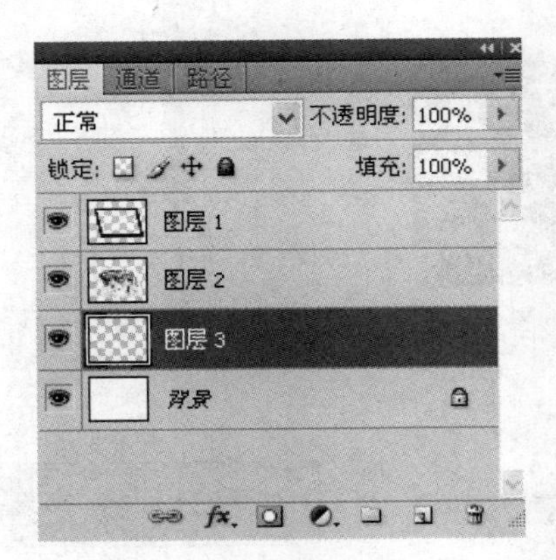

图 41-12 移动图层

（3）在图层面板中单击“创建新图层”按钮，创建一个新图层为“图层 3”。并在工具箱中单击选择多边形套索工具，在“图层 3”中绘制一个三角形相框架形状，如图 41-13 所示。

（4）在工具箱中单击“设置前景色”按钮，将前景色设置为深灰色（#A0A0A0），按 Alt+Backspace 组合键对其进行前景色填充，效果如图 41-14 所示。

图 41-13 新建“图层 3”

图 41-14 填充前景色

（5）用同样的方法绘制里面的支架形状，并将其填充为浅灰色。完成后效果如图 41-15 所示。

图 41-15　完成后效果

第 6 步：将制作文件存盘。

选择菜单栏中的“文件”→“存储”选项。设置文件类型为 PSD 或 JPEG 格式。

案例小结

本案例主要应用了文件的新建，通过对创建好的选区进行移动、缩放、旋转、变形等操作，从而制作出丰富多彩的图像效果。

案例 42　黑白照片上色

案例目标

使学生熟悉 Photoshop CS6.0 基本操作界面，掌握利用图层知识，给黑白照片上色。

案例效果

本案例最终效果如图 42-1 所示。

图 42-1　黑白照片上色

案例步骤

第 1 步：启动 Photoshop CS6.0，选择“文件”→“新建”菜单命令或者使用 Ctrl+N 组合键建立一个宽度为“14 厘米”，高度为“18 厘米”，分辨率为“72 像素/英寸”，颜色模式为“RGB 颜色 8 位”，背景内容为“白色”的画布。然后单击“确定”按钮，如图 42-2 所示。

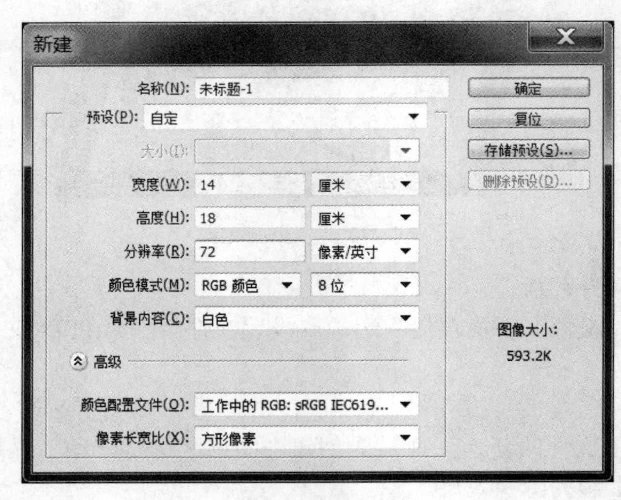

图 42-2　新建文件

第 2 步：

（1）打开“黑白照”素材，如图 42-3 所示。在图层面板中单击“创建新的填充或调整图层”按钮，弹出下拉菜单，选择“色相/饱和度”命令，设置色相为 25，饱和度为 60，明度为 0，如图 42-4 所示。

图 42-3　“黑白照”素材

利用画笔工具在调整图层的蒙版层涂抹，如图 42-5 所示。

（2）在图层面板中单击“创建新的填充或调整图层”按钮，弹出下拉菜单，选择“照片滤镜”命令，参数保持默认值，如图 42-6 所示。

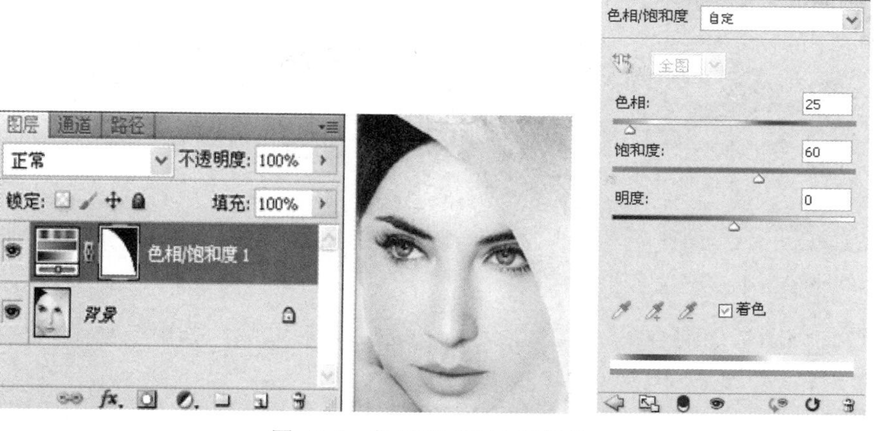

图 42-4　色相/饱和度参数设置

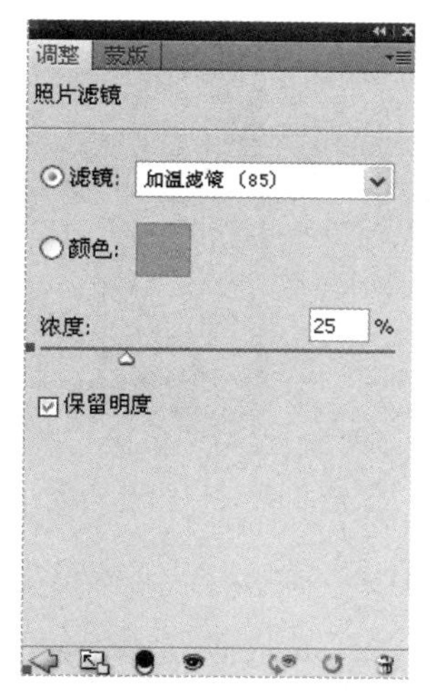

图 42-5　图层调整面板

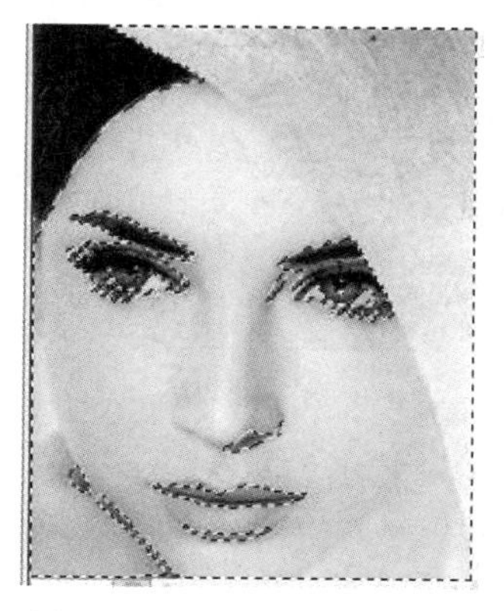

图 42-6　“照片滤镜”效果

利用画笔工具在调整图层的蒙版层涂抹，如图 42-7 所示。

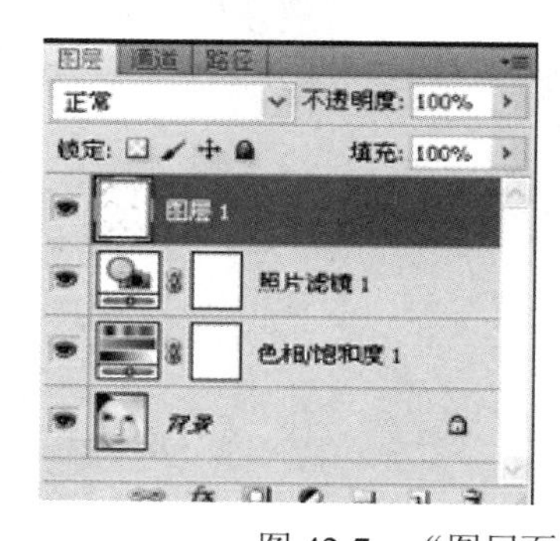

图 42-7　“图层面板”及效果

（3）使用 Ctrl+Alt+2 组合键，载入图像高光选区，如图 42-8 所示。创建图层 1，并填充白色，如图 42-9 所示。

图 42-8　载入图像高光选区

图 42-9　填充白色

（4）设置该图层的混合模式为“柔光”，并添加图层蒙版，利用画笔工具在蒙版中的眼睛和眉毛处涂抹，如图 42-10 所示。

利用钢笔工具沿嘴唇区域绘制，左键单击“图层”面板下方的“创建新图层”按钮，创建“图层 2”，并填充粉红色（R237，G38，B98），如图 42-11 所示。

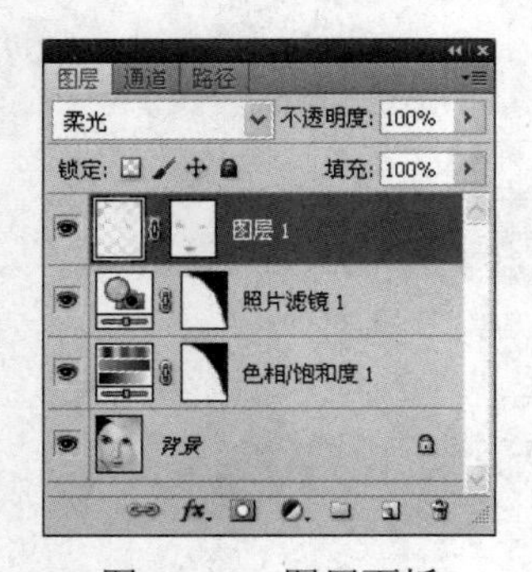

图 42-10　图层面板

图 42-11　绘制嘴唇并填充颜色

（5）单击菜单“滤镜”，选择“杂色”，选择“添加杂色”命令，设置数量为“30%”，如图 42-12 所示。

设置“图层 2”的混合模式为“柔光”，不透明度为“65%”，如图 42-13 所示。

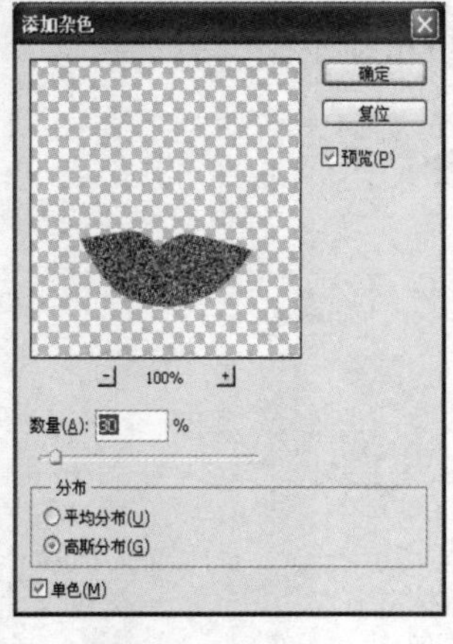

图 42-12　添加杂色

图 42-13　设置后效果

保持“图层 2”选区存在，在图层面板中单击“创建新的填充或调整图层”按钮，弹出下拉菜单，并在其中选择“色彩平衡”命令，参数设置如图 42-14 所示。此时图层面板及图像效果，如图 42-15 所示。

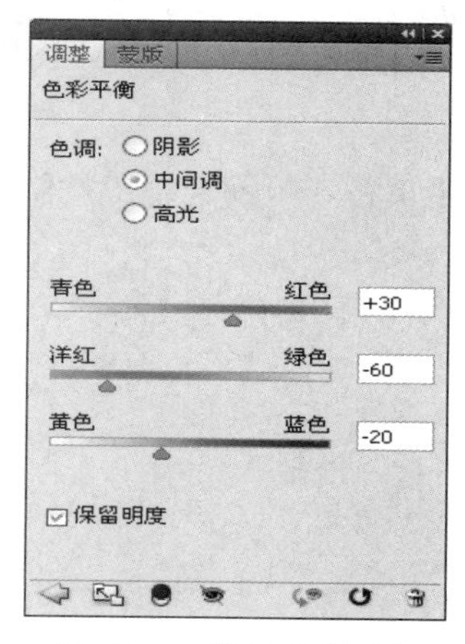

图 42-14　设置色彩平衡

图 42-15　设置后效果

（6）创建“图层 3”，选择画笔工具，在文件窗口中涂抹眼睛（R2，G129，B255），更改图层混合模式为“色相”，设置图层不透明度为“85%”，如图 42-16 所示。

创建“图层 4”，选择画笔工具（柔角 140 像素），在人物面部涂抹橘红色（R254，G67，B1），如图 42-17 所示。

设置图层混合模式为“颜色”，如图 42-18 所示。

图 42-16　设置后效果

图 42-17　画笔涂抹

图 42-18　设置后效果图

第 3 步：将制作文件存盘。

选择菜单栏中的“文件”→“存储”选项。设置文件类型为 PSD 或 JPEG 格式。

案例小结

本案例主要是理解并掌握图层的基本操作、图层样式、图层蒙版、图层混合模式的应用技巧。在合成图像时，准确、灵活地运用图层，再利用通道和滤镜等知识，能使作者的创意得到充分发挥，以达到理想的设计效果。图层是图像合成软件的灵魂，是 Photoshop 的核心功能之一，也是用来装载各种图像的载体。

案例 43　绘制祝福卡

案例目标

使学生熟悉 Photoshop CS6.0 基本操作界面，掌握利用单行、单列选框工具创建选区，绘制祝福卡片。

案例效果

本案例最终效果如图 43-1 所示。

图 43-1　绘制祝福卡片

案例步骤

第 1 步：启动 Photoshop CS6.0，选择“文件”→“新建”命令或者使用 Ctrl+N 组合键建立一个宽度为“20 厘米”，高度为“25 厘米”，分辨率为“72 像素/英寸”，颜色模式为“RGB 颜色 8 位”的画布。设置背景内容为“白色”，然后单击“确定”按钮，如图 43-2 所示。

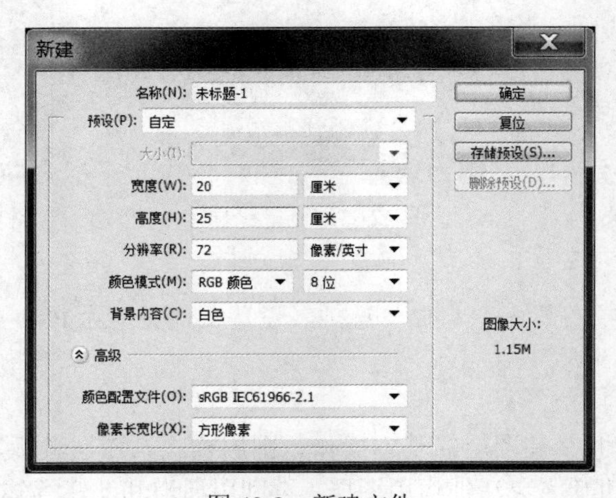

图 43-2　新建文件

第 2 步：

（1）将新建图像文件填充为粉色（R255，G234，B245），新建图层 1，如图 43-3 所示。

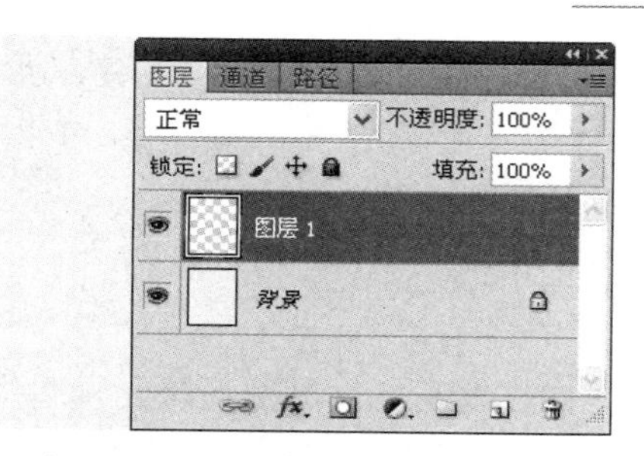

图 43-3　新建图层

（2）绘制线条。

选择工具栏中的矩形选框工具，绘制矩形选区，并填充玫红色（R210，G77，B142），如图 43-4 所示。单击“编辑”，选择“自由变换”菜单命令（或者使用 Ctrl+T 组合键），对选区进行等比例缩小，再反向并删除选区内的内容，如图 43-5 所示。

利用同样方法再绘制另一条玫红色边框。如图 43-6 所示。

图 43-4　建立选区并填充颜色

图 43-5　绘制内框线图

图 43-6　绘制另一条内框线

（3）打开“玫瑰花”素材，在工具箱中单击“魔棒工具”按钮，应用“魔棒工具”选取素材背景色“白色”，执行“选择”→“反向”命令（或者按 Shift+Ctrl+I 组合键），选中玫瑰花，如图 43-7 所示。

将玫瑰花图像拖到祝福卡文件当中，单击“编辑”，选择“自由变换”菜单命令（或者使用 Ctrl+T 组合键），将玫瑰花缩小至合适大小，如图 43-8 所示。利用复制、粘贴制作其他玫瑰花图像，如图 43-9 所示。

图 43-7　选取玫瑰花

图 43-8　缩小后效果

图 43-9　复制后效果

（4）绘制粉色蝴蝶结。在工具箱中选择“自定义形状工具”，设置“自定义形状工具”属性栏，如图 43-10 所示。绘制形状，并调整大小，如图 43-11 所示。

图 43-10 “自定义形状工具”属性栏设置

将图层栅格化，用“橡皮擦工具”涂抹形状到合适位置，如图 43-12 所示。

复制“形状 1”图层，并水平翻转图像，再移动到合适的位置，如图 43-13 所示。

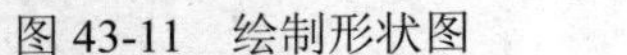

图 43-11 绘制形状图　　图 43-12 橡皮擦涂抹后效果图　　图 43-13 水平翻转后效果

（5）绘制圆角矩形，复制该层并进行变形调整，如图 43-14 所示。

用同样方法绘制圆角矩形，并调整其位置，如图 43-15 所示。

选中蝴蝶结图层，调整合适位置，如图 43-16 所示。

图 43-14 绘制圆角矩形效果　　图 43-15 绘制圆角矩形效果　　图 43-16 调整后效果

（6）复制“图层 3”，利用矩形选框工具选中“图层 3 副本”层当中的玫瑰枝部分，按 Shift+Ctrl+I 组合键反向选中，删除反选后的区域，并调整玫瑰枝的位置，如图 43-17 所示。

应用此方法多次复制玫瑰枝，以延长玫瑰的枝杈，如图 43-18 所示。

输入祝福文字，完成最终效果，如图 43-19 所示。

图 43-17　调整玫瑰枝位置

图 43-18　复制更多玫瑰枝图

图 43-19　最终效果

第 3 步：将制作文件存盘。

选择菜单栏中的“文件”→“存储”选项。设置文件类型为 PSD 或 JPEG 格式。

案例小结

本案例主要利用矩形工具绘制边缘线条，形状工具绘制蝴蝶结、玫瑰枝，最终完成作品。

案例 44　制作玉佩

案例目标

使学生熟悉 Photoshop CS6.0 基本操作界面，掌握“投影”“斜面和浮雕”“图案叠加”“颜色叠加”等操作，并设置相关参数。通过添加图层样式和设置参数，了解图层样式的功能和作用，熟悉图层样式的添加和设置方式，并通过任务熟悉对图层样式的相关基本操作。

案例效果

本案例最终效果如图 44-1 所示。

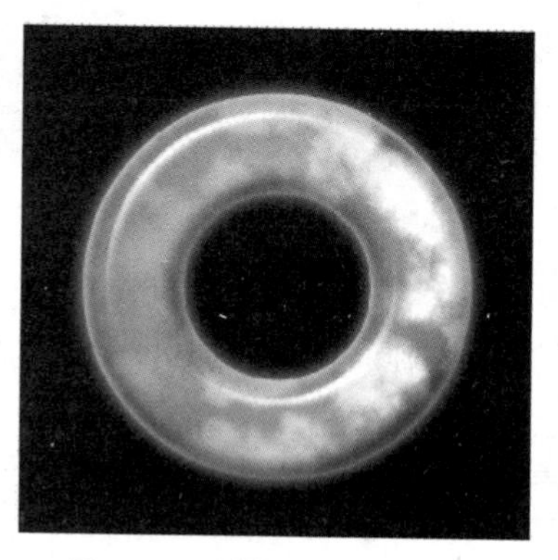

图 44-1　制作玉佩完成效果

案例步骤

第1步：

（1）选择“文件”→“新建”菜单命令或者使用Ctrl+N组合键建立一个宽度为“6厘米”，高度为“6厘米”，分辨率为“300像素/英寸”，颜色模式为“RGB颜色8位”的画布。背景内容设置为“白色”，然后单击“确定”按钮，如图44-2所示。

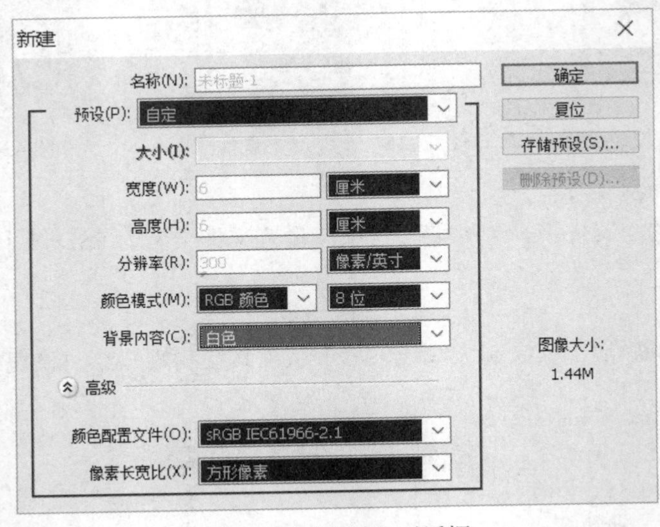

图44-2 “新建”对话框

（2）执行“视图”→“标尺”命令（或者按Ctrl+R组合键），调出标尺。

（3）执行“视图”→“新建参考线”命令，在弹出的对话框中设置参数，设置取向为“垂直”，位置为“2.5厘米”，单击“确定”按钮，如图44-3所示。

（4）用同样的方法设置另一条水平参考线，效果如图44-4所示。

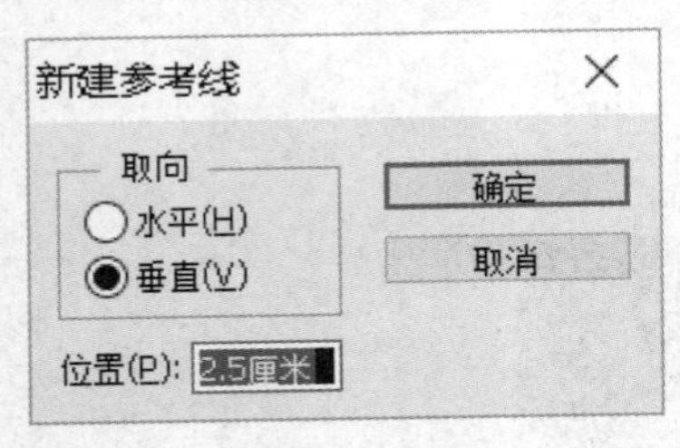

图44-3 “新建参考线”对话框

图44-4 设置参考线后效果

第2步：创建图层并绘制形状。

（1）在“图层”面板中单击“创建新图层”按钮，在背景层上新建一个名为“图层1”的图层，如图44-5所示。

（2）单击“椭圆选框工具”按钮，以参考线交点为中心绘制一个大圆，绘制时按住Shift+Alt组合键，在“椭圆选框工具”选项栏上，单击选择“从选区减去”，再次以参考线交点为中心绘制一个小圆，对完成的选区填充颜色（R110，G110，B110），按Ctrl+D组合键取消选择，如图44-6所示。

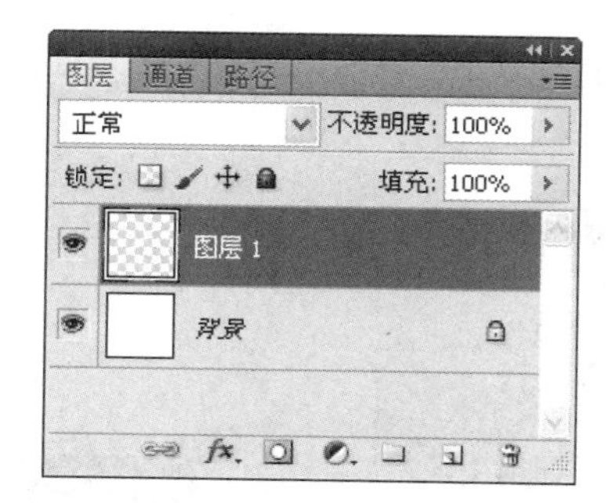

图 44-5　新建图层 1

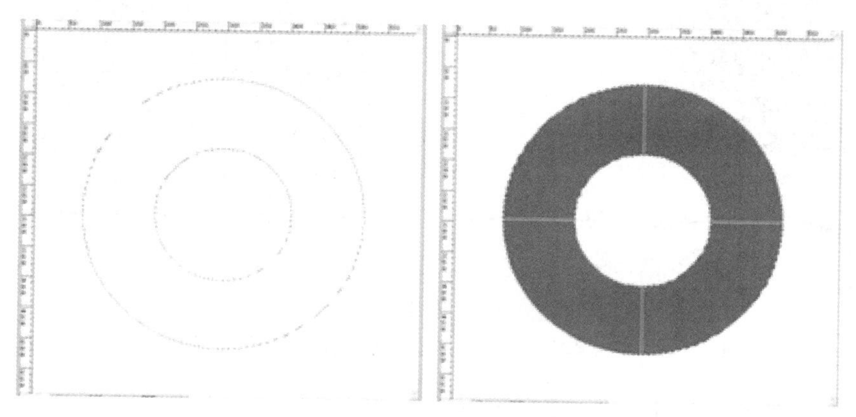

图 44-6　填充绘制形状

第 3 步：制作玉佩纹理。

（1）在“图层”面板中单击“创建新图层”按钮，新建一个名为“图层 2”的图层。

（2）按键盘上的 D 键，恢复前景色和背景色为默认颜色。

（3）执行“滤镜”→“渲染”→“云彩”命令，为图像添加云彩效果；然后执行“滤镜”→“渲染”→“分层云彩”命令。效果如图 44-7 所示。

图 44-7　设置滤镜效果

（4）执行“选择”→“色彩范围”命令，设置选择为“取样颜色”，颜色容差为“60”，选中“选择范围”，选区预览为“无”，如图 44-8 所示。

（5）在“图层”面板中，单击“创建新图层”按钮，新建一个名为“图层 3”的图层。

（6）为选区填充颜色（R0，G120，B55），效果如图 44-9 所示。按 Ctrl+D 组合键取消选择。

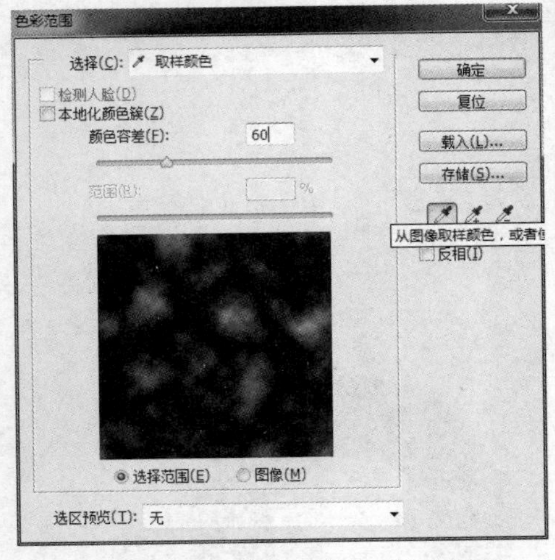

图 44-8 “色彩范围”对话框

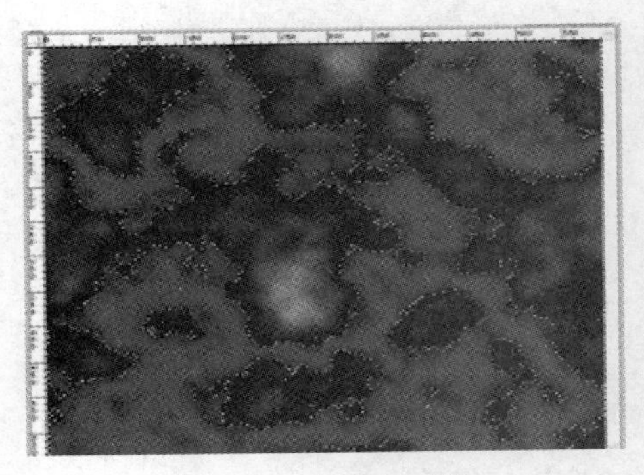

图 44-9 填充后效果

（7）在“图层”面板上单击“图层 2”，在工具栏中选择“渐变工具”，并设置模式为“正常”，不透明度为“100%”，如图 44-10 所示，为图层 2 填充渐变颜色，效果如图 44-11 所示。

图 44-10 渐变工具选项栏

图 44-11 填充渐变后效果

（8）选择“图层 3”为当前工作层，执行“图层”→“向下合并”命令（或者按 Ctrl+E 组合键），合并图层。

（9）单击图层 1，执行“选择”→“载入选区”命令，载入“图层 1”形状的选区，如图 44-12 所示。

（10）执行“选择”→“反向”命令（或者按 Shift+Ctrl+I 组合键），对选区进行反选。然后按 Delete 键，删除选区内图像，效果如图 44-13 所示。

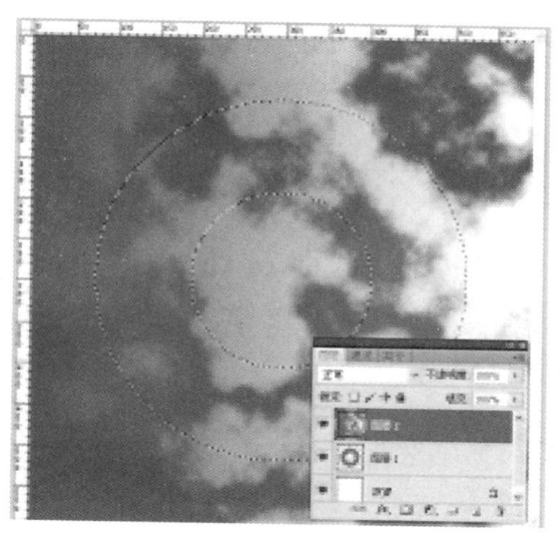

图 44-12　载入选区后效果

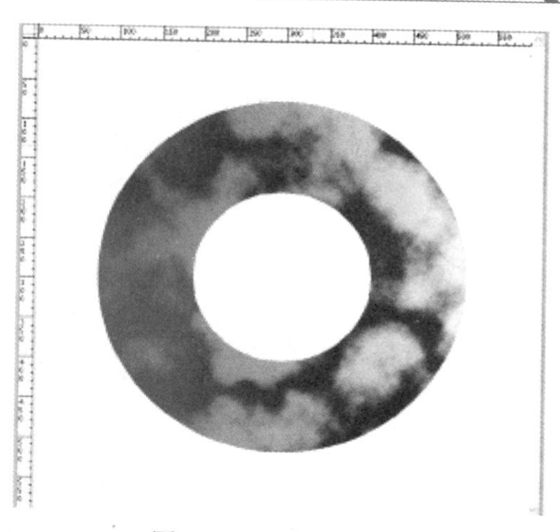

图 44-13　调整后效果

第 4 步：添加“图层样式”。

（1）双击“图层 2”缩览图，弹出“图层样式”对话框，勾选“投影”复选框，设置混合模式为“正片叠底”，不透明度为“75%”，角度为“120 度”，勾选“使用全局光”复选框，距离为“20 像素”，扩展为“0%”，大小为“20 像素”，杂色为“0%”，如图 44-14 所示。

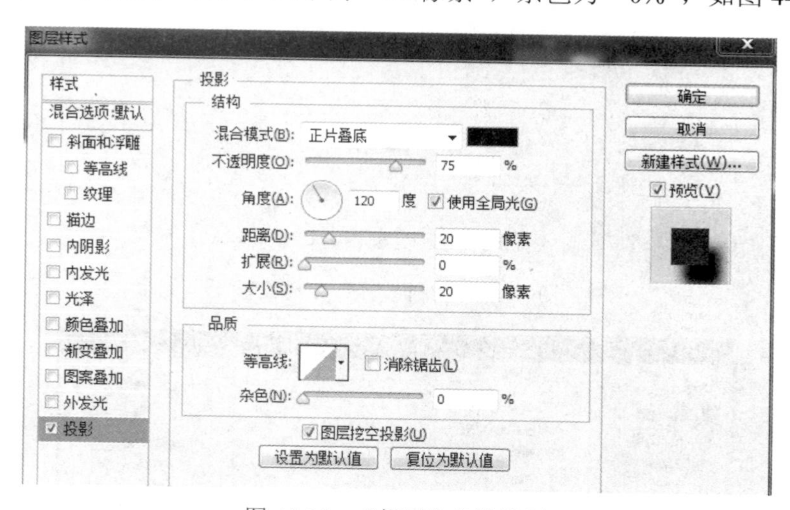

图 44-14　“投影”参数设置

（2）勾选“内阴影”复选框，设置颜色（R0，G255，B50），设置混合模式为“正片叠底”，不透明度为“75%”，角度为“120 度”，勾选“使用全局光”复选框，距离为“22 像素”，阻塞为“0%”，大小为“14 像素”，杂色为“0%”，如图 44-15 所示。

（3）勾选“外发光”复选框，设置颜色（R45，G140，B0），设置混合模式为“滤色”，不透明度为“75%”，杂色为“0%”，发光颜色为绿色，方法为“柔和”，扩展为“0%”，大小为“21 像素”，范围为“50%”，抖动为“0%”，如图 44-16 所示。

（4）勾选“内发光”复选框，设置颜色（R208，G255，B202），设置混合模式为“滤色”，不透明度为“90%”，杂色为“0%”，发光颜色为浅绿色，方法为“柔和”，源为“边缘”，阻塞为“0%”，大小为“13 像素”，范围为“50%”，抖动为“0%”，如图 44-17 所示。

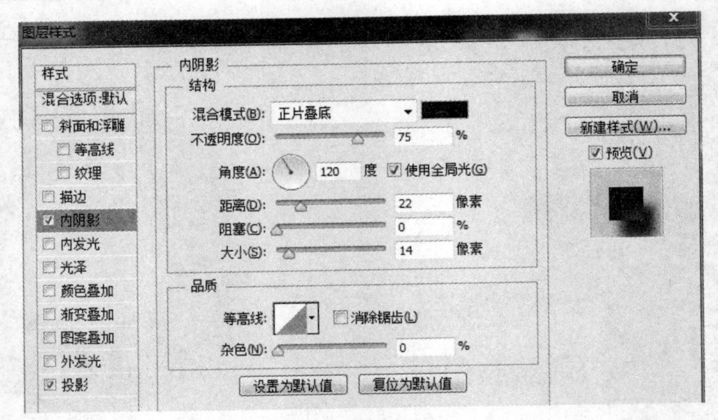

图 44-15 “内阴影”参数设置

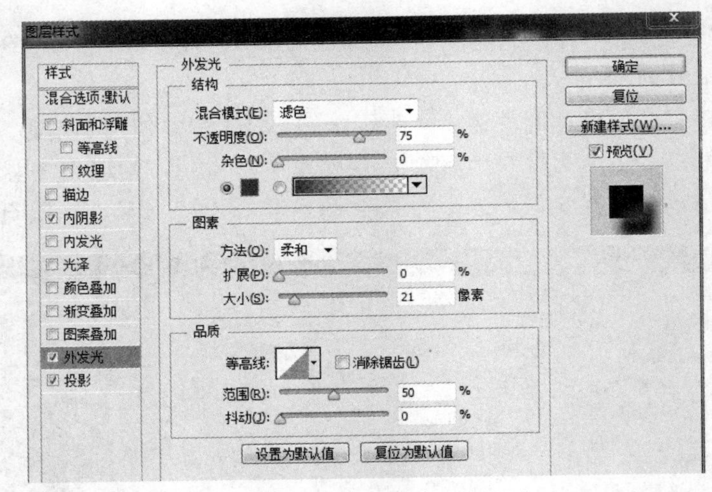

图 44-16 “外发光”参数设置

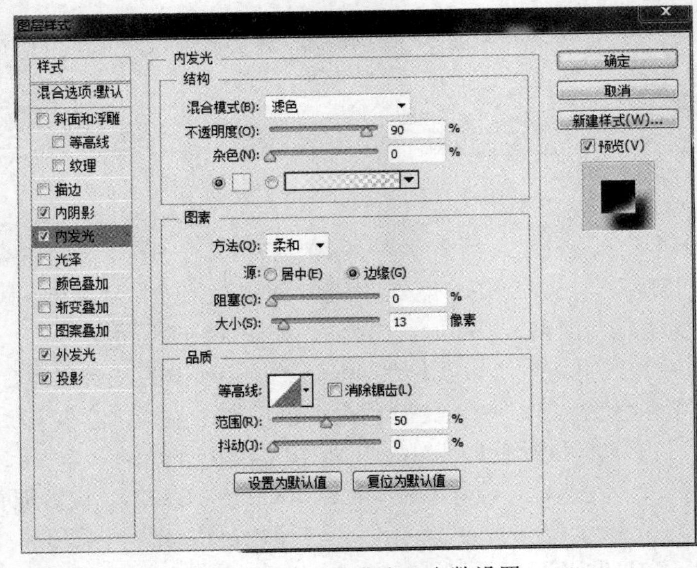

图 44-17 “内发光”参数设置

（5）勾选“斜面和浮雕”复选框，设置高光模式颜色（R205，G230，B210），设置样式为“内斜面”，方法为“平滑”，深度为“221%”，方向为“上”，大小为“29 像素”，软化为“5 像素”，角度为“120 度”，勾选“使用全局光”复选框，高度为“30 度”，高光模式为“滤色”，不透明度为“100%”，阴影模式为“正片叠底”，不透明度为“75%”，如图 44-18 所示。

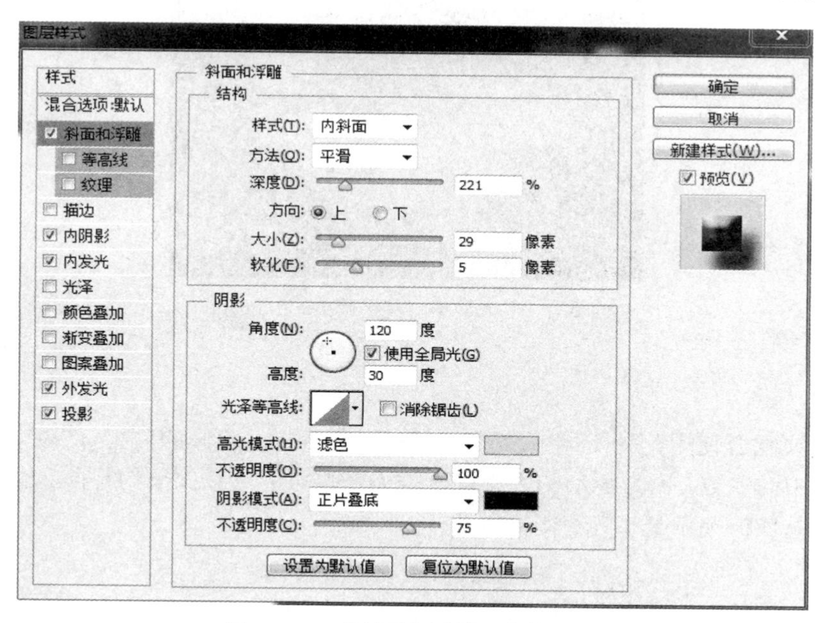

图 44-18　“斜面和浮雕”参数设置

（6）勾选“光泽”复选框，设置“混合模式”为“柔光”，设置颜色（R0，G255，B145），设置不透明度为“50%”，角度为“19 度”，距离为“90 像素”，大小为“90 像素”，如图 44-19 所示。

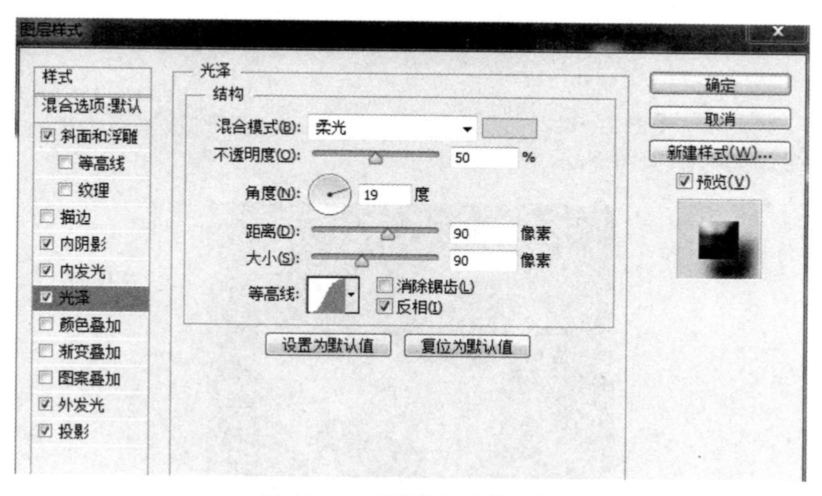

图 44-19　“光泽”参数设置

（7）单击“确定”按钮，完成图层样式设置。将背景层填充为黑色，效果如图 44-20 所示。

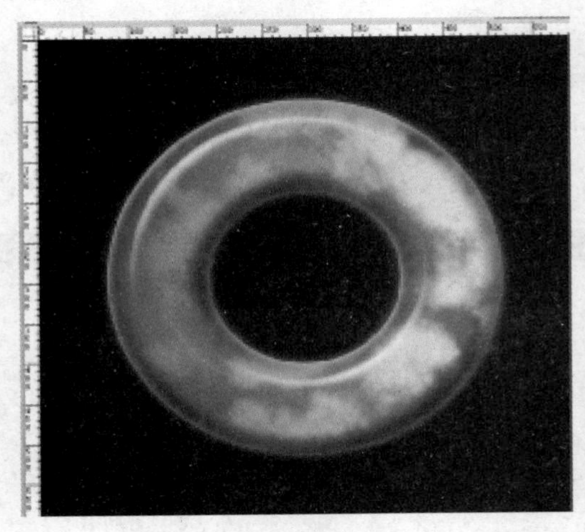

图 44-20　最终效果

案例小结

本案例主要配合使用几种不同的“图层样式”来制作出玉佩的效果，在制作过程中不要过分依赖样式中的参数，因为图形的大小等其他因素也可能导致效果的不同。因此，建议在制作过程中根据具体情况调整相关参数。

案例 45　制作青花瓷瓶

案例目标

使学生熟悉 Photoshop CS6.0 基本操作界面，掌握“变形”命令的使用方法，对国画图像进行调整，将其贴在瓷瓶上。

案例效果

本案例最终效果如图 45-1 所示。

图 45-1　制作青花瓷瓶

案例步骤

第 1 步：执行“文件”，选择“打开”命令（或者按 Ctrl+O 组合键），打开素材图片“国画.JPG”“白瓷瓶.JPG”，如图 45-2 和图 45-3 所示。

图 45-2　国画

图 45-3　白瓷瓶

第 2 步：选择工具栏中“移动工具”，使用“移动工具”拖曳“国画”图片到“白瓷瓶”图像当中，如图 45-4 所示。修改图层不透明度为“50%”，如图 45-5 所示。

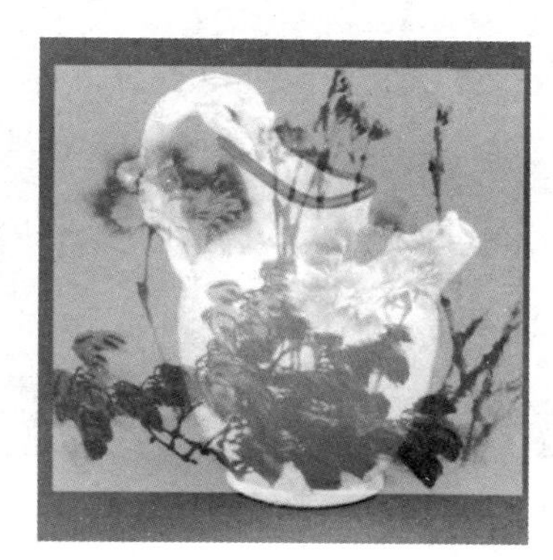

图 45-4　移动图像

图 45-5　修改图层不透明度

第 3 步：按 Ctrl+T 组合键，在国画图案的四周显示自由变形框，再按住 Shift 键拖动变形框的拐角控制点，成比例缩小图案至瓷瓶肚大小，如图 45-6 所示。在变形框内单击鼠标右键，在打开的快捷菜单中选择“变形”，如图 45-7 所示。

图 45-6　缩小“国画”图像

图 45-7　选择“变形”命令

第 4 步：调整角点的控制柄，使图案的形状与瓶身相吻合，如图 45-8 所示，然后在“图层”面板中将“图层 1”的不透明度设置为“100%”。如图 45-9 所示。

图 45-8　应用变形操作

图 45-9　设置图层不透明度

第 5 步：为了使贴图效果更为自然，在“图层”调板中将“图层 1”的“正常”改为“正片叠底”，如图 45-10 所示，图像最终效果如图 45-11 所示。

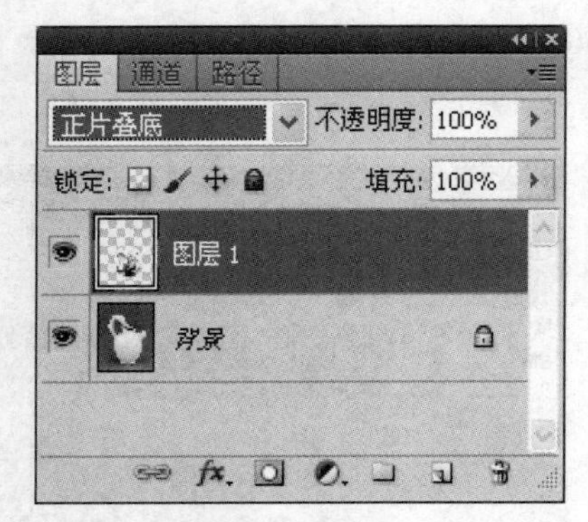

图 45-10　设置图层 1

图 45-11　图像最终效果

第 6 步：将制作文件存盘。

选择菜单栏中的“文件”→“存储”选项。设置文件类型为 PSD 或 JPEG 格式。

案例小结

本案例主要对变形命令以及图层混合模式进行训练。

案例 46　蜜蜂公主插画

案例目标

使学生熟悉 Photoshop CS6.0 基本操作界面，学会利用魔棒工具制作相应选区，再使用工具箱中的“前景色/背景色”工具，通过快速填充的方法，制作蜜蜂公主插画。

案例效果

本案例最终效果如图 46-1 所示。

图 46-1 案例效果

案例步骤

第 1 步：启动 Photoshop CS6.0，选择“文件”→“新建”命令或者使用 Ctrl+N 组合键建立一个宽度为“8 厘米”，高度为“8.5 厘米”，分辨率为“300 像素/英寸”，颜色模式为“RGB 颜色 8 位”的画布，然后单击“确定”按钮。“新建”对话框，如图 46-2 所示。

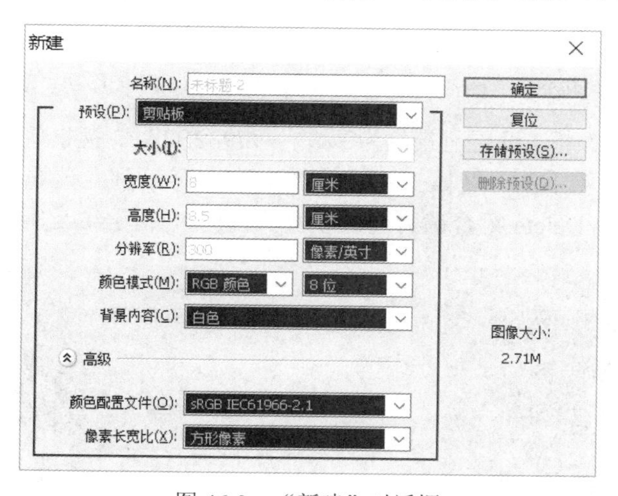

图 46-2 “新建”对话框

第 2 步：单击工具箱中的前景色设置工具，在打开的“拾色器”对话框中设置前景色为湖蓝色（#6FC5C7），颜色参数：C54%，M2%，Y24%，K0%，如图 46-3 所示。按 Alt+Delete 组合键为文档背景填充前景色，效果如图 46-4 所示。

第 3 步：执行“文件”→“打开”命令（或者按 Ctrl+O 组合键），弹出“打开”对话框。打开素材图片“蜜蜂公主.PSD”，如图 46-5 所示。

第 4 步：选择工具栏中“移动工具”，拖动“蜜蜂公主”图像到新文档中，效果如图 46-6 所示。

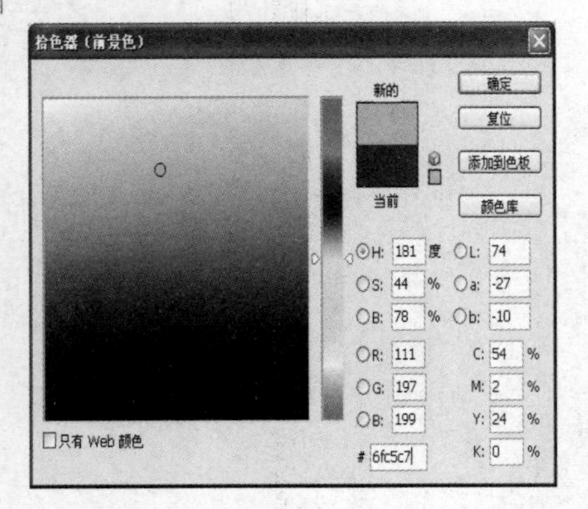

图 46-3 “拾色器”对话框

图 46-4 使用“前景色”填充效果

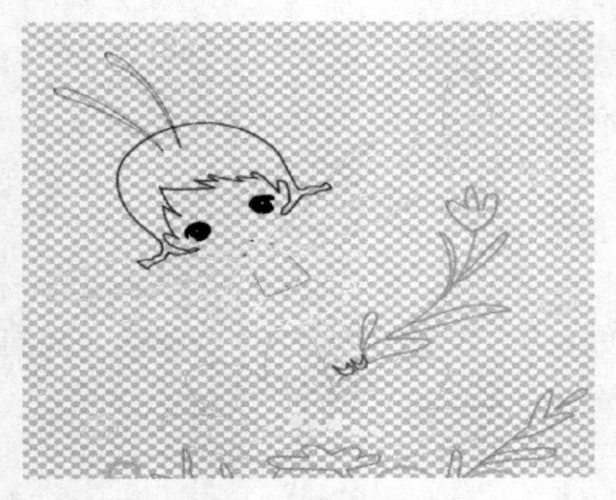

图 46-5 “蜜蜂公主”图片

图 46-6 移动“蜜蜂公主”图像

第 5 步：打开颜色调板，设置前景色为深红色（#982B2A），背景色为浅蓝色（#C3EBE9）。

第 6 步：选择工具箱中的“魔棒工具”，将鼠标指针移动到女孩的头发上单击，建立选区如图 46-7 所示。按 Alt+Delete 组合键为选区填充前景色，如图 46-8 所示。

图 46-7 建立选区

图 46-8 为头发上色

第 7 步：选择工具箱中的“魔棒工具”，将鼠标指针移动到女孩的左侧翅膀上单击，按住 Shift 键，同时再单击右侧翅膀，建立选区如图 46-9 所示。按 Ctrl+Delete 组合键为选区填充背景色，如图 46-10 所示。

图 46-9　建立选区

图 46-10　为翅膀上色

用同样方法，为图像其他部分填充颜色，效果如图 46-11 所示。

图 46-11　完成效果

第 8 步：将制作文件存盘。

选择菜单栏中的“文件”→“存储”选项。设置文件类型为 PSD 或 JPEG 格式。

案例小结

本案例主要练习前景色和背景色的应用。通过为蜜蜂公主插画上色，掌握如何设置前景色和背景色，以及对前景色和背景色的快速填充。

案例 47　时尚手机广告

案例目标

使学生熟悉 Photoshop CS6.0 基本操作界面，学会使用“填充”命令完善图形背景，再使用“自由变换”命令制作变形文字特效，最后使用“描边”命令制作外边框效果，完成时尚手机广告设计。

案例效果

本案例最终效果如图 47-1 所示。

图 47-1　时尚手机广告

案例步骤

第 1 步：执行“文件”→“打开”命令（或者按 Ctrl+O 组合键），弹出“打开”对话框。从相应的“素材图片”文件夹中分别找到并打开“背景.PSD”和“人物.PSD”，如图 47-2 和图 47-3 所示。

图 47-2　“背景”图像

图 47-3　“人物”图像

第 2 步：选择工具箱中的移动工具把“人物”素材拖到“背景”图像当中，如图 47-4 所示。

第 3 步：打开素材“形状.PSD”，用移动工具把该素材拖到“背景”图像当中，如图 47-5 所示。

图 47-4　移动“人物”素材

图 47-5　移动“形状”素材

第 4 步：选择工具箱中的“魔棒工具”，在“形状”素材中白色区域单击，创建选区，如图 47-6 所示。

图 47-6　创建选区

第 5 步：执行“编辑”→“填充”命令（或者按 Shift+F5 组合键），弹出“填充”对话框。在“内容”选项中设置使用为“图案”，如图 47-7 所示。然后，在自定图案选项中选择一个图案，单击“确定”按钮填充选区内画面，如图 47-8 所示。（此处的图案是使用“自定图案”选项中的“黄格纸”图案。）

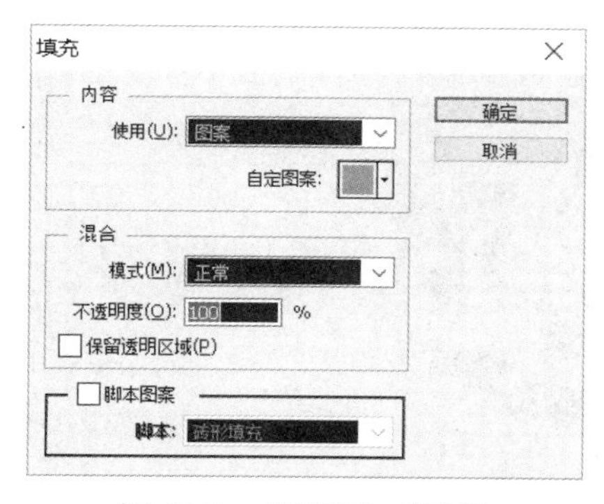

图 47-7　“填充”对话框

图 47-8　“填充”后的效果

第 6 步：依次打开素材“手机.PSD”“图标.PSD”，并移动到图像当中，如图 47-9 所示。

第 7 步：在工具箱上单击文字工具（或者按下快捷键 T 键），输入文字“音乐随你自由移动”，设置字体为“方正综艺简体”，大小为 36，颜色为黑色，效果如图 47-10 所示。

图 47-9　移动素材后效果

图 47-10　输入文字

第 8 步：此时，在图层面板中增加了一个文字图层，如图 47-11 所示。右键单击文字图层图标右侧的“音乐随你自由移动”文字部分，在弹出的快捷菜单中选择“栅格化”→“文字”选项，效果如图 47-12 所示。

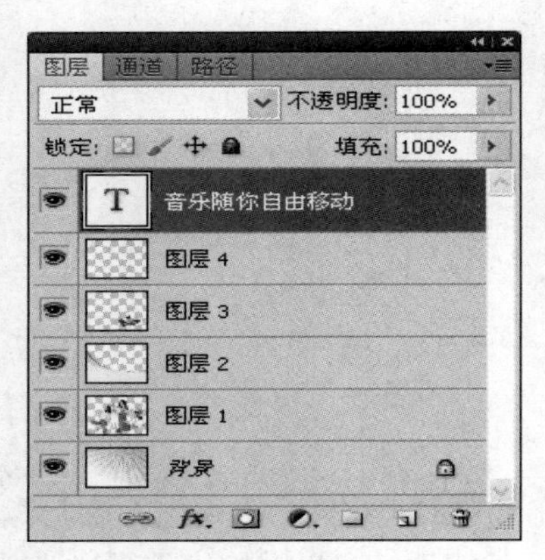

图 47-11 文字图层

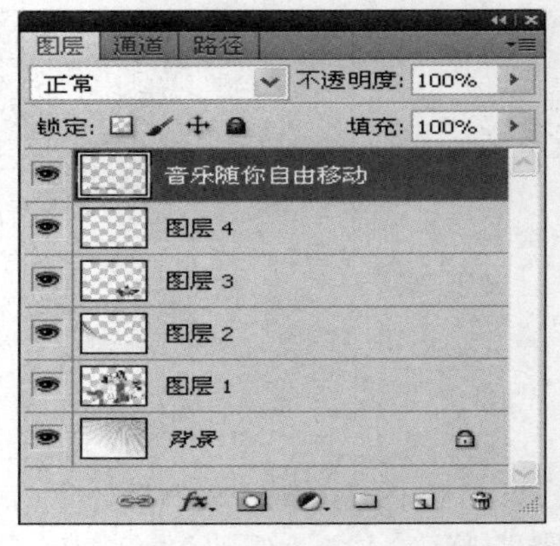

图 47-12 栅格化文字后的图层

第 9 步：执行“编辑”→“变换”→“透视”命令（或按 Ctrl+T 组合键），对文字进行透视操作，如图 47-13 所示。

图 47-13 “透视”操作

第 10 步：按 Enter 键退出“变换”状态，执行“编辑”→“描边”命令，设置宽度为“3 像素”，颜色为“白色”，位置为“居外”，模式为“正常”，不透明度为“100%”，如图 47-14 所示。

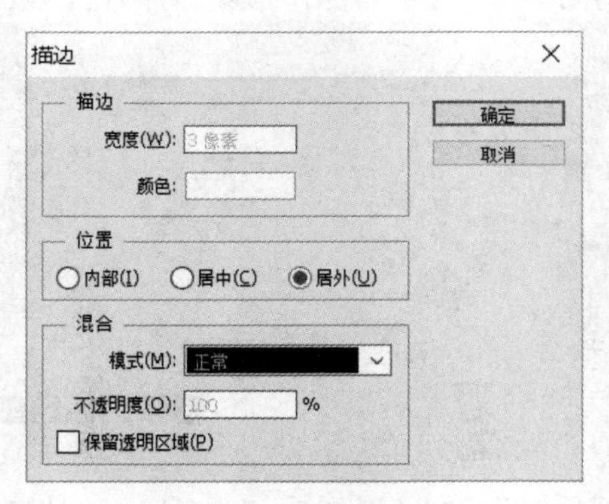

图 47-14 “描边”对话框

第 11 步：为文字图层添加“投影”图层样式，最后完成效果如图 47-15 所示。

图 47-15　完成效果

第 12 步：将制作文件存盘。

选择菜单栏中的“文件”→“存储”选项。设置文件类型为 PSD 或 JPEG 格式。

案例小结

本案例主要通过“填充”“自由变换”“描边”命令的使用，完成时尚手机广告的设计。通过完成本任务，能进一步掌握“填充”“描边”和“自由变换”的应用。

案例 48　手表广告

案例目标

使学生熟悉 Photoshop CS6.0 基本操作界面，并通过制作手表广告，练习创建与编辑选区的方法。

案例效果

本案例最终效果如图 48-1 所示。

图 48-1　手表广告

案例步骤

第 1 步：打开“背景”素材图片，利用“矩形选框工具”在图像窗口的右侧绘制矩形选区，如图 48-2 所示。

图 48-2　创建矩形选区

第 2 步：执行“选择”→“修改”→“羽化”命令（或者按 Shift+F6 组合键），设置羽化半径为“80 像素”，如图 48-3 所示。单击“确定”按钮关闭对话框。

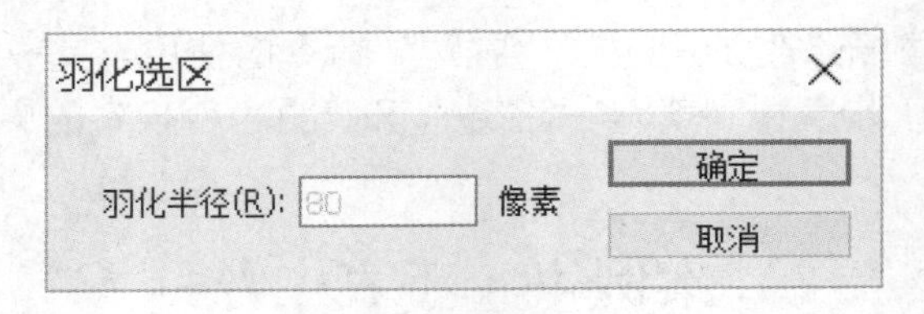

图 48-3　“羽化选区”对话框

第 3 步：单击工具箱中的“默认前景和背景色”按扭（或者按快捷键 D 键），将前景色和背景色恢复为默认的黑色和白色。

第 4 步：按两次 Ctrl+Delete 组合键，用白色填充选区，效果如图 48-4 所示。按 Ctrl+D 组合键取消选区。

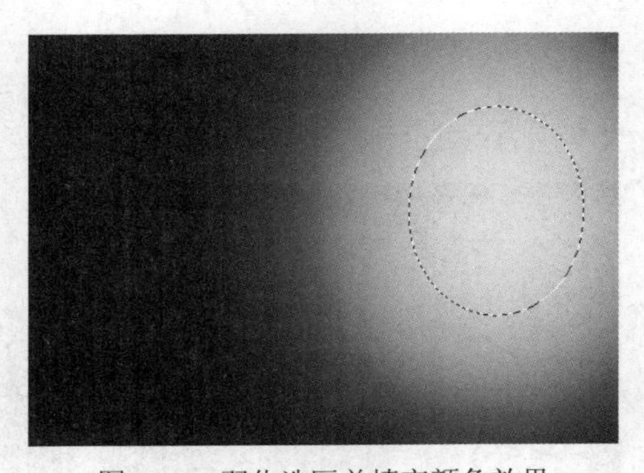

图 48-4　羽化选区并填充颜色效果

第 5 步：打开“手表”素材图片，选择工具箱中的“快速选择工具”，在手表图像四周单击并拖动鼠标指针绘制选区，选择“选择”→“反向”（或者按 Shift+F6 组合键），单击工具箱中的“画笔”工具，参数设置如图 48-5 所示，效果如图 48-6 所示。

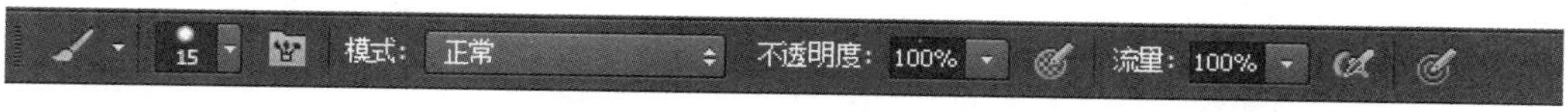

15　模式：正常　不透明度：100%　流量：100%

图 48-5　画笔工具参数设置

图 48-6　创建选区效果

第 6 步：执行“选择”→“修改”→“羽化”命令（或者按 Shift+F6 组合键），设置羽化半径为“6 像素”，如图 48-7 所示。单击“确定”按钮关闭对话框。

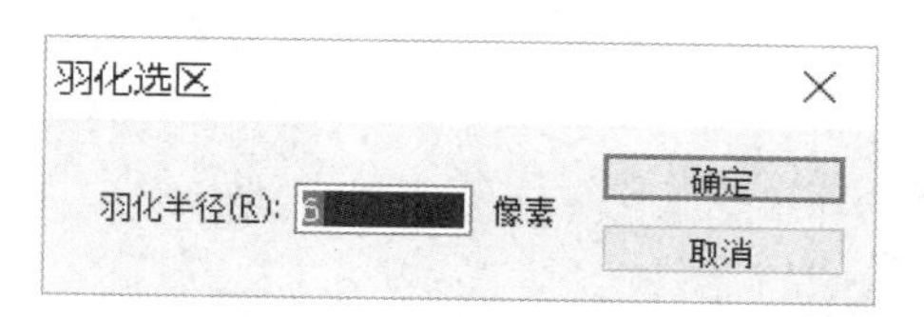

图 48-7　“羽化选区”对话框

第 7 步：执行“编辑”→“拷贝”命令（或者按 Ctrl+C 组合键），复制选区内的手表图像，然后切换到正在编辑的图像窗口，执行“编辑”→“粘贴”命令（或者按 Ctrl+V 组合键），将手表图像复制到该窗口中，并利用“移动工具”将其放置于合适的位置，如图 48-8 所示。

图 48-8　复制图像

第 8 步：打开“人物”素材图片，选择工具箱中“魔棒工具”，在工具属性栏中单击“添加到选区”按钮，其他选项保持默认。然后在人物图像的背景上单击，选取背景图像，再按 Shift+Ctrl+I 组合键反向选取以选中人物图像，效果如图 48-9 所示。

第 9 步：执行“选择”→“修改”→“羽化”命令（或者按 Shift+F6 组合键），设置羽化半径为“3 像素”，如图 48-10 所示。单击“确定”按钮关闭对话框。

图 48-9　创建选区效果

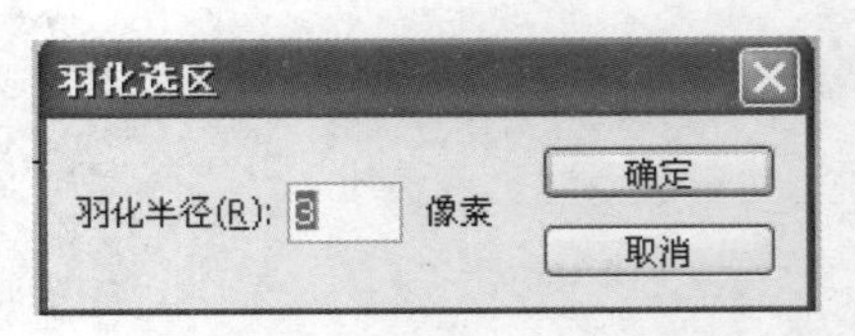

图 48-10　“羽化选区”对话框

第 10 步：执行“编辑”→“拷贝”命令（或按 Ctrl+C 组合键），复制选区内的人物图像，然后切换到正在编辑的图像窗口，执行“编辑”→“粘贴”命令（或按 Ctrl+V 组合键），将人物图像复制到该窗口中，并利用移动工具将其放置于合适的位置，如图 48-11 所示。

图 48-11　复制图像

第 11 步：参照斜切效果的艺术字的制作步骤，制作文字。画面效果如图 48-12 所示。

图 48-12　完成效果

第 12 步：将制作文件存盘。

选择菜单栏中的“文件”→“存储”选项。设置文件类型为 PSD 或 JPEG 格式。

案例小结

本案例主要应用创建和编辑工具，完成对部分图片的选取、移动和组合，通过羽化工具柔化图像边缘，加上斜切效果的艺术字，最终完成作品。

案例 49 制作电视广告

案例目标

使学生熟悉 Photoshop CS6.0 基本操作界面，掌握通过几种不同的套索工具的应用，对所需要的图像进行选区的选取操作，然后结合移动工具，对图片素材进行合成，最终制作完成电视广告。

案例效果

本案例最终效果如图 49-1 所示。

图 49-1 电视广告

案例步骤

第 1 步：执行“文件”→“打开”，依次打开图片素材，如图 49-2 所示。

图 49-2 打开素材图片

第 2 步：选取电视图像。

（1）将“电视”图像窗口设置为当前窗口，然后选择工具箱中的“魔棒工具”，在其属性栏中设置容差为 50，勾选“消除锯齿”和“连续”复选框，如图 49-3 所示。

图 49-3　魔棒工具参数设置

（2）将鼠标指针移至“电视”图像的背景中单击以选中图像背景，然后单击“选择”→“反向”命令（或者按 Shift+Ctrl+I 组合键），执行反向选择，即可选择电视部分，如图 49-4 所示。

（3）执行“编辑”→“拷贝”命令（或者按 Ctrl+C 组合键），复制选区内的图像，然后切换到已经打开的“背景”图像窗口，执行“编辑”→“粘贴”命令（或者按 Ctrl+V 组合键），将电视图像粘贴到该窗口中，并利用移动工具将其放置于合适的位置，如图 49-5 所示。

图 49-4　选取“电视”图像

图 49-5　将电视复制到背景图像中

（4）在“背景”图像窗口中，利用多边形套索工具将电视的屏幕部分制作成选区，按 Delete 键将选区中的内容删除，效果如图 49-6 所示。按 Ctrl+D 键取消选区。

第 3 步：选取鸽子图像。

（1）将“鸽子”图像窗口设置为当前窗口，利用“套索工具”将鸽子图像圈选，如图 49-7 所示。

图 49-6　创建选区并删除选区图像

图 49-7　圈选鸽子图像

（2）执行“编辑”→“拷贝”命令（或者按 Ctrl+C 组合键），复制选区内的“鸽子”图像，然后切换到正在编辑的“背景”图像窗口，执行“编辑”→“粘贴”命令（或者按 Ctrl+V 组合键），将“鸽子”图像复制到该窗口中，并利用“移动工具”将其放置于合适的位置，效果如图 49-8 所示。

第 4 步：选取人物图像。

（1）将“人物”图像窗口设置为当前窗口，用磁性套索工具创建人物图像的选区，如图 49-9 所示。

图 49-8　复制并移动图像

图 49-9　创建选区

（2）执行“编辑”→“拷贝”命令（或者按 Ctrl+C 组合键），复制选区内的“人物”图像，然后切换到正在编辑的“背景”图像窗口，执行“编辑”→“粘贴”命令（或者按 Ctrl+V 组合键），将“人物”图像复制到该窗口中，并利用移动工具将其放置于合适的位置，效果如图 49-10 所示。

图 49-10　复制并移动图像

第 5 步：添加文字。

将“文字”图像窗口设置为当前窗口，选择“移动工具”将文字拖到正在编辑的背景图像中，调整位置。最终效果如图 49-11 所示。

第 6 步：将制作文件存盘。

选择菜单栏中的“文件”→“存储”选项。设置文件类型为 PSD 或 JPEG 格式。

图 49-11　最终效果

案例小结

本案例主要学习套索工具、多边形套索工具、磁性套索工具的基本应用，运用这些基本工具可以掌握对图像的编辑和处理。

案例 50　制作公益广告

案例目标

使学生熟悉 Photoshop CS6.0 基本操作界面，通过制作公益海报，进一步掌握在合成图像过程中图层知识的应用。

案例效果

本案例最终效果如图 50-1 所示。

图 50-1　公益海报设计

案例步骤

第 1 步：单击“文件”，选择“打开”命令，打开“大地干旱”素材图片，执行“图像”→“调整”→“亮度/对比度”命令，设置亮度为“-20”，对比度为“10”，如图 50-2 所示。

第 2 步：选择工具箱中的“矩形选框工具”绘制选区，执行“选择”→“修改”→“羽化”命令（或者按 Shift+F6 组合键），设置羽化半径为“500 像素”，如图 50-3 所示。

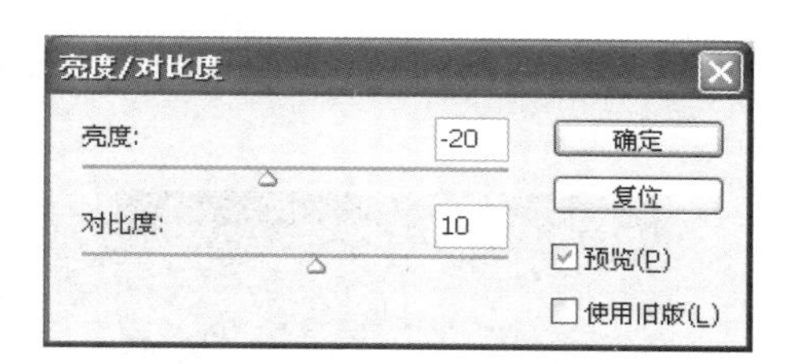

图 50-2　亮度/对比度

图 50-3　羽化选区

第 3 步：执行“图像”→“调整”→“色彩平衡”命令，设置色阶为“100、0、96”，色调平衡为“中间调”，勾选“保持明度”复选框，效果如图 50-4 所示。

第 4 步：按 Ctrl+D 取消选区，单击“图层”面板下方的“创建新图层”按钮，创建“图层 1”。选择工具箱中的“渐变工具”，设置参数，在“图层 1”中填充设置的渐变色，效果如图 50-5 所示。

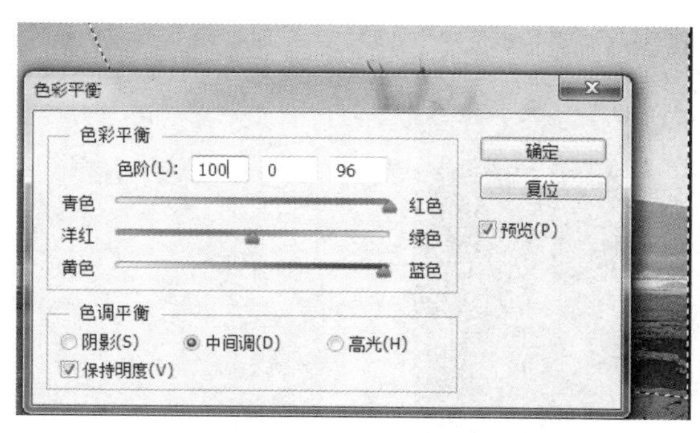

图 50-4　设置“色彩平衡”

图 50-5　填充渐变色

第 5 步：依次打开素材图片，如图 50-6 所示。

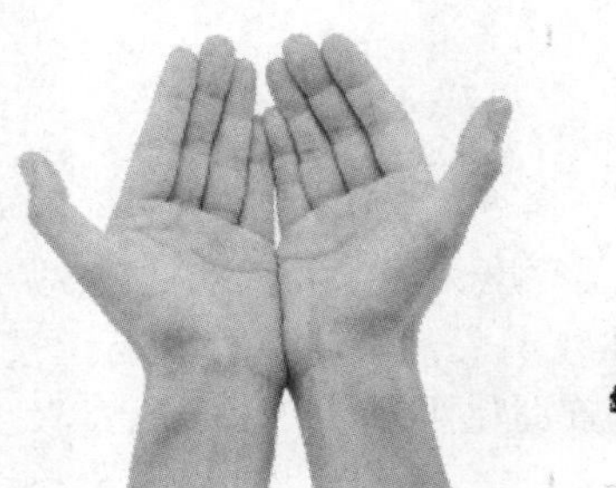

图 50-6　打开素材图片

第 6 步：单击工具箱中“魔棒工具”，在“双手”图片的白色区域点击，选中白色区域，再按 Shift+Ctrl+I 组合键反向选取，然后利用移动工具将“双手”图片拖到当前正在操作的文件当中，效果如图 50-7 所示。

第 7 步：按 Ctrl+T 组合键，调出“自由变换框”。对“双手”图片进行变形，调整到合适大小。在“图层面板”中单击“添加图层蒙版”按钮，为该图层添加图层蒙版，并利用渐变工具在蒙版层填充渐变，如图 50-8 所示。

图 50-7　移动图片

图 50-8　添加图层蒙版

第 8 步：单击工具箱中的魔棒工具，在“植物”图片的白色区域点击，选中白色区域，再按 Shift+Ctrl+I 组合键反向选取，然后利用移动工具将“植物”图片拖到当前正在操作的文件当中，效果如图 50-9 所示。

图 50-9　移动图片

第 9 步：按 Ctrl+T 组合键，调出“自由变换框”。对“植物”图片进行变形，调整到合适大小。选择“图像”→“调整”→“亮度/对比度”命令，设置亮度为 6，对比度为 10，勾选“预览”复选框，如图 50-10 所示。

第 10 步：执行“图像”→“调整”→“色彩平衡”命令，设置色阶为“30、0、-100”，色调平衡为“中间调”，勾选“保持明度”复选框，如图 50-11 所示。

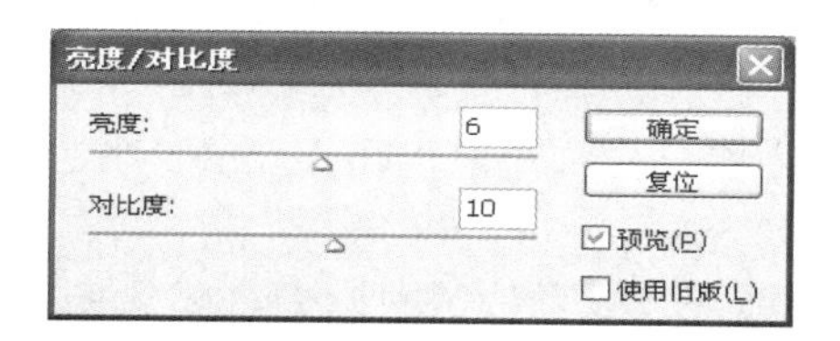

图 50-10　“亮度/对比度”对话框

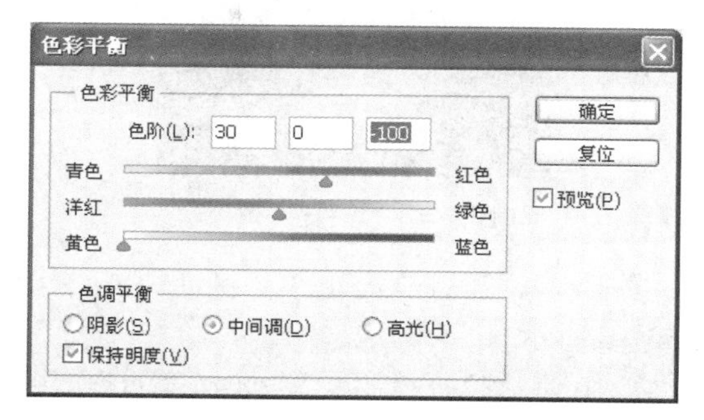

图 50-11　“色彩平衡”对话框

第 11 步：按 Ctrl+J 组合键，复制“图层 3”，将“图层 3”设置为当前工作层，点击图层面板上的“锁定透明像素”，为“图层 3”填充黑色。按 Ctrl+T 组合键，调出“自由变换框”。对“图层 3”进行变形，效果如图 50-12 所示。

第 12 步：再次单击图层面板上的“锁定透明像素”，取消锁定。执行“滤镜”→“模糊”→“高斯模糊”命令，设置半径为“10.0 像素”，如图 50-13 所示。

图 50-12　填充黑色并变形处理

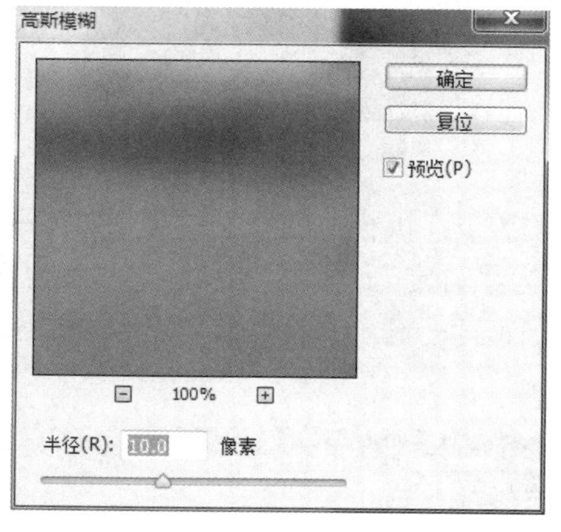

图 50-13　“高斯模糊”对话框

第 13 步：按住 Ctrl 键单击“图层 2”缩览图，载入“图层 2”选区，执行“选择”→“反向”命令（或者 Shift+Ctrl+I 组合键），按 Delete 键删除多余的植物，然后调整图层的不透明度为“80%”，如图 50-14 所示。

第 14 步：输入文字，并为文字图层添加投影样式和斜面和浮雕样式，参数设置为默认值。效果如图 50-15 所示。

图 50-14　设置后效果

图 50-15　输入文字

第 15 步：打开“海水”素材，利用“移动工具”将其拖到当前正在操作的文件当中，如图 50-16 所示。

第 16 步：执行“图层”，选择“创建剪贴蒙版”命令（或者按 Alt+Ctrl+G 组合键），为图像添加剪贴蒙版。效果如图 50-17 所示。

图 50-16　移动图片

图 50-17　创建剪贴蒙版效果

第 17 步：执行“图像”→“调整”→“色相/饱和度”命令（或者按 Ctrl+U 组合键），设置预设为“自定”，色相为-20，饱和度为 51，明度为 40，如图 50-18 所示。

第 18 步：输入文字。此时的画面效果如图 50-19 所示。

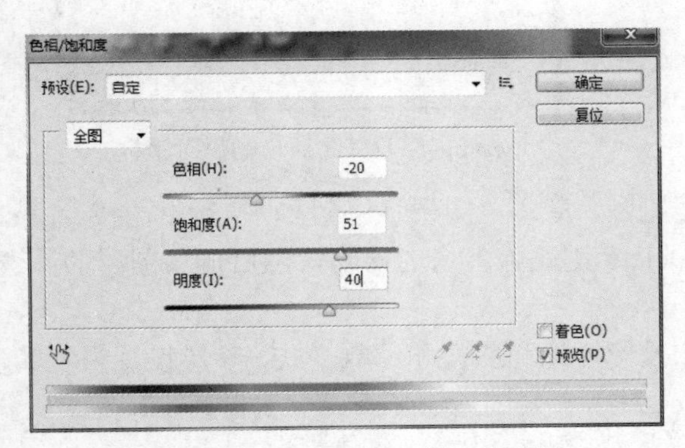

图 50-18　“色相/饱和度”对话框

图 50-19　完成效果

第 19 步：将制作文件存盘。

选择菜单栏中的“文件”→“存储”选项。设置文件类型为 PSD 或 JPEG 格式。

案例小结

本案例主要使用“快速选择工具”和“魔棒工具”等工具将素材中图像进行选择并羽化，然后将选出来的图像移动到背景图像中，最后载入文字选区并进行斜切变换操作，再对其进行填充与描边。

案例 51　制作非主流照片

案例目标

使学生熟悉 Photoshop CS6.0 基本操作界面，学习制作非主流照片，使用的技术与创作的思路具有一定的指导意义，在此基础上设计者还可以加入自己的喜好或审美倾向，制作出具有自己独特风格的照片作品。

案例效果

本案例最终效果如图 51-1 所示。

图 51-1　制作非主流照片

案例步骤

第 1 步：启动 Photoshop CS6.0，选择“文件”→“新建”命令或者使用 Ctrl+N 组合键建立一个宽度为“22 英寸”，高度为“17 英寸”，分辨率为“72 像素/英寸”，颜色模式为“RGB 颜色 8 位”的画布。然后单击“确定”按钮，如图 51-2 所示。

第 2 步：执行“文件”→“打开”命令（或者按 Ctrl+O 组合键），打开“素材 1”图片文件。使用移动工具拖动“素材 1”图像到当前正在编辑的文件中，并按 Ctrl+T 组合键调出“自由变换框”。对“素材 1”图片进行变形，调整到合适大小，如图 51-3 所示。

新建
名称(N): 制作非主流照片
预设(P): 自定
大小(I):
宽度(W): 22 英寸
高度(H): 17 英寸
分辨率(R): 72 像素/英寸
颜色模式(M): RGB 颜色 8 位
背景内容(C): 白色
高级
确定
取消
存储预设(S)...
删除预设(D)...
Device Central(E)...
图像大小:
5.55M

图 51-2 “新建”对话框

图 51-3 调整后效果

第 3 步：继续执行“文件”→“打开”命令（或者按 Ctrl+O 组合键），打开“素材 2”图片文件。使用移动工具拖动“素材 2”图像到当前正在编辑的文件中，更改“图层混合模式”为“变暗”，如图 51-4 所示。

图 51-4 “变暗”后效果

第 4 步：继续执行“文件”→“打开”命令（或者按 Ctrl+O 组合键），打开“素材 3”图片文件。使用移动工具拖动“素材 3”图像到当前正在编辑的文件中，如图 51-5 所示。更改图层混合模式为“变暗”，如图 51-6 所示。

图 51-5 移动图片

图 51-6 “变暗”后效果

第 5 步：在“图层面板”中单击“添加图层蒙版”按钮，为“图层 1”添加图层蒙版，并利用画笔工具在蒙版层涂抹，如图 51-7 所示。

第 6 步：继续在“图层面板”中单击“添加图层蒙版”按钮，为“图层 2”添加图层蒙版，并利用画笔工具在蒙版层涂抹，如图 51-8 所示。

图 51-7　为图层 1 添加图层蒙版

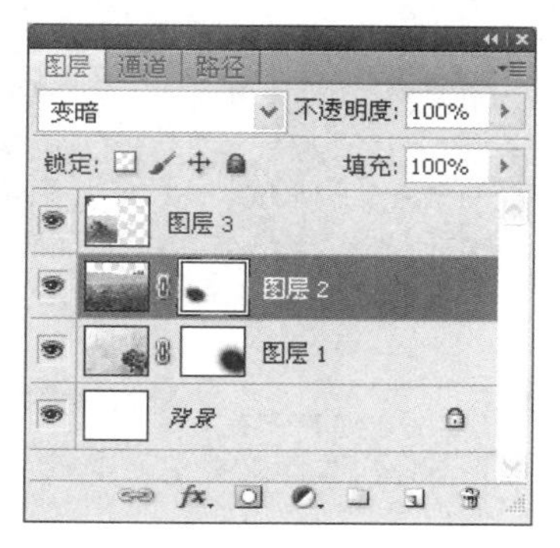

图 51-8　为图层 2 添加图层蒙版

第 7 步：选择“图层 3”为当前工作层，选择“椭圆工具”，在工具选项栏中选择“路径”按钮，绘制的路径如图 51-9 所示。

图 51-9　绘制路径

第 8 步：在图层面板中单击“创建新的填充”或“调整图层”按钮，弹出下拉菜单，并在其中选择“渐变映射”命令，在弹出的对话框中，单击“渐变类型”选择框。设置“渐变类型”颜色值为从 1F4B11 到 7A5E09。单击“确定”按钮，得到“渐变映射 1”图层，此时图像效果如图 51-10 所示。

第 9 步：设置“渐变映射 1”的混合模式为“点光”，得到效果如图 51-11 所示。

第 10 步：设置前景色为白色，选择“矩形工具”，在工具选项条上选择“形状图层”按钮，在当前文件右下方绘制如图 51-11 右下角所示的形状，得到“形状 1”。设置此图层的填充为 0%。单击图层面板底部的“添加图层样式”按钮，在弹出的菜单中选择“描边”命令，设置颜色为 8E6310，其他参数设置如图 51-12 所示。设置后效果如图 51-13 所示。

图 51-10 “渐变映射”效果

图 51-11 设置混合模式后效果

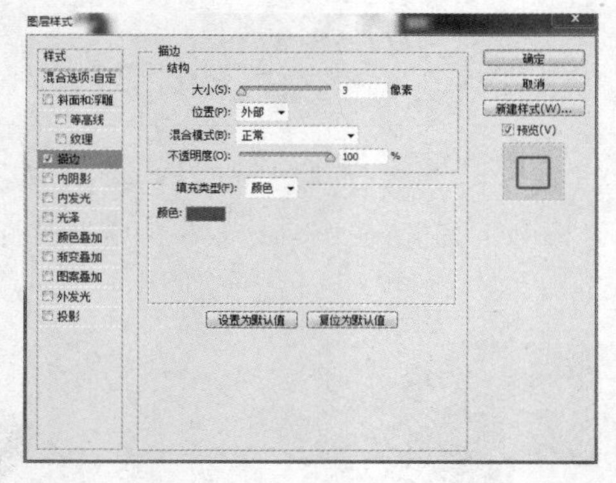

图 51-12 “描边”设置面板

图 51-13 设置后效果

第 11 步：按 Ctrl+J 组合键，复制“形状 1”，得到“形状 1 副本”。按 Ctrl+T 组合键，调出“自由变换”框。对“形状 1 副本”进行变形，效果如图 51-14 所示。

图 51-14 复制并调整图像后效果

第 12 步：选择“画笔工具”，按 F5 键调出“画笔”调板，单击“画笔调板板”右上方的三角按钮，在弹出的菜单中选择“载入画笔”选项，在弹出的对话框中选择“素材 4.abr”，单击“载入按钮”对话框。

第 13 步：单击“图层”面板下方的“创建新图层”按钮，创建“图层 4”。选择上一步载入的画笔在当前文件右上角涂抹颜色（591B00），直至得到类似如图 51-15 所示的效果，设置此图层的混合模式为“叠加”，不透明度为“80%”，得到的效果如图 51-16 所示。

图 51-15 设置图层混合模式后效果

图 51-16 设置图层混合模式后效果

第 14 步：在图层面板中单击“创建新的填充”或“调整图层”按钮，弹出下拉菜单，并在其中选择“渐变”命令，在弹出的对话框中，单击“渐变类型”选择框。设置“渐变类型”颜色值为从 fDB72F 到透明。单击“确定”按钮，得到“渐变填充 1”图层。效果如图 51-17 所示。

第 15 步：设置“渐变填充 1”的混合模式为“正片叠底”。效果如图 51-18 所示。

图 51-17 应用渐变填充命令

图 51-18 设置混合模式后效果

第 16 步：选择横排文字工具，输入“1985”，并设置适当的字体、字号及文字颜色（6F580A），设置该文字层混合模式为“颜色加深”，如图 51-19 所示。

图 51-19 输入文字并设置混合模式

第 17 步：输入其他文字，并得到相应的文字图层，根据需要设置不同的图层样式以及图层混合模式，如图 51-20 所示。

图 51-20　最终完成效果

第 18 步：将制作文件存盘。

选择菜单栏中的“文件”→“存储”选项。设置文件类型为 PSD 或 JPEG 格式。

案例小结

本案例主要通过图层蒙版、图层混合模式等命令合成素材图片，然后利用调整图层命令改变照片的色调，最后添加文字完成整个案例的制作。